BigQuery SQL ではじめる データ分析

ビッグクエリ

GA4 & Search Console & Googleフォーム 対応

株式会社プリンシプル 取締役副社長
木田和廣

インプレス

AUTHOR PROFILE

きだ　かずひろ
木田和廣
株式会社プリンシプル　取締役副社長

　早稲田大学政治経済学部卒業。商社の海外駐在員などを経て、2004年にWeb解析業界でのキャリアをスタートする。

　2009年からGoogleアナリティクスに基づくWebコンサルティングに従事し、2015年にはGoogleアナリティクス公式コミュニティで日本初の「トップコントリビューター」に認定される。同年にGoogleアナリティクス解説書のベストセラー『できる逆引き Googleアナリティクス Web解析の現場で使える実践ワザ 240』を上梓。

　BIツールのTableau、データベース言語のSQLにも習熟し、2016年に『できる100の新法則 Tableau ビジュアルWeb分析』、2021年に『集中演習 SQL入門 Google BigQueryではじめるビジネスデータ分析』、2023年に『できる逆引き Googleアナリティクス4 成果を生み出す分析・改善ワザ192』を発刊。アナリティクスアソシエーション（a2i）や個別企業でのセミナー登壇、トレーニング講師実績も多数。統計検定2級保有。

株式会社プリンシプル
https://www.principle-c.com/

はじめに

本書は2021年2月発売『集中演習 SQL入門 Google BigQueryではじめるビジネスデータ分析』の実質的な改訂版として、基幹となるコンセプトを受け継いで執筆に臨みました。そのコンセプトとは、エンジニアではない一般のビジネスパーソンの方々に、データベースを操る言語である「SQL」の知識・スキルを、しっかりと身につけていただくことです。

そのために、テーブルを更新する、レコードを挿入・削除するといった、通常エンジニア側に求められるSQLのテクニックについては、大胆に、まったく触れていません。そのぶん、圧倒的なボリュームと丁寧さ、そしてサービス精神で「ビジネスデータの分析」をするためのテクニックを解説しています。

このような「選択と集中」により、著者としては以下の5点を実現することができたのではないかと考えています。

1. 「BigQuery」という、多くのビジネスパーソンにとって学習にも実務にも利用できる、実はハードルの低いデータベースについて丁寧に解説したこと
2. まったく前提知識がない状態からSQLを学ぶ方々でも抵抗なく読み進めてもらえるように、最も難易度の低いテクニックから解説したこと
3. 実際の業務でも利用できるよう、難易度が高い一方で、分析の幅が大きく広がるウィンドウ関数について1つの章を割き、解説していること
4. SQLを利用するきっかけや必要性の源泉になる可能性が高い「Googleアナリティクス4」「Google Search Console」「Googleフォーム」のデータを可視化・分析する具体的なテクニックを紹介していること
5. より高いレベルでSQLを学ぶ意欲がある方々のために、CHAPTER 9では構造体・配列といったデータ型やユーザー定義関数など、初心者を超えるレベルの知識についても触れていること

本書を手に取っていただいたみなさんが業務で使えるSQLを身につけ、「データ分析力が飛躍的にアップした」と実感してもらえればうれしく思います。

2024年6月　木田和廣

CONTENTS

CHAPTER 1

はじめてのSQL …… 011

CHAPTER 2

BigQueryの利用開始 ……… 033

本書は2021年2月発売『集中演習 SQL入門 Google BigQueryではじめるビジネス
データ分析』を再編集したうえで、最新の情報を追加して構成しています。一部、
重複する内容があることをご了承ください。

本書は2024年6月現在での情報を掲載しています。
本文中の製品名やサービス名は、一般に各開発メーカーおよびサービス提供元の商
標または登録商標です。なお、本文中にはTMおよび®マークは明記していません。

本書の読み方

解説セクション

本書はCHAPTER（章）とSECTION（節）の2つの階層で構成され、
SECTIONごとに解説が進んでいきます。SECTIONの開始ページに
ある番号は「章 - 節」の関係になっています。

著者（講師）との会話

本書の著者と、みなさんと一緒に学習に取り組
む仲間たちの会話です。これから解説すること
や素朴な疑問、理解のヒントについて言及して
います。

SQL文

SQLのコードです。命令語には色を付け、行
番号も付記しています。見出しの番号は「章
- 節 - 節内の通し番号」です。

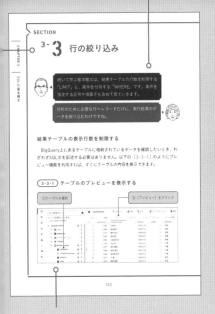

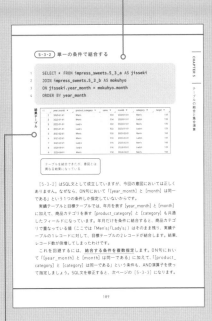

操作手順・図表

BigQueryの画面を使った操作手順や、本文
を補足する図や表です。見出しの番号はSQL
文などと共通になっています。

結果テーブル

SQL文をBigQueryで実行したときに返さ
れる結果テーブルです。多くのSQL文は、
本書の演習用ファイルから同じ結果を得ら
れます。

● STEP UP ●

ステップアップ

本文で解説した方法とは別の方法や、より複雑な
分析で役立つSQL文の記述方法など、発展的な知
識を紹介しています。

問題セクション
CHAPTER 3〜9の末尾には「確認ドリル」
があり、その章で学習した内容の理解度をす
ぐにチェックできます。

問題
演習用ファイルを対象に、目的の結果を得る
ためのSQL文を解答してください。問題番号
はすべての章を横断した通し番号です。

SECTION

8-5 確認ドリル

問題 026

[web_log] テーブルでページごとのスクロール率を調べてください。た
だし、ページビューが100以上のページのみを対象とします。結果テーブルは
[page_location]、ページビュー数 (pageviews)、スクロール数 (scrolls)、
スクロール率 (scroll_rate) の4カラムを含めてください。並び順は、スクロ
ール率の高い順とします。スクロール率は小数の表現でよいです。
　あるページでスクロールされたということを確実にするため、[event_
timestamp] 順に並べた場合、あるページに対する [pageviewイベント] が
発生した直後に [scroll] イベントが発生している場合に、そのページでスク
ロールされたとみなすことにします。

問題 027

[products] テーブルから、商品カテゴリ (product_category) ごとにコ
ストが高い商品名 (product_name) のトップ3を取得してください。結果
テーブルは、商品カテゴリ (product_category)、商品名 (product_name)、
コスト (cost)、コストのランキング (cost_rank) の4カラムとしてください。
[cost_rank] には、高い順に並べたとき、最もコストの高い商品に「1」
を格納します。

問題 028

[sales] テーブルで月別に商品ID (product_id) ごとの販売金額シェアを
求めてください。例えば、ある月に30,000円の販売金額があり、商品ID「1」
がそのうちの6,000円であれば、販売金額シェアは20%となります。
　そのうえで、特定商品の販売金額シェアが40%を超えた月（year_

423

本書のサポートページについて

本書での学習に利用する「演習用ファイル」のダウンロード方法や、紙面での例として登場す
る「小さなテーブル」の取得方法、章末にある「確認ドリル」の解答は、Webメディア「で
きるネット」のサポートページにて公開します。

https://dekiru.net/bigquery

▶ 演習用ファイル
[customers] [products] [sales] [web_log] の4つがあり、CSVファイルとしてダウン
ロードできます。それぞれの内容や、BigQueryへのアップロード時に必要なスキーマの
定義については、SECTION 2-4（P.047）を参照してください。
CHAPTER 9で解説するGoogle Search Console、Googleフォームデータのサンプルも、
CSVファイルとしてダウンロードできます。
※演習用ファイルのダウンロードには、CLUB Impressへの会員登録（無料）が必要です

▶ 小さなテーブル
紙面での例として、名前が [s_] から始まるテーブルが登場します。さまざまな種類が
ありますが、多くとも数十行程度のデータです。
上記のサポートページにあるSQL文をBigQueryで実行し、その結果を紙面と同じ名前
（例：s_4_1_a）のテーブルとして保存することで簡単に利用できます。SQL文の実行結
果をBigQueryのテーブルとして保存する方法は、P.070を参照してください。

▶ 確認ドリルの解答
解答となるSQL文と結果テーブル、筆者による解説を掲載しています。

はじめての SQL

これからみなさんが学ぶSQLについて、土台となる知識を身につけましょう。本書では「ビジネスに役立つ知見を得るためのデータ分析」を目的にSQLを学びますが、なぜ、その目的のためにSQLが重要なのかを理解してください。また、データベースとSQLの関係や、後続の章で何度も登場する用語についても整理します。

SECTION

1-1 SQLを学ぶ意義

最初に「なぜSQLを学ぶ必要があるのか？」「学ぶべき
分野の中で、なぜSQLなのか？」について整理します。

僕は営業部門のマーケティングチームに所属しています
が、そもそもプログラミングを学んだことがありません。
それでもSQLを使えるようになるでしょうか？

大丈夫です。本書は前提知識がゼロでも学べるように設
計しました。プログラミング経験も問いません。

私たちが扱うデータがSQLのスキルを要求する

「ビッグデータの時代」と言われて久しいですが、日頃からデータ分析に携
わるビジネスパーソンのみなさんは、すでに**業務上で扱うデータのビッグデー
タ化**を実感している人も多いと思います。

「自分の取り扱うデータは、あまりビッグデータ化していない」という人は、
変化に気付いていないだけかもしれません。ビッグデータ化は、**どのようなビ
ジネスでも進行している不可避のトレンド**です。

一般にビッグデータ化とは、次に示した「3つのV」が、より大きい方向に
シフトする事象を指しています。これらはビッグデータの性質や特徴を表すう
えで、よく登場するキーワードです。

- Velocity　　　⇒データが集まる速度・更新される速度
- Variety　　　⇒データの種類・多様性
- Volume　　　⇒データの量

　このうち、理解しやすいVolumeについて考えてみましょう。以下の表［1-1-1］は、定番のWeb解析ツール「Googleアナリティクス」のレポートを元に、Web解析でよく用いられるデータをまとめたものです。

（1-1-1）Web解析で用いられるデータの例

セッションのメディア	セッション	ページビュー数	コンバージョン	コンバージョン率
organic	54,874	176,146	1,010	1.84%
cpc	48,551	91,276	976	2.01%
social	25,847	65,134	284	1.10%
direct	12,457	27,530	148	1.19%
referral	11,984	23,608	114	0.95%
email	9,574	28,818	191	1.99%
合計	163,283	412,512	2,723	1.67%

セッションのメディアとは、ユーザーの訪問経路を表すGoogleアナリティクスのディメンション＝分析軸の1つです。organic（自然検索）、cpc（リスティング広告）、social（SNS）などの値があります。

　Webサイトにおける目標の達成のことを「コンバージョン」と呼びますが、上記の表のうち、最もコンバージョン率が高いのは「cpc」です。よって、これしかデータがないのなら、得られる知見は「コンバージョンをアップさせるために、広告の予算を増やしましょう」となります。

　しかし、たったこれだけのデータで判断するのはあまりにも乱暴で、ビジネス上の意味がある知見とはいえません。実際、単に広告の予算を増やしたからといって、コンバージョンが増える可能性は低いでしょう。

　そこで、上記の表に「デバイスカテゴリ」という列を加えたと仮定しましょう。デバイスカテゴリは、desktop（パソコン）、mobile（スマートフォン）、tablet（タブレット）という3種類の値を持ちます。セッションのメディア、つまり6行しかなかったデータは、6×3で18行に増えます。

さらに、曜日（7種類）、時間（24種類）、都道府県（47種類）の列も加え
たと仮定すると、6×3×7×24×47という掛け合わせになり、最大142,128
行もの表になります。

Googleアナリティクスなら、僕も自社サイトのページ
ビューやコンバージョンの月次報告のために使っていま
す。ディメンションの掛け合わせで、それほど大量のデー
タが入手できるんですね！

このようにしてデータの粒度を細かくすると、表の行数、つまりデータの
Volumeが増えていきます。そして、**データが大型化するほど、得られる知見
は詳細**になっていきます。

［1-1-1］の表では「cpcのコンバージョン率が高い」ということしか分か
りませんでした。しかし、複数のディメンションを掛け合わせた142,128行も
の表を分析すれば、例えば「大都市圏で土日の午後22時から深夜0時までに
スマートフォンを利用しているユーザーに対するcpcのコンバージョン率が高
い」といった知見が得られるわけです。

ここまで詳細であれば、その広告の予算を増やす判断が妥当であると理解で
きます。また、そうしたユーザーが何を求めて広告をクリックし、コンバージ
ョンしてくれたかを考えることで、広告のキャッチコピーやLP（ランディン
グページ）での訴求内容、CTA（Call To Action：ユーザーに行動を促すため
のボタンなどの要素）の改善にもつながるでしょう。

データから得られる知見が詳細になれば、それだけ精度
の高いビジネス上の「打ち手」が考えられるようになり、
売上や利益にも貢献するはずです。

　こうしたビッグデータ化の流れは、2023年7月に従来バージョンからの完全移行が実施されたGoogleアナリティクスの最新版「**Googleアナリティクス4**」（**GA4**）にも引き継がれています。そして、GA4は無料版であっても、Googleのデータベースサービスである「**BigQuery**」へのデータのエクスポートが標準でサポートされているという特徴があります。

　BigQueryについてはCHAPTER 2から解説していきますが、この**BigQueryを使いながらSQLを学習する**ことが本書のテーマであり、今後、みなさんのデータ分析力を大きく向上させるトリガーになると確信しています。以下の［1-1-2］で示したGoogle公式ヘルプには、GA4とBigQuery、SQLの関係が端的にまとまっているので、一読してみてください。

 1-1-2 [GA4] BigQuery Export

[GA4] BigQuery Export

Exporting Data from Google Analytics 4 Properties to BigQuery

BigQuery は、大規模なデータセットに対しパフォーマンスの高いクエリを実行できるクラウド データ ウェアハウスです。

すべての未加工のイベントを Google アナリティクス 4 プロパティ（サブプロパティや統合プロパティを含む）から BigQuery にエクスポートし、SQL タイプの構文を使ってそれらのデータにクエリを発行できます。BigQuery では、アナリティクスのデータとの統合を目的に、データを外部ストレージにエクスポートすることや、外部データをインポートすることが可能です。

https://support.google.com/analytics/answer/9358801?hl=ja

　GA4からBigQueryにエクスポートされたデータにアクセスすると、「ヒット単位」の情報を入手できます。「ヒット」とは、ユーザーがWebサイトを利用したときにGoogleアナリティクスサーバーに送信される、すべての信号を指しています。つまり、「これ以上粒度を細かくできない、最も詳細なレベルのデータ」ということになります。

　次ページの［1-1-3］に示したのは、GA4からBigQueryに出力した1つのヒットで、ユーザーの初回のWeb利用を表す「first_visit」というイベントが記録された行です。1つのイベント（＝ヒット）に、複数のパラメータが記録

されているのが分かります。こうしたデータが文字通り無数に発生し、蓄積されていくのが、これからのWeb解析の常識になっていきます。

1-1-3 GA4のヒットデータの例

行	event_date ▼	event_timestamp ▼	event_name ▼	event_params.key ▼	event_params... string_value ▼
1	20240410	1712744946401840	first_visit	batch_page_id	null
				page_title	株式会社プリンシプル
				ga_session_number	null
				browser_type	Google Chrome
				medium	organic
				session_engaged	0

　私たちは、これほどまでに細かくなった粒度のデータと対峙し、ビジネスにおいて意味のある知見を導き出さなくてはなりません。そのためには、データベースを操る言語であるSQLが、どうしても必要になります。私たちが扱うデータが、私たちにSQLの知識・スキルを要求するのです。

> BIツールも少しずつ使い始めていますが、ほとんどはGoogleアナリティクスの画面でレポートを見ていました。それでは不十分なのでしょうか……？

> 画面上での分析が、まったく無意味になるわけではありません。ただ、より詳細な知見を得るために、Googleアナリティクスは「データの収集装置」として使い、別の環境で分析や可視化を行う流れが、今後は加速していくと考えています。

SQLが使えれば「他人依存」から脱却できる

　Googleアナリティクスに限らず、現在ではマーケティング、営業、経営企画、人事など、あらゆる部門のビジネスパーソンが、業務上で複数のツールやサー

ビス、各種システムを利用していると思います。マーケティングならGoogleやFacebook、X（旧Twitter）などの広告運用ツール、営業ならSalesforceなどのCRMツールが代表例でしょう。

　それらには、ツールの画面内でデータを見やすく表示する「ダッシュボード」機能が備わっていることがありますが、**ツールの標準機能としてのダッシュボードが、業務上の分析において必要条件を満たしていることは、ほぼありません**。なぜなら、そうした「お仕着せ」のダッシュボードでは対応できない以下のような要望が、現場から次々に出てくるからです。

●時系列分析をもっと時間を広げて行いたい
●別のディメンションを適用してデータを見たい
●前年同期比のデータが見たい

　こうしたニーズに対応するため、ツール側では「生データのCSVダウンロード」機能を提供していることがあります。生データは加工されていない、最も粒度の細かいデータなので、ユーザー側に分析が委ねられます。

　生データのCSVファイルは、ツールの種類や利用状況にもよりますが、数十万行、時には数百万行にも及びます。Excelで扱うには難しいボリュームです。また、「Tableau」や「Power BI」などのBIツールで可視化するにしても、生データとダイレクトに連携すると複雑なフィルタ操作などが必要になったり、動作が重くなったりする原因になります。

　そこで、SQLの出番です。**CSVファイルの分析や、BIツールに取り込む前のデータの抽出・整形といった前処理**で、SQLのスキルは大いに役立ちます。逆に、分析者がSQLのスキルを持たない場合、ツールから生データをダウンロードしても、宝の持ち腐れとなってしまう可能性が高いでしょう。

> ユーザー側に自由に分析できるデータを与えるという意味で、生データのダウンロードに対応しているか否かは、ツールの選定基準の1つといえます。

　また、分析したいデータが社外のツールではなく、自社がオンプレミスで運用している基幹システムに格納されていることもあるでしょう。この場合、分析を担うビジネスパーソンは社内のエンジニアに依頼して、希望するデータを抽出してもらうことになります。

　しかし、分析のためのデータ抽出は、その性質上、1回では終わらないのが普通です。抽出したデータを分析してはじめて、データの過不足に気付いたり、もう少し細かいデータが必要になったりする性質があるためです。

　すると、分析者に何の落ち度がなくても、エンジニアにデータ抽出を何回か依頼することになります。もちろん、分析者に何らかの誤解や、データを熟知していないことによる勘違いがあれば、その回数分のデータ抽出を依頼しなければなりません。こうしたやりとりは、分析者・エンジニアの双方にとって、生産性を下げる原因となるでしょう。

　このようなエンジニアへの「他人依存」を避け、**分析のスピードを速めるための根本的かつ本質的な解決策は、分析者自らがデータ抽出を行うこと**です。そのための最大の武器がSQLのスキル、というわけです。

> BigQueryを利用すれば、エンジニアほどの知識を持たない人でも、CSVファイルのデータからテーブルを作成し、SQLを実行して希望のデータ抽出・加工・分析が行えます。少しのやる気さえあれば、誰でもデータベースとSQLを使える環境は、すでに整っているのです。

SQLは環境依存のない汎用的なスキル

　「BIツールに習熟していれば、SQLは必要ないのではないか？」筆者には、このような質問が時々寄せられます。確かに、BIツールは内部で分類や集計などのSQL的な処理を行っているので、高度に習熟していれば、かなり柔軟に業務上必要とされる分析を視覚的に行うことができます。筆者も日常的にTableauを業務に使っているので、質問者の意図は理解できます。

しかし、筆者はBIツールが使えても、SQLは分析者が持つべきスキルである
と確信しています。その理由の1つは、企業や部署によって採用されているBI
ツールが異なる場合があるからです。

あらゆるBIツールに精通しているビジネスパーソンはさすがに少数だと思
われ、多くの人はツールによって得意・不得意があるでしょう。よって、転職
前の企業で使っていたBIツールには習熟していたが、転職後の企業では導入さ
れておらず、別のBIツールを利用することになった、ということはいかにも起
こりえます。結果、少なくとも一時的に、分析力は低下してしまいます。

一方、SQLは、それが実行できないデータベースはないといっても過言では
ありません。**BIツールよりもSQLのほうが汎用的なスキル**だといえます。参考
までに、Googleトレンドで「SQL」「Tableau」「Looker Studio」の検索ボリュ
ームを比較すると以下の［1-1-4］のようになり、社会全体での関心の度合
いとしても、SQLのほうが幅広いことが理解できます。

(1-1-4) Googleトレンドにおける検索ボリューム

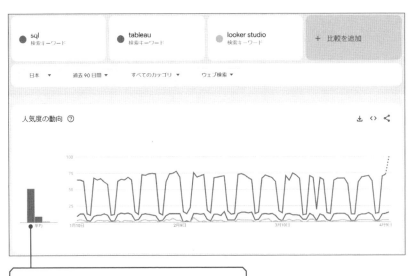

「SQL」の検索ボリュームが最も大きく、次いで
「Tableau」「Looker Studio」の順となっている

　BIツールが使えても、分析者はSQLのスキルを持つべきである理由は、もう1つあります。かなり高度なゴールではありますが、それらの両方が使えることで、より「筋のよい」分析が可能になる、というものです。

　例えば、BIツールとしてTableau Desktopに習熟し、データプレパレーション（加工・変換）ツールとして「Tableau Prep」と「Exploratory」が使え、さらにSQLのスキルも持つ分析者がいるとしましょう。その人が数百万行からなるWeb広告のレポートについて月別・広告グループ別の分析をする場合、次のように適材適所でのアウトプットが可能になります。

- 月別の集計はSQLで行い、データマートとして利用
- 月別目標CV金額データとのJOINはTableau Prepで行う
- 月別CV金額の時系列予測はExploratoryで行う
- 以上の結果のダッシュボード作成はTableau Desktopで行う

　「データマート」とは、データベースから特定の目的のために取り出した部分のことで、まさにSQLによって実現できます。「JOIN」はデータベースを結合する操作のことで、CHAPTER 5で詳しく学びます。

　このようなアウトプットができると、最も効率がよく、インパクトの大きな分析が最短の手間で可能になります。**BIツールしか使えない分析者とは「引き出し」の多さに違いが出る**といえるでしょう。

僕はまだTableauも半人前ですが……TableauとSQLの両方が使えることにも、大きなメリットがあるんですね！

その通りです。SQLが使えれば、Tableauで可視化するベースとなるデータを自在に操れるようになり、分析者としてのレベルが間違いなく上がります。エンジニアではないビジネスパーソンがSQLを学ぶことの意義を、分かっていただけたでしょうか？

筆者のSQL活用事例

　筆者もエンジニアではなく、みなさんと同じ分析者です。デジタルマーケティングを支援するコンサルタントとして、お客さまとなる企業のデータをお預かりしたうえで、分析結果をレポートすることを仕事としています。

　これからSQLを学ぶみなさんにとって、現時点ではちょっと難しい話かもしれませんが、SQLの有効性を示す一端として、筆者が直近の業務でSQLを最大限に活用した事例を紹介しましょう。

　要件としては、コストがかかる販売促進キャンペーンを「その施策を行ったからこそ購入するであろう顧客」だけにターゲットを絞って行いたいので、その条件に合致する顧客を抽出してほしい、というものでした。クライアントから提供していただいた元データは、次のように多岐にわたります。

▶ 顧客別購入データ
　購入した1つの商品が1レコードになっているファイルです。これまでに3回購入したことがある顧客が、初回に1商品、2回目に2商品、3回目に3商品を購入した場合、この顧客のレコード数は「6」となります。商品はコードで記述されており、それだけでは何を購入したかは分かりません。顧客はコードで識別されており、年齢・性別などは分かりません。

▶ 商品マスタ
　商品コードと商品カテゴリ、商品名を紐づけているファイルです。

▶ 顧客マスタ
　顧客コードとデモグラフィックな属性が記録されています。

▶過去の施策対象顧客リスト

年に10回程度、定期的に行う施策の対象となったユーザーのリストが10個程度のCSVファイルとして提供されました。

上記のデータを1顧客1行にまとめ、「過去に施策実施対象となり、かつ施策実施日から2週間以内に購入したことがある」顧客を「反応履歴あり」とし、目的変数としました。説明変数は、次に挙げる30余りです。

- 年齢
- 性別
- 居住都道府県
- 初回購入日からの経過日数
- 購入回数
- LTV
- 初回注文の金額
- 初回購入商品のカテゴリ（初回に複数カテゴリの商品を購入していた場合は、最も金額が大きい商品のカテゴリ）
- 最も購入した商品カテゴリ

これらのデータをすべてBigQuery上に展開し、SQLを実行して抽出・整形していきました。そして、完成した1顧客1行で1つの目的変数、30余りの説明変数を持つデータに対して、「BigQuery ML」のロジスティック回帰アルゴリズムで目的変数を予測します。「ML」は「Machine Learning」、つまり機械学習のことで、BigQuery MLはその名の通り、BigQuery上でMachine Learningを実現する機能のことです。

そのうえでクライアントには、販売促進キャンペーンを「反応履歴あり」の予測が「TRUE」の顧客だけに行ってもらいました。予測はおおむね正しく、販売促進キャンペーンを行ったユーザーの購入率は十分に高い結果を示し、筆者にとっても成功案件となりました。

SECTION

1-2 データベースとSQL

「データベース」と聞いて、みなさんはどのようなもの
を思い浮かべますか？

私は商品企画をしています。データベースというと、商
品やお客さまのデータ、過去のアンケートデータなどを
まとめたもの、というイメージです。

僕はWebマーケティング担当なので、ECでの販売デー
タや、自社サイトのアクセスデータなどが思い浮かびま
すね。

2人とも、正しい認識をお持ちですね。ここではSQLの
成り立ちと、その実行対象となる「リレーショナルデー
タベース」について、おさらいしておきます。

複数の「テーブル」で構成されたデータベースを操作

　SQLをひと言で説明すると、**リレーショナルデータベースの管理や操作を行
うための言語**となります。SQLは「Structured Query Language」の略とされ、
構造化された（Structured）問い合わせ（Query）のための言語（Language）
と説明できますが、諸説あり定まっていないようです。

　SQLの実行対象となるリレーショナルデータベース（Relational Database
｜RDB）は、**複数の「表」の形式でデータを管理するデータベースシステム**
を指します。概念的には次ページの［1-2-1］のようになり、これらの1つ1
つの表のことを「テーブル」と呼びます。

リレーショナルデータベースにおいては、例えば［user_id］［product_id］などの共通するデータにより、テーブル同士に関係性を持たせることができます。データを複数のテーブルで管理することのメリットについて、詳しくはCHAPTER 5で学びますが、この関係性が「リレーショナル」データベースと呼ばれるゆえんです。

1-2-1 リレーショナルデータベースの概念図

販売テーブル

order_id	user_id	product_id	date_time	quantity	revenue
158784	15598	11	2022-10-06 09:13:04	1	1200
148763	14184	3	2023-09-06 22:22:42	2	3600
191638	11026	1	2021-07-09 15:26:59	1	2000
117808	17690	2	2023-09-13 19:45:32	1	1980

複数のテーブル（表）の関係性でデータベースが構成されている

顧客テーブル

user_id	name	birthday
11478	石塚 拓	1978-11-26
14486	長坂 賢介	1992-07-18
14118	野中 裕之	1994-05-08
13507	髙松 龍	1983-02-07

商品テーブル

product_id	product_name	cost
1	レアチーズケーキ	400
2	ベイクドチーズケーキ	500
3	ショートケーキ	600
4	モンブラン	500

表形式でデータを扱うという意味ではExcelに似ていますが、RDBではより大規模なデータを、SQLを用いて柔軟に扱うことが可能になります。

SQLは、もともとはIBMやOracleといったリレーショナルデータベース管理システム（Relational Database Management System｜RDBMS）を販売する企業により、自社のデータベース製品を操作するための言語として開発されました。その後、ISO（国際標準化機構）やANSI（米国国家規格協会）が「標準SQL」として規格を定めています。標準SQLの規格は数年に一度改訂され、

その年号をとって「SQL:2011」「SQL:2016」などと呼ばれます。

　データベース製品によっては、「拡張SQL」などと呼ばれる独自の文法が存在しており、本書の学習環境として利用するBigQueryも、かつては独自の文法にのっとっていました。しかし現在では、そうした独自文法をレガシー（過去の遺産的）な文法と位置づけ、標準SQLへの準拠を強めています。同様のデータベースは増加傾向にあり、本書で**標準SQLを学ぶことで、BigQueryをはじめとした幅広いデータベースへの対応が可能**です。

データ分析用途で学ぶ範囲とそうでない範囲

　SQLは本来、次のような命令を含む巨大な言語体系です。

1. ユーザーに操作権限を与えたり、はく奪したりする

2. テーブルを作成したり、削除したりする

3. テーブルにデータを書き込んだり、更新したり、取得したりする

　そして、本書では上記3の「取得したり」に関連するスキルのみを、集中的に学びます。「そこだけ？」と思われるかもしれませんが、これは本書がエンジニアではなく、データ分析力を向上させたい非技術部門のビジネスパーソンを対象としているからです。

　もし、企業の技術部門に所属するエンジニアのみなさんがSQLのスキルを身につけたいのであれば、上記のすべてを学ぶ必要があります。具体的な業務としては、社内のデータベースにアクセス可能なユーザー（社員）の管理、基幹システムなどと連携するテーブルの作成・削除、他部門の要求に応じたデータの追加・更新・抽出などが挙げられるでしょう。すでに存在するSQL解説書の多くも、エンジニアを対象とし、上記のすべてに関係するスキルを網羅的に学べる内容となっています。

　一方、本書が対象とするビジネスパーソンのみなさんにとって、SQLを学ぶ目的はデータ分析にあります。分析対象となるデータベースにアクセスするのは自分だけですし、**テーブルの作成は、CRMやWeb解析などのシステムから出力したデータをBigQueryにアップロードするだけで完了**します（CHAPTER

2を参照）。また、テーブル自体を新たに作成することはあっても、既存のテーブルにあとからデータを追加したり、更新したりすることはありません。

ただし、前掲3の「取得したり」に関連するスキルについては、深い部分まで解説します。その代表例が、別名「分析関数」とも呼ばれる「ウィンドウ関数」や、GA4からBigQueryにエクスポートされるテーブルの「ネストされたレコード」を取り扱う際に必要となる「UNNEST関数」です。SQLをデータ分析の目的で使うには欠かせませんが、反面、難解な範囲ではあるので順を追って本書を読み進めて、ぜひ最後までマスターしてください。

> 前提知識ゼロで学べるのが本書の特徴ですが、データ分析の業務でしっかり使えることをゴールに置いています。GA4や、Google Search Consoleがエクスポートしたテーブルを扱うことの多いエンジニアのみなさんも大歓迎です。

なお、SQLはWebサイトやアプリにも組み込まれており、動的にページを生成したり、サイト内・アプリ内検索を実現したりする用途で利用されています。そうした用途では、ユーザビリティを向上するために「0.1秒でも早く結果を返す」ためのSQLを記述するスキルが求められます。

しかし、データ分析の用途では、分析結果を出すスピードは求められるにしても、SQLの実行結果が返ってくるスピードは求められないのが普通です。したがって、本書におけるSQLの記述は「最も早く結果が返るようにチューニングする」ことにはこだわらず、**「とにかく分析結果が出せればよい」** ことを念頭に置いていると、覚えておいてください。

> ひとくちにSQLと言っても、どのような業務で使うかによって、学ぶべき範囲や重視するポイントが異なるのですね！

1-3 覚えておきたい用語

以降では、データベースとSQLに関連する専門用語が多数登場します。ここで主な用語を覚えてください。

新しいことを覚えるのはワクワクしますね！

データベースの構造に関する用語を理解する

CHAPTER 1の最後として、本書を読み進めるうえで必要となる、データベースとSQLの基本用語を理解しておきましょう。BigQueryに限らず、<u>どのようなデータベースを扱うときにも役立ち、ほとんどのデータベースで共通の用語</u>として使われます。

▶ テーブル

データを格納する表のことです。表は、縦方向に並ぶ「行」と、横方向に並ぶ「列」からできています。例えば「ユーザーごとの年齢」の表には、[氏名][年齢]という2つの列があり、[氏名]列には「山田太郎」「鈴木花子」などが、[年齢]列には「28」「24」といった値を格納する行が並んでいるはずです。そのような表をテーブルと呼びます。

▶ カラム／フィールド

テーブル内の「列」のことを「カラム」と呼びます。[氏名][年齢][性別]という3つの列を持つテーブルは、「3カラムで構成されたテーブル」などと表現します。

この列を指して「フィールド」と呼ぶこともあり、一般的には同義として扱われます。本書では「テーブルの構造としての列」を指す場合には「カラム」、「列

に格納された値」を指す場合には「フィールド」と記載しています。例えば『[revenue] フィールドの値を1.1倍して [revenue_with_tax] という新しいカラムに格納してください』といった具合です。

▶ レコード

テーブル内の「行」のことを「レコード」と呼びます。「山田太郎」「鈴木花子」という2つの行が格納されている場合、「このテーブルには2レコードが存在する」などと表現します。テーブル、カラム／フィールド、レコードを図示すると、以下の［1-3-1］のようになります。

（1-3-1） テーブル、カラム／フィールド、レコードの関係

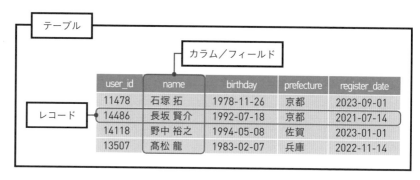

▶ データ型

Excelなどとは異なり、データベースではカラムごとに、そのカラムに格納するデータの「型」を最初に定める必要があります。この型のことを「データ型」と呼びます。なお、最初に定めた型と異なるデータは格納できません。データ型には、後述する文字列型、整数型、日付型などがあります。

▶ スキーマ

テーブルを構成する、通常複数の列の属性をまとめたものを「スキーマ」と呼びます。次ページの［1-3-2］は、本書の演習用ファイルからBigQuery上に作成した［sales］テーブルのスキーマです。

(1-3-2) スキーマの例

フィールド名	タイプ	モード
order_id	INTEGER	NULLABLE
user_id	INTEGER	NULLABLE
product_id	INTEGER	NULLABLE
date_time	DATETIME	NULLABLE
quantity	INTEGER	NULLABLE
revenue	INTEGER	NULLABLE
is_proper	BOOLEAN	NULLABLE

> テーブルを構成する列の属性が
> まとめられている

▶ クエリ

　データベースに対する問い合わせのことを「クエリ」と呼びます。具体的には、データベース内の任意のテーブルを対象に、データの取得や演算、関数の利用、テーブルの結合といった処理を命令する、SQLによって記述されたコードとなります。このコードは「SQL文」とも呼び、クエリとほぼ同義です。

▶ ビュー

　テーブルに対してSQLを実行すると、返ってくる結果も、通常は表の形をしています。その表を再利用したい場合、毎回SQLを書くのは手間がかかります。そこで、SQLの実行結果の表を記録しておくのが「ビュー」です。

　テーブルは実体を持った表であるのに対し、ビューはあくまでもSQLの結果が表の状態で保存されているものです。そのため、ビューに対してSQLを実行すると、結果が変わることがあります。詳しくはSECTION 5-6で解説します。

▶ null
ヌル

　「値がない」ことを表し、『アンケートの必須回答項目ではない［年齢］フィールドには、一定数の「null」がある』などのように使います。計算の対象にならないのが一般的で、例えば「10, 20, null」の平均値は「10」ではなく「15」になります。

データがどのように扱われるかを決めるデータ型

データベースにおいては、カラムごとに格納するデータの型を定める必要があります。続いて、主なデータ型について見ていきましょう。

▶ 文字列型

BigQueryでは「STRING型」と呼ばれます。「山田太郎」「北海道」「Organic」などの文字列は、文字列型としてテーブルに格納されます。

▶ 整数型

BigQueryでは「INT64型」と呼ばれます。小数点以下を持たない整数としてテーブルに格納されます。

▶ 浮動小数点型

BigQueryでは「FLOAT64型」と呼ばれます。小数部分を持つ数値としてテーブルに格納されます。

取得できるのが近似値であり、計算においてごくわずかな誤差が発生するデメリットがありますが、結果が返るのが早いというメリットもあります。次ページの [1-3-3] では、BigQuery上に作成したテーブルで [revenue] の値を1.1倍した [revenue_with_tax] を計算していますが、小数点以下13位に「2」があり、わずかな誤差が発生していることが分かります。

▶ 数値型

BigQueryでは「NUMERIC型」と呼ばれます。最大で38桁の整数部分と、9桁の小数点以下部分を持ち、浮動小数点型では誤差が出てしまう計算を正確に表せます。

▶ ブール型

BigQueryでは「BOOLEAN型」と呼ばれます。「TRUE」と「FALSE」(大文字と小文字の区別なし) で表されます。

1-3-3 浮動小数点型の誤差の例

```
1  SELECT order_id, revenue, revenue*1.1 AS revenue_with_tax FROM impress_sweets.sales
2  ORDER BY 2 DESC
```

クエリ結果

| ジョブ情報 | 結果 | グラフ | JSON | 実行の詳細 | 実行グラフ |

行	order_id ▼	revenue ▼	revenue_with_tax ▼
1	121169	12000	13200.000000000002
2	146864	10800	11880.000000000002
3	127500	10800	11880.000000000002
4	101071	9720	10692.0

> revenue × 1.1 の計算結果に
> 誤差が発生している

▶ 日付型

BigQueryでは「DATE型」と呼ばれます。「YYYY-MM-DD」の形式で、年・月・日を表します。例えば「2024-7-13」は「2024年7月13日」となります。

▶ 日時型

BigQueryでは「DATETIME型」と呼ばれます。「YYYY-MM-DD HH:mm:ss.ddddd」の形式で、年・月・日・時・分・秒・サブ秒を表します。タイムゾーンに依存せず、カレンダーや時計に表示される日時を表現するときに使います。

▶ 時刻型

BigQueryでは「TIME型」と呼ばれます。「HH:mm:ss.ddddd」の形式で、時・分・秒・サブ秒を表します。タイムゾーンに依存せず、時計に表示される日時を表現するときに使います。

▶ タイムスタンプ型

BigQueryでは「TIMESTAMP型」と呼ばれます。「YYYY-MM-DD HH:mm:ss.ddddd UTC」の形式で、絶対的な時刻を表します。「UTC」とは「Coordinated Universal Time」の略で、日本語では「協定世界時」と呼ばれます。

▶ 配列型

BigQueryでは「ARRAY型」と呼ばれます。ゼロ個以上の同じデータ型の値で構成された順序付きリストを表します。

▶ 構造体型

BigQueryでは「STRUCT型」と呼ばれます。異なるデータタイプのフィールドを1つの単位としてグループ化するための順序付きコンテナです。

　配列型、構造体型のカラムは、GA4がBigQueryにエクスポートしたテーブルで使われています。これら2つのデータ型についてはSECTION 9-2で触れています。なお、上記以外にも「バイト型」「地理型」「JSON型」などのデータ型がありますが、本書では取り扱いません。

> こうしてみると、私がこれまでに扱ってきたデータも、実はデータ型に沿ったものであることが分かりますね。「1から5」といった整数型やタイムスタンプ型のデータは、アンケートツールから出力したデータでよく見かけます。

> その通りです。Excelではデータ型を意識することはなく、1つの列に文字列も数値も入りますが、データベースではカラムのデータ型は必須の考え方です。アンケートツールから出力したデータもよく見ると、列ごとにデータ型がそろっていることが分かるはずです。

BigQueryの利用開始

本書では、みなさんが十分に「手を動かして」SQLを習得でき、かつ、そのまま業務に活用できるように、学習環境としてBigQueryを利用することを前提とします。BigQueryを無料で使えるアカウントを開設し、筆者が用意した4つの演習用ファイルからテーブルを作成したうえで、具体的な利用方法を解説していきます。

2-1　アカウントの開設

それでは、実際にBigQuery上にテーブルを作成し、SQLを記述する環境の準備を始めましょう。

普段からGmailやGoogle Workspaceは使っているのですが、BigQueryは一度も見たことがありません。使いこなせるでしょうか？

BigQueryはインストール不要です。また、本書で説明している学習の範囲であれば、実質的に無料で利用できます。そのため、SQLの学習者にとって、実は最も手が届きやすいSQLの実行環境です。本書に掲載しているドリルを通じて、基本的な操作方法を身につけてください。

BigQueryは「データ保持」兼「SQL実行」のための環境

SQLは、手を動かして学習しないと身につかない典型的なスキルです。よって、本書では「SQL文」（データベースへの命令のセット）を実際に記述して実行し、結果を確認するための学習環境として、Googleが提供するデータベースサービスである「BigQuery」を利用します。

BigQueryはGA4やSearch Consoleからのデータエクスポート先となるほかBigQueryに蓄積されたデータをGoogleスプレッドシートやLooker Studioから利用することもできます。つまり、Googleが提供する複数のサービスにおける、データ保持・加工のハブとしての役割を持っています。

一方で、Googleのサービスとは無関係な、ユーザーの独自データをアップロードして利用することもできます。「Tableau」「PowerBI」「Qlik Sense」と
クリックセンス

いった、主要なBIツールからのデータ接続も可能です。そのため、BigQueryでSQLを記述し、データを直接分析するといった用途以外にも、分析用の中間テーブルをBigQuery上に作成し、そのデータにBIツールから接続するといった使い方も可能になっています。

BigQueryの実体はクラウド上にあるため、PCに何らかのソフトウェアを新たにインストールする必要はありません。**必要なのはインターネットに接続されたPCとWebブラウザーのみ**です。Googleのサービス群との相性を考慮すると、ブラウザーはGoogle Chromeがよいでしょう。

BigQueryの利用料金は基本的には有料で、主にデータ量などに応じた従量課金となっています。しかし、十分な無料枠が用意されており、本書執筆時点、かつ本書での学習に利用する範囲なら、実質無料で利用できます。料金体系と無料枠の詳細は、SECTION 2-3で解説します。

> PCとWebブラウザーだけで利用を開始できるのは、学習のハードルが下がりますね！さっそく試してしてみようと思います。

「BigQueryサンドボックス」ならクレジットカードは不要

本書執筆時点において、BigQueryの利用を無料で開始する方法には、次の2つがあります。

1. Google Cloud Platformの無料トライアルを開始する
2. BigQueryサンドボックスを利用する

上記1のGoogle Cloud Platform（GCP）とは、BigQueryを含むGoogleのさまざまなクラウドサービスの集合体のことです。複数のサービスに対して一定の無料枠が設定されています。しかし、初回にクレジットカード情報の登録が必要なため、若干の煩わしさと課金に対する不安を感じる人もいるでしょう。

　そのため、少しでも手間を省けるという意味で、本書では前掲**2**の方法をおすすめします。BigQueryサンドボックスとは「**BigQueryを無料で試せるオプション**」であり、クレジットカード情報を登録することなくアカウントの開設が可能です。以下のGoogle Cloudブログの記事では、新規ユーザーや学生を想定した環境であることなどが説明されています。

クエリを無料で試せるBigQueryサンドボックス

https://cloud.google.com/blog/ja/products/gcp/
query-without-a-credit-card-introducing-bigquery-sandbox

　実際にBigQueryサンドボックスのアカウントを開設するには、以下のURLにある「BigQueryサンドボックスの使用を開始する」から操作します。みなさんが普段から使っているGoogleアカウントでサインインしたうえで、以下の［2-1-1］の手順を参考に操作を進めてください。

BigQueryサンドボックスを有効にする

https://cloud.google.com/bigquery/docs/sandbox/?hl=ja

2-1-1　BigQueryサンドボックスの利用を開始する

BigQuery サンドボックスの
Web ページを表示しておく

① [BigQuery に移動]
をクリック

BigQuery サンドボックスの使用を開始する

1. Google Cloud コンソールで [**BigQuery**] ページに移動します。

[BigQuery] に移動

ブラウザで次の URL を入力して、Google Cloud コンソールで BigQuery を開くこともできます。

https://console.cloud.google.com/bigquery

BigQueryのページが表示された

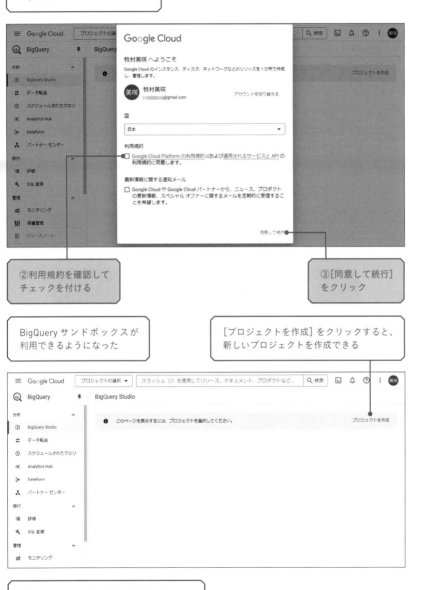

②利用規約を確認して
チェックを付ける

③[同意して続行]
をクリック

BigQueryサンドボックスが
利用できるようになった

[プロジェクトを作成]をクリックすると、
新しいプロジェクトを作成できる

プロジェクトの作成方法は次節を参照する

　BigQueryサンドボックスでは、とても簡単にBigQueryのアカウントを開設できますが、注意点として**すべてのテーブルに60日間の有効期限があること**が挙げられます。本書での学習が60日間を超えた場合、作成したテーブルが警告もなく削除されるため、影響があるかもしれません。

　一方、GCPの無料トライアルには、そのような有効期限がありません。BigQueryサンドボックスの画面には、GCPの無料トライアルに移行するためのボタンが表示されているので、有効期限が心配な場合は登録を進めてください。また、学習を進めるうちに「BigQueryをこのまま実務でも使いたい」という気持ちが固まった場合も、GCPの無料トライアルに移行するとよいでしょう。

> 意外と簡単に利用を始められるのですね！とはいえ、まだ何も表示されていませんが……

> 最初に「プロジェクト」を作成する必要があるので、次節の操作に進みましょう。あと、忘れずにブックマークしておいてくださいね。今後、BigQueryには何度もアクセスすることになります。

2-2 アカウントの構造と プロジェクトの作成

BigQueryの画面と操作について見ていきます。まずはアカウントの構造を理解してください。

GoogleアナリティクスやGoogle広告のアカウントは、階層構造になっていますよね。

はい、基本的にはそれらと同じ考え方です。ここでは「プロジェクト」の新規作成についても解説します。

データの関連性を意識して階層を使い分ける

BigQueryのアカウントは、次ページの図[2-2-1]に示すように**「アカウント」「プロジェクト」「データセット」という3つの階層**で構成されます。

1つのアカウントの中には複数のプロジェクトを作成でき、1つのプロジェクトの中には複数のデータセットを作成できます。データセットの中には、SECTION 1-3で解説したテーブルとビューを複数作成できます。これらの単位で、関連性のあるデータをまとめて保持することにより、目的のデータにたどり着きやすくなる、という仕組みです。

アカウントの開設後、実際にプロジェクトやデータセットを作成した画面は[2-2-2]のようになります。Googleアカウントと紐づいたBigQueryのアカウント内に、[sql-book] プロジェクトとデータセット [impress_sweets]が格納され、その中に [customers] などのテーブルとビューが存在していることが分かります。

なお、このプロジェクト名とデータセット名は本書での学習用の名前で、演習用ファイルの内容にちなんだものとなっています。

2-2-1 BigQueryのアカウント構造

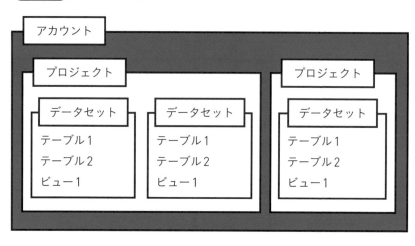

2-2-2 アカウント／プロジェクト／データセットの例

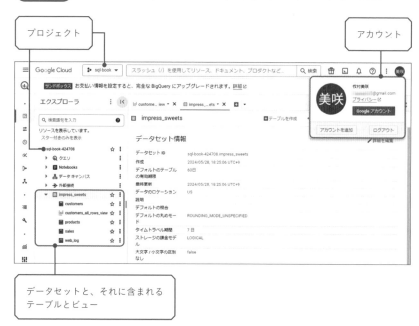

プロジェクトを作成する

本書の演習用ファイルをBigQueryで使えるようにするために、新しいプロジェクトを作成しましょう。以下の［2-2-3］の手順で進めます。

2-2-3　新しいプロジェクトを作成する

BigQuery サンドボックスをはじめて利用する場合は、［プロジェクトを作成］をクリックして次ページの操作③から始める

すでにプロジェクトがある場合は、［プロジェクトを選択］ダイアログボックスから作成する

①プロジェクト名をクリック

［プロジェクトを選択］ダイアログボックスが表示された

②［新しいプロジェクト］をクリック

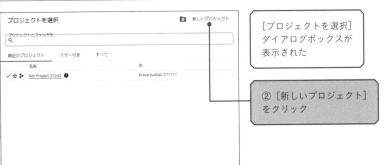

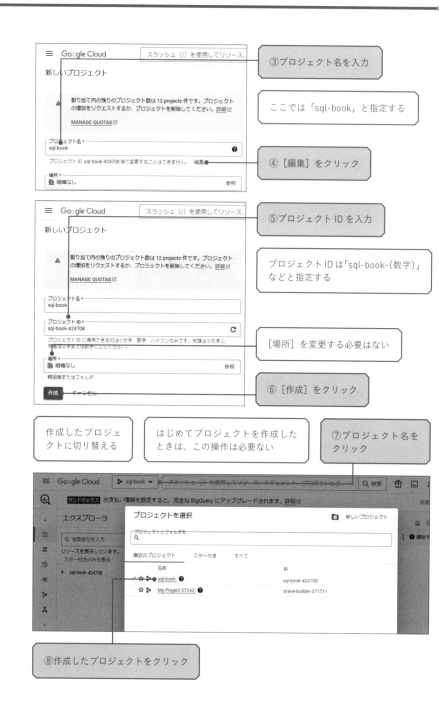

③プロジェクト名を入力

ここでは「sql-book」と指定する

④［編集］をクリック

⑤プロジェクト ID を入力

プロジェクト ID は「sql-book-(数字)」などと指定する

［場所］を変更する必要はない

⑥［作成］をクリック

作成したプロジェクトに切り替える

はじめてプロジェクトを作成したときは、この操作は必要ない

⑦プロジェクト名をクリック

⑧作成したプロジェクトをクリック

作成したプロジェクト（プロジェクトID）が表示された

ここをクリックすると、[BigQuery ナビゲーションメニュー] を折りたためる

　[新しいプロジェクト] 画面の [プロジェクト名] で使用できる文字は、英数字、シングルクォーテーション、ハイフン、スペース、エクスクラメーションマークです。プロジェクト名としては、**どのようなデータが格納されているのかを端的に表す短い文字列**が適しています。

　[編集] をクリックすると入力できる [プロジェクトID] は、BigQueryが内部的にプロジェクトを識別するIDです。アルファベットの小文字、数字、ハイフンのみを入力でき、先頭はアルファベットとし、末尾はハイフンで終わらないようにします。ほかのプロジェクトとは異なる一意のIDである必要があるため、「sql-book-(数字)」などとして、重複しないものを指定してください。また、一度指定したIDは変更できません。

　[場所] については [組織なし] のままで大丈夫です。作成後、新しいプロジェクトに切り替えることを忘れないようにしましょう。

通常の用途で、操作のためにコマンドを記述することはありません。Googleのほかのビジネスツールと、操作感は大差ないはずです。

SECTION

2-3 料金体系と無料枠

サンドボックスを卒業して、正規にBigQueryを利用するときに備えて、利用料金について確認しておきましょう。みなさん、気になるところですよね。

SECTION 2-1でおっしゃっていた「実質無料」とは、どういう意味なのでしょうか？

BigQueryには無料枠が用意されており、本書の学習で利用するテーブルやSQL文であれば、その無料枠に収まります。よって、実質無料というわけです。

データ保持とSQL文の実行にかかるデータ量で課金される

BigQueryの料金体系には、いくつものパターンがあります。データの変更頻度や従量・定額、データを格納する物理的な場所（ロケーション）による違いがあるなど、すべてを解説・比較しようとすると、かなり複雑です。

ここでは本書が対象とする読者のみなさんに向け、SQLの学習目的、および業務上のデータ分析を行う用途で理解すべき範囲に絞って解説します。まず、BigQueryの料金は次の2つの合計で決まると考えてください。

- 月ごとのデータ保持にかかる料金 　⇒**ストレージ料金**
- SQL文の実行にかかる料金 　　　　⇒**コンピューティング料金**

そして、ロケーションがTokyo（asia-northeast1）の場合、ストレージ料金とコンピューティング料金、および無料枠は次ページのようになります。

● ストレージ料金[1][2]
⇒ 1GiB（ギビバイト[3]）あたりUS\$0.023／月（毎月10GiBまで無料）
● コンピューティング料金
⇒ 1TiB（テビバイト[3]）あたりUS\$7.5／月（毎月1TiBまで無料）

※1
ストレージ料金は、アクティブストレージ（過去90日間で変更されたテーブルが対象）と、長期保存（過去90日間連続して変更されていないテーブルが対象）の2種類があります。上記の料金は、アクティブストレージのものです。長期保存の料金は、US\$0.016／月となります。

※2
2023年7月から、それまでの論理バイトを対象としたストレージ料金モデルに加え、物理バイトを対象としたストレージ料金モデルも選択できるようになりました。デフォルトは論理バイトを対象とした課金モデルで、上記の料金も論理バイトモデルの料金を示しています。一方、課金モデルを論理バイトモデルから、物理バイトモデルに切り替えることで、物理バイトの圧縮機能を利用して費用を削減できる場合があるとされています。物理バイトストレージ料金の1カ月あたりの費用は、1GiBあたりUS\$0.052／月（長期保存データは1GiBあたりUS\$0.026／月）です。

※3
ギビバイト（GiB）やテビバイト（TiB）は、聞き慣れない用語だと思います。これらはデータの量を二進数で計った単位です。一方、私たちが日頃慣れ親しんでいるギガバイト（GB）やテラバイト（TB）は、データの量を十進法で計った単位です。Googleの公式ドキュメント上は、GiBやTiBで測定したデータ量が課金対象となっています。ギガバイトとギビバイト、テラバイトとテビバイトには、以下の通りの違いがあります。

● 1GBは約0.931GiB
● 1TBは約0.90TiB

　みなさんが使用する本書の演習用ファイル（次節を参照）をBigQueryにすべてアップロードしても、データ量の合計は500KiB弱にしかなりません。ストレージ料金の無料枠である月10GiBのうち0.005%しか利用しないため、ストレージ料金が発生することはありません。

　また、演習用ファイルから作成した、最もデータ量の大きなテーブルに対してSQL文を10,000回実行したとしても約5GiB、コンピューティング料金の無料枠である月1TiBのうちの0.5%です。本書での学習用途なら実質無料と述べたのは、このような根拠に基づいています。

　なお、BigQueryの「クエリエディタ」でSQL文を実行するときには、以下の［2-3-1］のようにその処理に必要なデータ量が事前に表示されます（ただし、十進法での表現となっており、厳密に計算するには二進法での表現に計算し直す必要があります）。学習後、業務上のデータ分析を行うときにも役立つので、覚えておいてください。また、料金の詳細は以下の公式ヘルプを参照してください。

> (2-3-1) **クエリの実行前にデータ量を確認する**

1回の SQL 文の実行に必要な
データ量は事前に確認できる

BigQueryの料金

https://cloud.google.com/bigquery/pricing?hl=ja

2-4 演習用ファイルの内容とスキーマの定義

本書では、演習用ファイルとして4つのCSVファイルを用意しました。これらからBigQueryのテーブルを作成する前に、筆者がどのような意図で作成したデータなのかを紹介しておきたいと思います。

私たちがSQLを学ぶためのサンプルになるデータですね。「意図」といいますと……？

多くのビジネスパーソンが実務で扱う可能性が高いであろうデータに似せたサンプルを意図しました。業務と無関係なサンプルでは、臨場感がないですからね。

各テーブルの性質やカラム名、データ型を確認する

みなさんに実践的なSQLのスキルを身につけてもらえるように、本書ではSQL文を実行する対象であるテーブルのサンプルデータとして、**CSV形式の演習用ファイル**を用意しました。P.010に掲載している本書のサポートページを参考に、次ページの[2-4-1]のようにPCにダウンロードしておいてください。

演習用ファイルには、Webサイトを持つ架空の小売業者（インプレス製菓）を想定したデータが記録されており、次の4つのファイルに分かれます。

- customers.csv　　⇒顧客データ
- products.csv　　⇒商品データ
- sales.csv　　⇒販売データ
- web_log.csv　　⇒Webログデータ

2-4-1 ダウンロードした演習用ファイル

演習用ファイルを PC にダウンロードし、任意のフォルダーに保存しておく

これらをBigQueryにアップロードし、それぞれからテーブルを作成していくわけですが、**アップロード時にはカラム名（フィールド名）やデータ型（タイプ）といったスキーマを定義**する必要があります。以下の［2-4-2］を含む4つの表で各テーブルの元となるファイル名や性質、アップロード時に指定するカラム名、データ型を示すので、あらかじめ確認しておいてください。

2-4-2 ［customers］テーブルの内容とスキーマ

ファイル名	customers.csv	
性質	顧客マスタ	
想定	顧客情報を格納するテーブル	
行数	497	
カラム名	データ型	説明
customer_id	INTEGER	顧客を識別するID（顧客ごとに固有）
customer_name	STRING	顧客の氏名
birthday	DATE	顧客の誕生日
gender	INTEGER	顧客の性別（1：男性、2：女性）
prefecture	STRING	顧客の住所の都道府県名
register_date	DATE	顧客の会員登録日
is_premium	BOOLEAN	プレミアム顧客かどうか？ （true：プレミアム顧客、false：一般顧客）

2-4-3　[products] テーブルの内容とスキーマ

ファイル名	products.csv	
性質	商品マスタ	
想定	商品属性を格納するテーブル	
行数	15	
カラム名	データ型	説明
product_id	INTEGER	商品を識別するID（商品ごとに固有）
product_name	STRING	商品の名称
product_category	STRING	商品のカテゴリ
cost	INTEGER	商品の仕入れ値（単価）

2-4-4　[sales] テーブルの内容とスキーマ

ファイル名	sales.csv	
性質	販売データ	
想定	販売情報を格納するテーブル	
行数	1,177	
カラム名	データ型	説明
order_id	INTEGER	注文を識別するID（注文ごとに固有）
user_id	INTEGER	顧客を識別するID
product_id	INTEGER	販売された商品を識別するID
date_time	DATETIME	販売が実行された年月日時間
quantity	INTEGER	販売された個数（数量）
revenue	INTEGER	販売された金額
is_proper	BOOLEAN	定価販売だったかどうか？ （true：定価販売、false：値引き販売）

(2-4-5) [web_log] テーブルの内容とスキーマ

ファイル名	web_log.csv
性質	Webアクセスログ
想定	Webページの利用状況ログを格納するテーブル
行数	2,840

カラム名	データ型	説明
event_timestamp	INTEGER	イベントの発生時刻（UNIX時 ※1970年1月1日0:00:00からの経過秒数をマイクロ秒で表示したもの）。マイクロ秒とは100万分の1秒
event_name	STRING	ユーザーのサイト内行動を示す文字列。page_viewとscrollの2種類。page_viewはページの表示、scrollはページの90%スクロール
user_pseudo_id	STRING	Webブラウザーを識別するID
user_id	INTEGER	顧客を識別するID
ga_session_number	INTEGER	Webサイトへの訪問回数を示す整数
media	STRING	Webサイト訪問時に利用したメディア（自然検索、参照トラフィック、ソーシャルトラフィックなど）
device	STRING	Webサイトを利用したデバイス
page_location	STRING	ユーザーが表示、あるいはスクロールしたURLから、プロトコル、ホスト名を除いた文字列（/prod/prod_id=2/なら商品ID2の紹介ページ）
page_title	STRING	ユーザーが表示、あるいはスクロールしたWebページのタイトル

> 僕が関わっているWebサイトではECも展開しているので、どれもなじみのあるデータです。

> [web_log] テーブルはWeb解析データを扱えるように、GA4がエクスポートしたデータに似せて作成しています。

SECTION

2-5 データセットと テーブルの作成

演習用ファイルの内容を理解できたところで、それらからBigQueryのテーブルを作成していきましょう。事前に新しいデータセットも作成しておきます。

特に気をつけるところはありますか？

テーブル作成時の設定ですね。本書では自動検出に頼らない手動での設定をおすすめしますが、カラム名とデータ型の指定、ヘッダー行のスキップが間違えやすいところです。注意しつつ進めてください。

テーブルを格納するデータセットを準備する

　演習用ファイルのアップロードに先立ち、プロジェクト内に新しいデータセットを作成しましょう。データセットにはテーブルや、SQL文を「実行したあとのテーブル」の形で保持するビューが格納されます。ビューについてはSECTION 1-3、5-6を参照してください。本書での学習においては、**1つのデータセットに4つのCSVファイルをアップロードし、4つのテーブルを作成**します。手順は次ページの[2-5-1]の通りです。

　具体的には、SECTION 2-2で新規作成したプロジェクト[sql-book]の配下に、[impress_sweets]という名前でデータセットを作成します。その配下に格納するテーブル名とカラム名は、前節で示した表と同じにしていきます。いずれも任意の名前を付けても構わないのですが、その場合は、以降の解説で該当するデータセット名やテーブル名を読み替える必要が生じるので、同じ名前にそろえることをおすすめします。

(2-5-1) データセットを作成する

①プロジェクト名の右側にある[⋮]（アクションを表示）をクリック

②[データセットを作成]をクリック

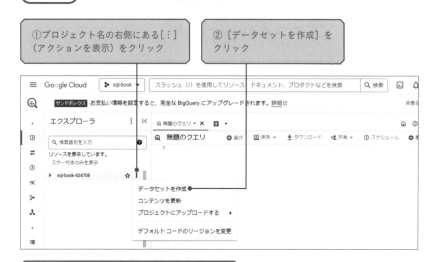

③[データセット ID]にデータセット名を入力

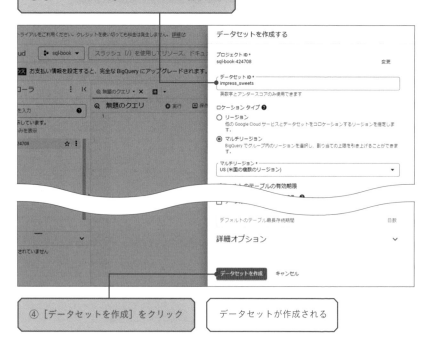

④[データセットを作成]をクリック

データセットが作成される

スキーマを定義してテーブルを作成する

　データセットが作成できたら、演習用のCSVファイルをアップロードしてテーブルを作成します。ここでポイントとなるのがスキーマの定義です。

　テーブルの作成時には、以下の［2-5-2］にあるように「自動検出」という機能が利用できます。文字通りスキーマを自動検出する機能で、CSVファイルの1行目に英数字でカラム名として利用したいヘッダーが記述されていれば利用可能となります。

　しかし、自動検出では日付型と認識してほしいカラムが文字列型として認識される場合や、文字列として認識してほしいIDが小数として認識される場合があるなど、データ型が期待通りに認識されないことがあります。

　そのため、本節では勉強も兼ねて、**アップロード時にカラム名をあらためて指定し、同時にデータ型も手動で指定する手順で解説**します。手数は増えてしまいますが、意図通りのテーブルを確実に作成できるメリットがあります。

　また、スキーマの定義においては、各カラムに対して「モード」も選択することになります。本書の演習用ファイルから作成するテーブルのスキーマ指定では、すべてデフォルトである「NULLABLE」のままにしてください。これは『「null」を許容する』という意味になります。

　次ページの表［2-5-3］に［customers］テーブルを作成するときのスキーマを示すので、この通りに設定してください。残り3つのテーブルのカラム名とデータ型は、前節で紹介した通りです。また、［2-5-4］でテーブルを作成する一連の手順を紹介します。

(2-5-2) スキーマの自動検出機能

スキーマ
□ 自動検出 ●──────────── 1行目にカラム名が記載されていれば利用できるが、データ型が正しく認識されない場合もある
● テキストとして編集
➕

2-5-3 [customers] テーブルのスキーマ

カラム名	データ型	モード
customer_id	INTEGER	NULLABLE
customer_name	STRING	NULLABLE
birthday	DATE	NULLABLE
gender	INTEGER	NULLABLE
prefecture	STRING	NULLABLE
register_date	DATE	NULLABLE
is_premium	BOOLEAN	NULLABLE

2-5-4 テーブルを作成する

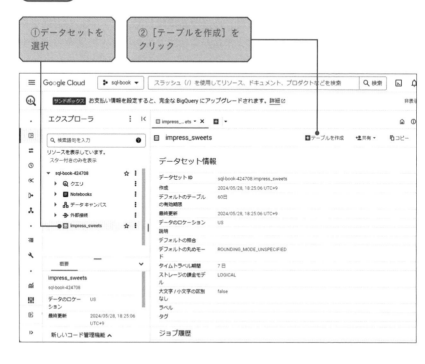

［テーブルを作成］ウィンドウが
表示された

アップロードする CSV ファイルの指定や
テーブル名、スキーマの設定を行う

③ ［テーブルの作成元］で
［アップロード］を選択

④ アップロードする
CSV ファイルを選択

⑤ ［プロジェクト］と［デー
タセット］を選択

テーブルを作成   ×

ソース
テーブルの作成元 *
アップロード

ファイルを選択 *
customers.csv   ✕ 参照 ❓

ファイル形式 *
CSV

送信先
プロジェクト *
sql-book-424708   参照

データセット *
impress_sweets

テーブル *
customers

名前は 1,024 バイト（UTF-8）以内にしてください。Unicode の文字、マーク、数字、コネクタ、ダッシュ、スペースを使用できます。

⑥テーブル名を入力

⑦スキーマの ［＋］（フィールド
を追加）をクリック

⑧ ［フィールド名］［タイプ］［モード］
にカラム名、データ型、モードを指定

スキーマ
☐ 自動検出
⬤ テキストとして編集

	フィールド名 *	タイプ *	モード *	
1	customer_id	INTEGER ▼	NULLABLE ▼	説明
2	customer_name	STRING ▼	NULLABLE ▼	最大長 ┊ 説明
3	birthday	DATE ▼	NULLABLE ▼	説明
4	gender	INTEGER ▼	NULLABLE ▼	説明
5	prefecture	STRING ▼	NULLABLE ▼	最大長 ┊ 説明
6	register_date	DATE ▼	NULLABLE ▼	説明
7	is_premium	BOOLEAN ▼	NULLABLE ▼	説明

➕

1 行が 1 つのカラムのスキーマを表している

CSV ファイルに含まれるデータのヘッダーをスキップする

⑨ [詳細オプション] を
クリックして展開

⑩ [スキップするヘッダー行] に
「1」と入力

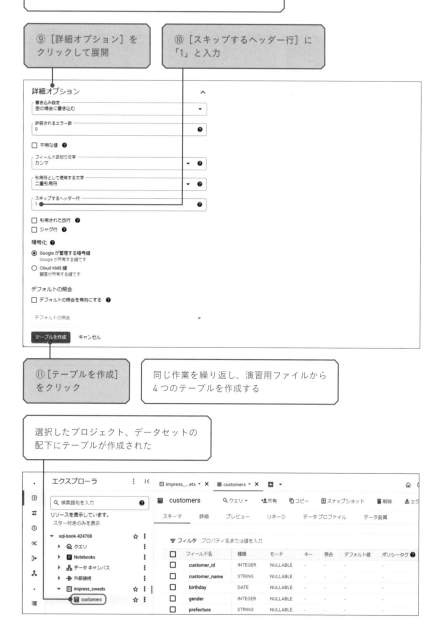

詳細オプション ∧

書き込み設定
空の場合に書き込む ▼

許容されるエラー数
0 ❓

☐ 不明な値 ❓

フィールド区切り文字
カンマ ▼ ❓

引用符として使用する文字
二重引用符 ▼ ❓

スキップするヘッダー行
1 ❓

☐ 引用された改行 ❓
☐ ジャグ行 ❓

暗号化 ❓
◉ Google が管理する暗号鍵
　Google が所有する鍵です
○ Cloud KMS 鍵
　顧客が所有する鍵です

デフォルトの照合
☐ デフォルトの照合を有効にする ❓

デフォルトの照合 ▼

テーブルを作成　キャンセル

⑪ [テーブルを作成]
をクリック

同じ作業を繰り返し、演習用ファイルから
4 つのテーブルを作成する

選択したプロジェクト、データセットの
配下にテーブルが作成された

テーブル作成時にエラーが表示されたときの対処法

　[customers] テーブルに続き、[products][sales][web_log] のテーブル
を作成できたでしょうか。もしかするとテーブルの作成を繰り返す中で、エラ
ーによりテーブルが作成できない場合があるかもしれません。その場合は［ジ
ョブ履歴］から操作します。

　以下の ［2-5-5］ は、あえて ［2-5-4］ の操作⑨〜⑩をスキップしてテー
ブルを作成したときに表示されるメッセージです。内容は、エラーが発生して
テーブルを作成できなかったこと、[product_id] カラムは整数型（INT64）
で作成する指示だったが、1行目に"product_id"という文字列があり、整数型
のカラムとしては作成できなかったことが記述してあります。

　ジョブをやり直してテーブルを再作成するには、エラー画面の［読み込みジ
ョブを繰り返す］からリトライするのが簡単です。［テーブルを作成］ボタン
をクリックする前の状態に戻ることができます。もし、間違えて ［閉じる］ ボ
タンをクリックした場合には、次ページの ［2-5-6］ にあるジョブ履歴から
再度やり直すことができます。

2-5-5　実行エラーのジョブをやり直す

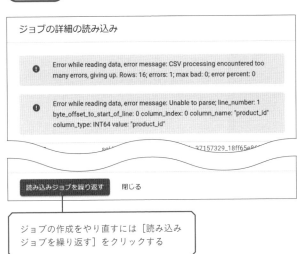

ジョブの作成をやり直すには［読み込み
ジョブを繰り返す］をクリックする

2-5-6 実行エラーとなったジョブをやり直す

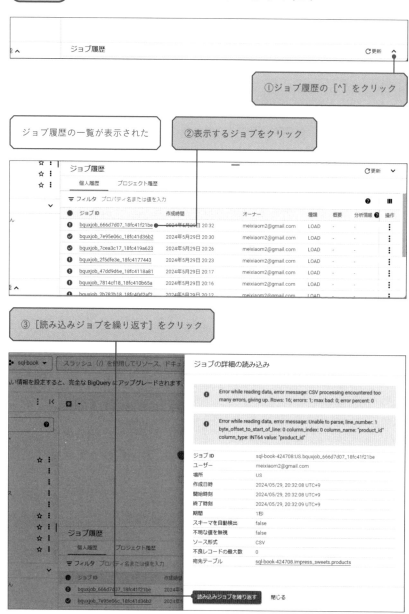

ジョブ履歴　　　　　　　　　　　　　　　　C 更新 ∧

①ジョブ履歴の［∧］をクリック

ジョブ履歴の一覧が表示された

②表示するジョブをクリック

③［読み込みジョブを繰り返す］をクリック

実行エラーとなったジョブをやり直せる

テーブルを作成　　　　　　　　　　　　　　　　　　　　　　　×

ソース

テーブルの作成元
アップロード　　　　　　　　　　　　　　　　　　　　　　　▼

ファイルを選択 *　　　　　　　　　　　　　　　　　　参照　❓

ファイル形式
CSV　　　　　　　　　　　　　　　　　　　　　　　　▼

送信先

プロジェクト *
sql-book-424708　　　　　　　　　　　　　　　　　　　　参照

データセット *
impress_sweets

テーブル *
products

名前は 1,024 バイト (UTF-8) 以内にしてください。Unicode の文字、マーク、数字、コネクタ、ダッシュ、スペースを使用できます。

テーブルタイプ
ネイティブ テーブル　　　　　　　　　　　　　　　　▼　❓

業務上のCSVファイルをアップロードするときの注意点

　本書での学習後には、みなさんが業務において入手したCSVファイルから
BigQueryのテーブルを作成したいこともあるでしょう。そのようなシチュエ
ーションでの注意点を補足します。

　まず、BigQueryにアップロードするCSVファイルは「UTF-8」という方式
でエンコードされている必要があります。アップロード時にエラーが表示され
るときは、テキストエディタなどで変換・保存してください。

　また、CSVファイルを直接アップロードできるファイルサイズの上限は5TB
（圧縮状態であれば4GB）です。それ以上の場合は、Google Cloud Storage
にいったんCSVファイルをアップロードしたうえで、BigQueryに取り込む手
順を踏む必要があります。Cloud Storageの利用には、データ量に応じた料金
が必要になるので、以下の公式ヘルプを参照してください。

割り当てと上限

https://cloud.google.com/bigquery/quotas?hl=ja

Cloud Storage

https://cloud.google.com/storage?hl=ja

2-6 コンソールの操作

テーブルの準備ができたところで、BigQueryのUIを見ていきましょう。特にマスターしたいのが、SQL文を記述する領域である「クエリエディタ」です。

コンソールを構成する領域を理解する

BigQueryの操作画面は「コンソール」と呼びます。コンソールの主なUIは、次ページの［2-6-1］にも示した以下の領域で構成されています。

▶プロジェクト

操作の対象となるプロジェクト名が表示されます。本書での学習においては、演習用のテーブルが存在するプロジェクトが選択されていることを常に確認してください。［2-6-2］の画面で切り替えできます。

▶クエリエディタ／下部パネル

SQL文を記述したり、その実行結果やジョブの履歴などが表示されたりする領域です。以降であらためて解説します。

▶ナビゲーションパネル

現在選択されているプロジェクトの配下にあるデータセット、テーブル、ビューの一覧が、階層化されて表示されます。

▶BigQueryナビゲーションメニュー

BigQueryにおけるメニューです。本書での学習に関連するのは［BigQuery Studio］のみで、その他の項目については扱いません。

2-6-1 BigQueryのコンソール

プロジェクト

[+]（SQLクエリ）をクリックすると、クエリエディタが新しいタブで表示される

クエリエディタ

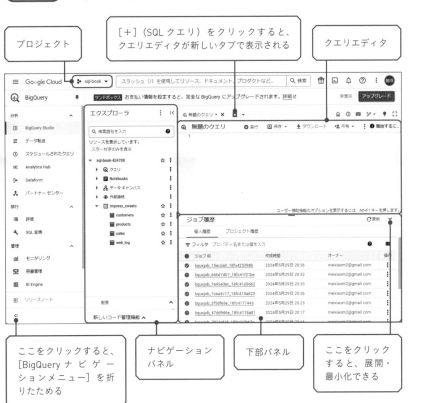

ここをクリックすると、[BigQueryナビゲーションメニュー]を折りたためる

ナビゲーションパネル

下部パネル

ここをクリックすると、展開・最小化できる

2-6-2 [プロジェクトを選択]ダイアログボックス

作成済みのプロジェクトを選択できる

クエリエディタにSQL文を記述して実行する

クエリエディタは、SQL文を記述するための機能が集約されている、最も使用頻度の高い領域です。まず、はじめてのSQL文として、以下のSQL文 [2-6-3] をクエリエディタに記述してみてください。

(2-6-3) はじめてのSQL文

```
1   SELECT user_id FROM impress_sweets.sales
```

すると、[クエリエディタ] の表記が以下の画面 [2-6-4] のようになったと思います。この状態を元に、クエリエディタの各部の働きを解説します。[SQLクエリ] ボタン（❶）は、SQL文を記述したいときに利用します。クリックすると、新しいタブで別のクエリエディタが表示され、タブを切り替えながらSQL文を記述できるようになっています。[実行] ボタン（❷）をクリックすると、SQL文が実行されます。キーボードの Ctrl + Enter キーでもクエリを実行できます。

(2-6-4) クエリエディタ

[タブを閉じる] ボタン（❸）をクリックすると、記述途中、もしくは実行済みのSQL文を削除して、クエリエディタのタブを閉じます。現在のSQL文を消去する旨のメッセージが表示されるので、問題なければ [閉じる] をクリッ

クして閉じます。なお、後述するビューやテーブルのプレビューなどもタブとして表示されます。

　SQL文を実行したときに使用するデータ量は、クエリエディタの右上部分（❹）で確認できます。実際に［2-6-3］のSQL文を実行し、クエリエディタの下に［クエリ結果］が表示されることを確認してください。

> クエリ結果が表示されました！［user_id］という列だけの表になっています。

> はじめてのSQL文の実行、成功ですね。このSQL文の意味は次節で解説します。タブを閉じる操作や、新しいタブを開く操作も試してみてください。

　以下の［2-6-5］は、間違ったSQL文を記述した例です。赤色の「！」マークとともに、エラーメッセージ「Syntax error」（構文エラー）と理由が記載されています。この状態では［実行］ボタンをクリックしても、SQL文は実行されません。

2-6-5 間違ったSQL文とエラーメッセージ

> エラーの種類、原因、場所が表示されている

　なお、CHAPTER 5以降に登場する複雑なSQL文を記述したときなど、SQLの実行結果を部分的に確認したいケースは、実務でもたびたび発生します。そのようなときは、以下の［2-6-6］のように操作してください。選択した範囲のSQL文のみが実行されます。キーボードでは Ctrl + E で実行できます。

2-6-6 SQL文の一部を実行する

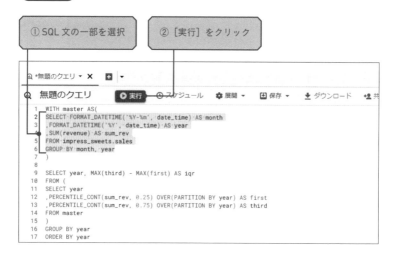

SQL文の実行結果を確認する

　SQL文を実行した結果は、次ページの［2-6-7］に示したように、クエリエディタ下部の［クエリ結果］に表示されます。**SQL文の実行結果は表形式のデータ**となり、この表のことを本書では「**結果テーブル**」と呼びます。

　BigQueryにおける結果テーブルは、デフォルトでは最大50行が一度に表示されます。この行数（レコード数）は［ページあたりの表示件数］のプルダウンから変更が可能です。

　なお、下部パネルにジョブ履歴が展開されていると、［クエリ結果］が隠れて見えない場合があります。その場合は［2-6-1］を参考に、下部パネルを最小化してください。

2-6-7 　クエリ結果

SQL文の実行結果が表形式で表示される

クエリ結果				結果を保存 ▾
ジョブ情報 　結果 　グラフ 　JSON 　実行の詳細 　実行グラフ				

行	month ▾	year ▾	sum_rev
1	2021-05	2021	90100
2	2021-06	2021	47420
3	2021-07	2021	90620
4	2021-08	2021	50450
5	2021-11	2021	38710
6	2021-12	2021	48680
7	2022-01	2022	120400
8	2022-02	2022	98820

ページあたりの表示件数 　50 ▾ 　1 - 36 /36

結果テーブルのレコード数が「画面に表示されている
レコード数／総レコード数」の形式で確認できる

　クエリ結果には、結果テーブルが表示される［結果］タブ以外にも、複数の
タブが存在します。その中でも覚えておきたいのが、次ページの［2-6-8］
に示した［ジョブ情報］タブです。

　［ジョブ情報］タブには、SQL文の実行作業としてのジョブの詳細が表示さ
れます。この中の［宛先テーブル］にある［一時テーブル］というリンクをク
リックすると、結果テーブルに関する情報を確認できます。**一時テーブルはク
エリの実行後、最大24時間保持**されます。

　例えば、CHAPTER 7～8に登場する「関数」を利用して、新しいカラムを
作成するようなSQL文を実行したとき、結果テーブル上で関数が作成した新し
いカラムがどのようなデータ型なのかを確認したいことがよくあります。［一
時テーブル］のリンク先にある［スキーマ］タブで、カラムのデータ型（タイ
プ）を確認できるので、覚えておいてください。具体的には、［2-6-9］のよ
うに表示されます。

2-6-8　クエリ結果のジョブ情報

クエリの作成日時や所要時間など、ジョブの詳細情報を確認できる

[一時テーブル]から結果のテーブルの情報を確認できる

| ジョブ情報 | 結果 | グラフ | JSON | 実行の詳細 | 実行グラフ |

ジョブ ID	sql-book-424708:US.bquxjob_452fd39c_18fe2731c66
ユーザー	meixiaom2@gmail.com
場所	US
作成日時	2024/06/04, 17:52:27 UTC+9
開始時刻	2024/06/04, 17:52:27 UTC+9
終了時刻	2024/06/04, 17:52:27 UTC+9
期間	0秒
処理されたバイト数	18.39 KB
課金されるバイト数	10 MB
スロット（ミリ秒）	92
ジョブの優先度	INTERACTIVE
レガシー SQL を使用	false
宛先テーブル	一時テーブル●
ラベル	

2-6-9　結果テーブルのスキーマ

| スキーマ● | 詳細 | プレビュー | リネージ | データプロファイル |

結果テーブルのスキーマを確認できる

▼ フィルタ　プロパティ名または値を入力

☐	フィールド名	種類	モード	キー	照合	デフォルト値
☐	month	STRING	NULLABLE	-	-	-
☐	year	STRING	NULLABLE	-	-	-
☐	sum_rev	INTEGER	NULLABLE	-	-	-

> SQL文の実行結果はテーブルとして返ってきて、それは一時テーブルとして一定時間、BigQueryに保持されているということですね。

正解です。さらに、このSQL文や一時テーブルを保存して再利用することもできます。解説を進めましょう。

クエリを保存・利用する

クエリエディタに記述したSQL文は、名前を付けた「クエリ」として保存できます。操作手順を以下の[2-6-10]に示します。

自分ひとりでの分析では、クエリを保存しておく必要性を感じないかもしれません。しかし、他者からデータ分析を請け負い、成果物を納品するような業務では、保存しておいたクエリが後々役立つことがあります。

なぜなら、例えば「分析結果に疑問があるので確認したい」「別のプロジェクトでもSQL文を再利用できそうなので納品してほしい」といった要望が、事前にクエリの納品を依頼されていなくても、筆者の経験上、たびたび発生するからです。心当たりのあるみなさんは、多少面倒でもクエリに分かりやすい名前を付けて保存しておくことをおすすめします。

なお、保存したクエリは次ページの[2-6-11]に示すように、ナビゲーションパネルのプロジェクト名直下にある[クエリ]メニューから確認できます。クエリの再実行や、SQL文の記述内容の検証に利用しましょう。

2-6-10 クエリを保存する

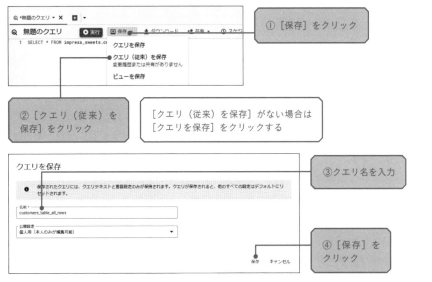

① [保存]をクリック

② [クエリ(従来)を保存]をクリック

[クエリ(従来)を保存]がない場合は[クエリを保存]をクリックする

③クエリ名を入力

④ [保存]をクリック

2-6-11　保存したクエリを表示する

①［(従来)クエリ］のここをクリック

保存したクエリはプロジェクトの［(従来)クエリ］に一覧表示される

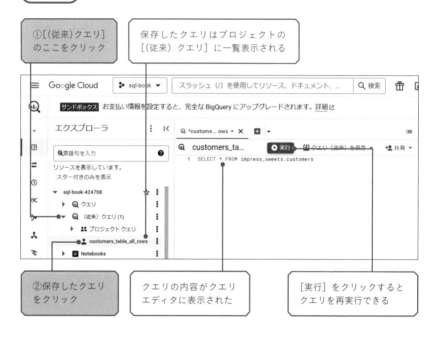

②保存したクエリをクリック

クエリの内容がクエリエディタに表示された

［実行］をクリックするとクエリを再実行できる

ビューを保存・利用する

SECTION 1-3で述べたように、ビューとはSQL文の実行結果をテーブルの形で保存したものです。ただし、通常のテーブルはその内容が固定しているのに対し、ビューはあくまでもSQL文を実行した結果を表形式で保存しているだけの、いわば「仮想テーブル」だと認識してください。保存方法は次ページの［2-6-12］の通りで、ビューの名前には英数字と「_」(アンダースコア)のみが使えます。

ビューの保存は、実態としてはSQL文の保存です。そのため、保存したビューは別のクエリからも参照でき、使い回すことが可能になります。こうした特徴を用いたビューの活用例はSECTION 5-6で紹介します。

保存したビューは［2-6-13］で示すように、ナビゲーションパネルの一覧から呼び出すことができます。既存のテーブルと同じようにデータセットの配

下に並んでいますが、テーブルとはアイコンが異なるため区別できます。クリックすると、クエリエディタであたかもテーブルのように利用でき、クエリを再編集することも可能です。

なお、記述したSQL文をビューとして保存したいときに、そのSQL文を事前に実行しておく必要はありません。

(2-6-12) ビューを保存する

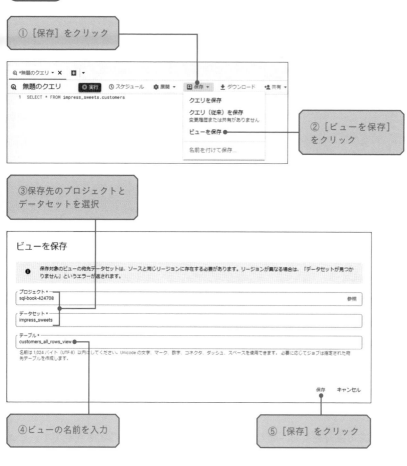

① [保存] をクリック

② [ビューを保存]
をクリック

③保存先のプロジェクトと
データセットを選択

④ビューの名前を入力

⑤ [保存] をクリック

2-6-13 保存したビューを利用する

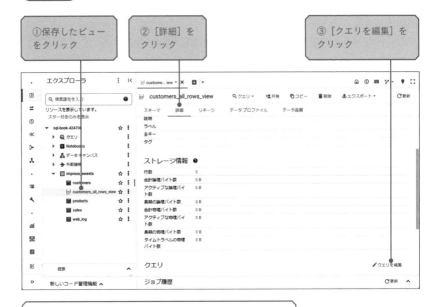

①保存したビューをクリック

②[詳細]をクリック

③[クエリを編集]をクリック

ビューとして保存したSQL文がクエリエディタに表示された

SQL文の実行結果をテーブルとして保存する

SQL文の実行結果を、新しいテーブルとして保存することも可能です。ビューの保存が仮想テーブル、実態としてはSQL文を保存するのに対し、次ページの[2-6-14]に手順を示した[結果を保存]は、[クエリ結果]に表示された

結果テーブルそのものを保存します。

　SQLの実行が完了し、結果テーブルが表示されている状態で［2-6-14］の画面内にある［結果を保存］をクリックすると、保存場所の一覧が表示されます。その中の［BigQueryテーブル］を選択すると、結果テーブルをそのままの形でBigQueryのテーブルとして保存できます。

　BigQueryのテーブルとして保存するときには、以下の［2-6-15］の通り、プロジェクトとデータセットを選択し、テーブルに名前を付けます。

2-6-14 クエリの結果をテーブルとして保存する

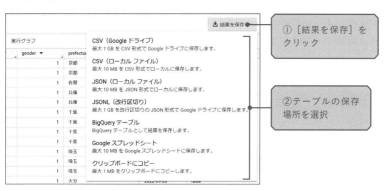

2-6-15 クエリの結果をBigQueryテーブルとして保存する

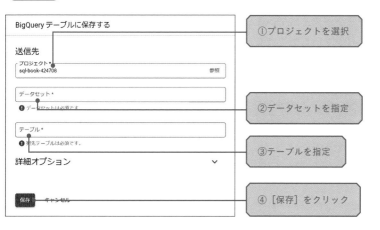

　前ページのようにBigQueryにテーブルとして保存する場合、レコード数やファイルサイズの制限はありません。一方、[2-6-14]で示した保存場所のうち、BigQuery以外を保存先とする場合には、その場所によってファイルサイズの制限があります。[CSV（Googleドライブ）]を選択してGoogleドライブにCSVファイルとして保存する場合は最大1GB、[CSV（ローカルファイル）]を選択してPCのSSD/HDDにCSV形式で保存する場合や、[Googleスプレッドシート]を選択した場合は最大10MB、といった具合です。

　ちなみに、結果テーブルをBigQuery上のテーブルとして保存するメリットは、**目的特化型のテーブルが作れる**ことにあります。

　例えば、すべての商品の直近10年間の売上を記録した「売上実績」テーブルがあるとします。商品Aを販売する事業部が2023年の売上を分析したい場合、その売上実績テーブルに対して毎回クエリを実行するのは、あまりにも非効率です。

　そこで、売上実績テーブルを「商品A、かつ2023年の販売」にだけ絞り込むSQL文を実行し、結果テーブルをBigQuery上に保存すれば、その事業部の目的に特化したテーブルが完成します。これにより、結果を得るスピードも、BigQueryの費用も抑えられるというわけです。

結果テーブルのデータを可視化する

　SQL文の実行結果は、常にテーブルとして出力されます。結果テーブルには貴重なデータが含まれていますが、どこまでいっても表であり、ビジュアルとして分かりやすいものではありません。

　BigQueryでの分析結果をグラフとして表現したい、インパクトのある形で伝えたいときには、データ可視化・ダッシュボード構築を司るサービスである「Looker Studio」との連携を試してみてください。次ページの[2-6-16]のように操作すると、結果テーブルを即座にLooker Studioで開き、グラフとして表現できます。

2-6-16　Looker Studioと連携する

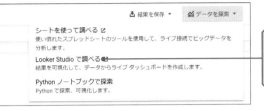

[データを探索] → [Looker Studio で調べる] の順にクリック

結果テーブルが Looker Studio で表示された

グラフの種類を選択するとデータを可視化できる

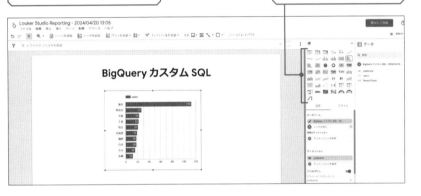

おっ、ここでLooker Studioが登場するんですね！僕もGoogleアナリティクスと連携して、定例レポートの作成に使い始めたところです。

私自身はまだ使っていませんが、社内で「便利だよ」という声は聞いています。

BIツールとしての機能はTableauなどよりも限られますが、GoogleのツールだけにBigQueryとシームレスに連携でき、クイックに可視化できるのが魅力ですね。もちろん「無料」というのもメリットです。

クエリやジョブの履歴を確認する

　BigQuery上で実行したSQL文の履歴は自動的に記録され、以下の［2-6-17］のように［^］ボタンをクリックして下部パネルに展開される［ジョブ履歴］から表示できます。

（2-6-17）ジョブ履歴を下部パネルに展開する

［^］をクリックして下部パネルに
ジョブ履歴を展開する

　［ジョブ履歴］には、SQL文の実行結果だけでなくテーブルの作成などの処理も記録されます。次ページの［2-6-18］が下部パネルに［ジョブ履歴］を開いた状態です。過去に実行したSQL文を参照したいことはままあります。その場合は［作成時間］や［概要］をフィルタ機能を使って絞り込んで検索します。SQL文を再実行したい場合は、［操作］列に並んでいる［：］ボタンから実行できます。

　ジョブ履歴の活用例としては、前節でも見たように、CSVファイルからテーブルを作成するときに失敗し、その再作成をすばやく行う用途が考えられます。テーブルを作成するジョブの種類は「LOAD」なので、フィルタ機能で［種類］

から［LOAD］を選択して検索してみましょう。ジョブ履歴からテーブルの作成処理をやり直すことで、手間を省くことができます。なお、ジョブ履歴の保存期間は6カ月です。

2-6-18 ジョブ履歴を検索し、ジョブを再実行する

①フィルタを設定

条件に合致するジョブ履歴が表示される

②［ : ］をクリック

③［読み込みジョブを繰り返す］をクリック

◆ STEP UP ◆

BigQueryの最新仕様を確認する

BigQueryは一般のアプリケーションと同様に、仕様の追加や変更があります。それらの情報はリリースノートとして、以下のページに集約し、発表されています。本書では2024年6月の仕様変更までを反映していますが、その後の仕様変更について知りたい場合は、リリースノートのページを参照してください。

BigQuery release notes

https://cloud.google.com/bigquery/docs/
release-notes?hl=ja

SECTION

2-7 SQL文の記述作法

前節ではBigQueryのUIを学びながら、はじめてのSQL文を記述・実行できました。CHAPTER 2の最後となる本節では、SQL文を記述するための作法として、基本的なルールを理解してください。

プログラミング言語っぽくなってきましたね。

SQLの実践的な使い方は次章以降でたっぷり学ぶので、そのための準備体操だと思ってください。

SQLは7種類のパーツで構成されている

SQLの文法は英語に類似しており、大きく以下の7つのパーツで構成されています。これらはBigQueryのクエリエディタで自動的に色分けされますが、本書では❶のみに色を付ける形で記載していきます。

7つのパーツを実際のSQL文で示すと、次ページの［2-7-1］のようになります。また、以降でそれぞれのルールを個別に解説します。

❶SQLの命令　　　　　　　　⇒「SELECT」「FROM」「WHERE」など
❷SQLの関数　　　　　　　　⇒「COUNT」「SUM」など
❸カラム名　　　　　　　　　⇒「user_id」など
❹テーブル名　　　　　　　　⇒「customers」など
❺カラムやテーブルの別名　　⇒「AS」に続けて指定
❻固定文字列や定数　　　　　⇒「東京」「1」など
❼コメント　　　　　　　　　⇒ 処理の内容などを記録したメモ

(2-7-1) SQLの7つのパーツ

```
SELECT
❶
COUNT (customer_id) AS user_count
❷        ❸            ❺
FROM impress_sweets.customers
          ❹
WHERE prefecture = "東京" AND gender = 1
                        ❻
-- AND birthday >= "1990-01-01"
        ❼
```

SQLの命令の基本と記述ルール

　SQLの命令のうち、最も基本となるのが「SELECT」と「FROM」です。**SELECTはデータを取得するカラムを指定する命令、FROMはテーブルを指定する命令**となります。FROMのあとには、データセット名とテーブル名を「.」（ドット）でつないで記述します。

　ここで、前節の［2-6-3］で示したSQL文を再掲しましょう。

```
SELECT user_id FROM impress_sweets.sales
```

　このSQL文を読み解くと、「［impress_sweets］データセットの［sales］テーブルから、［user_id］フィールドの値を取得せよ」という意味になります。結果テーブルは、そのような表になっていたかと思います。

SQLの命令の記述ルールとしては、次の3つにまとめられます。

● 半角英字で記述する
● 大文字・小文字は混在してもよい
● SQLの命令やカラム名の後ろには半角スペース、または改行を挿入する

つまり、SELECTであれば「SELECT」「Select」「select」のいずれの記述でも正しく認識されます。本書ではSQLの命令が目立つように、すべて大文字で統一しました。

> ちなみに、筆者は大文字・小文字を切り替えるのが面倒なので、普段はSQLの命令も含め、すべて小文字で記述しています。みなさんも好みで構いません。

SQLの関数の記述ルール

SQLには関数という、Excelの関数と同様に機能する命令があります。例えば「MAX関数」は、対象のデータ範囲から最大値を取得します。関数の中には引数を利用するものもあり、例えば「MAX(quantity)」のように、関数に続けて半角カッコ内に記述します。前掲のSQL文［2-7-1］にはCOUNT関数が引数を伴って記述されていました。

記述ルールとしては、SELECTやFROMなどの命令と同様に半角英字で記述し、大文字・小文字の混在は許容されます。本書では基本的に、関数は大文字で、引数は小文字で統一しました。

カラム名やテーブル名の記述ルール

カラム名の記述ルールは単純で、テーブル内のカラム名と一致させるだけです。半角英字で記述し、大文字・小文字の混在は許容されます。

一方、テーブル名は大文字と小文字が厳密に区別されます。また、対象とし

たいプロジェクト名、データセット名、テーブル名を、以下のルールに従って
記述する必要があります。

- プロジェクト名、データセット名、テーブル名を「.」(ピリオド)でつなぎ、「｀」
  (バッククォート) で囲んで記述する
- 現在選択中のプロジェクト配下にあるデータセットとテーブルを指定する
  場合は、プロジェクト名と「｀」の省略が可能(プロジェクト名.テーブル名
  を「｀」で囲むこともできるが、本書では囲まない表記で統一)

　例えば、プロジェクト「AAA」、データセット「Bbb」、テーブル「ccc」
を対象とするには、原則として以下のSQL文［2-7-2］のように記述します。
ただし、現在選択しているプロジェクトがAAAである場合、その下のSQL文
［2-7-3］のように省略した記述が可能になります。

(2-7-2) プロジェクト名を含めてテーブル名を指定する

```
SELECT user_id FROM `AAA.Bbb.ccc`
```

(2-7-3) プロジェクト名を省略してテーブル名を指定する

```
SELECT user_id FROM Bbb.ccc
```

> プロジェクト名まで毎回記述するのは手間なので、本書
> での学習においてはプロジェクト「sql-book」を常に
> 選択しておくようにしてください。

カラムやテーブルの別名の記述ルール

　SQLでは、計算結果を出力したカラムに別名を付けたり、参照するテーブルに別名を付けたりすることがあります。まずは「なぜ別名を付けるとよいのか？」を簡単に説明しましょう。

　本書の演習用ファイルから作成した［sales］テーブルには［revenue］というカラムがあり、消費税抜きの販売金額のデータが格納されています。このデータを元に消費税のみの金額を計算したい場合、SELECTのあとに計算式を記述すれば、結果テーブルでその金額を取り出すことができます。以下の［2-7-4］は具体的なSQL文と、その結果テーブルです。

2-7-4　カラムの別名を定義しない例

```
1    SELECT revenue * 0.1 FROM impress_sweets.sales
```

結果テーブル

取得できた値が何を意味しているのか分かりにくい

　正しく実行されましたが、結果テーブルのカラム名が「f0_」となり、何を表すカラムなのかが分かりにくくなっています。そこで出番となるのが、SQLの基本的な命令の1つである「AS」です。

　ASは取り出したカラムに別名を定義する命令で、後ろに半角スペースを空けて任意の別名を入力します。次ページのSQL文［2-7-5］では、結果テーブルのカラム名に「tax」という別名が定義されます。ASは［2-7-6］のように省略しても問題はありませんが、本書では分かりやすさを優先し、別名を利用するときには必ずASを記述しています。

2-7-5 カラムの別名を定義した例

```
SELECT revenue * 0.1 AS tax FROM impress_sweets.sales
```

2-7-6 カラムの別名を定義した例（ASを省略）

```
SELECT revenue * 0.1 tax FROM impress_sweets.sales
```

結果テーブル

行	tax ▼
1	180.0
2	180.0
3	180.0
4	180.0
5	180.0
6	180.0
7	180.0
8	180.0

[f0_] から [tax] と別名が
付与された

　上記の結果テーブルを見ると、消費税のみの金額が取り出されたことが理解
しやすくなりました。このようにASで別名を定義すると、結果テーブルのデー
タが意味する内容を分かりやすくできるメリットがあります。

　ASを利用した別名付与のルールとしては、カラムやテーブルの別名には半
角英数字が利用でき、大文字・小文字を混在させることが可能です。ただし、
数字から始まる別名は付けられないので、その点のみ注意してください。本書
ではカラム名、テーブル名、カラムやテーブルの別名は小文字で統一しました。

> クエリエディタに記述するお作法が分かってきました。

> 次章から、基本的なSQLの構文を学んでいきますが、そ
> の準備が整いましたね。

定数や固定文字列の記述ルール

『数量が「100」より大きい』『ユーザーIDが「12345」である』『都道府県が「東京」である』など、定数や固定文字列をSQL文の条件式に組み込みたいことがあります。これらは次の記述ルールに従います。

● 数値は半角で記述する
● 固定文字列は「'」（シングルクォーテーション）または「"」（ダブルクォーテーション）で囲んで記述する

具体的には以下のような記述となります。

```
quantity > 100
user_id = 12345
prefecture = "東京"
```

コメントの記述ルール

「SQL文のこの部分では何をしているのか？」を、SQL文自体に記述しておきたいことがあります。そのようなときに利用するのがコメントです。SQL文の実行上は完全に無視され、影響を与えません。

本書で学ぶSQL文は長くても30〜50行程度で、みなさんが実務上で記述するSQL文もおおよそ同程度になると思います。一方、エンジニアが記述するSQL文は、何百〜何千行にもなる場合があります。より複雑なSQL文であるほど、コメントを残すことの重要性が高まるでしょう。

コメントの記述には、コメントであることを示す記号を使うのがルールです。1行の場合は「--」（2つのハイフン）または「#」（1つのシャープ）に続けて記述し、複数行の場合は「/」（スラッシュ）と「*」（アスタリスク）を組み合わせた「/*」と「*/」で囲みます。コメントの内容には、漢字やひらがななどの日本語も利用できます。具体例は次ページの［2-7-7］の通りです。

2-7-7 コメントの例

1行のコメントは「--」または「#」に続けて記述する

```
# コメントの例
SELECT order_id
FROM impress_sweets.sales
WHERE quantity > 3 -- 数量が3より大きい条件での絞り込み
/* revenueでの絞り込みは今はしていない
AND revenue > 10000
*/
```

複数行のコメントは「/*」と「*/」で囲む

> 覚えることがたくさんありましたね……！ でも、実際にやっていくうちに自然と身につきそうです。

> はい、SQLはとにかく「自ら実践する」ことが上達の近道です。本書を目で追うだけでなく、BigQueryのクエリエディタにどんどん入力して試してみてください。

● STEP UP ●

SQL文の末尾に「;」は必要？

　一般にSQL文の末尾には、終わりを意味する「;」(セミコロン)を記述するのがルールとなっています。ただし、単一のSQL文では不要です。SQL文の末尾に「;」が必要となるのは、以下のSQL文 [2-7-8] のように1つのクエリに2つ以上のSQL文を記述して、実行するケースです。

　本書では、実践的なテクニックとしてSECTION 9-3で「ユーザー定義関数」を紹介しています。ユーザー定義関数の末尾には、関数を定義する記述の終了を明示的に示すために「;」の記述が必須です。

　一方、それ以外のSECTIONにおいては、1つのクエリに1つのSQL文しか記述していないので、一貫して「;」は不要としています。もし「;」が記述されたSQL文を見かけたときは、2つのSQL文の区切り、あるいはユーザー定義関数の末尾だと理解してください。

2-7-8 末尾に「;」が必要になる例

> 1つのクエリに2つ以上の SQL 文を記述する場合、末尾に「;」が必要になる

```
1    SELECT quantity FROM impress_sweets.sales;
2    SELECT revenue FROM impress_sweets.sales
```

SQLの
基本構文

本章では、SQLの基本的な命令である「SELECT」「FROM」「AS」「LIMIT」「WHERE」「ORDER BY」などについて学びます。SQLをはじめて使うみなさんに、データをすばやく取り出せる喜びを感じてもらえるはずです。SQLによるデータ分析の土台になる知識でもあるので、しっかりマスターしてください。

3-1 列の取得と並べ替え

さぁ、ここからが面白くなってきますよ。実践的なSQL
の基本構文について学んでいきましょう。

自分でSQL文を実行して、ちゃんと結果が返ってきたの
で自信がつきました。続きが気になります！

指定したフィールドの全行を取得する

　まずはBigQuery上のテーブルに対し、フィールドを1つだけ指定して、値
を全行取得してみましょう。次ページのSQL文［3-1-1］を見てください。
これはSECTION 2-6で、はじめてのSQL文として紹介したものと本質的には
同じですが、基本中の基本ということで、おさらいです。

　SELECTで取得するフィールド名を指定し、FROMで対象となるテーブル名
を指定します。FROMの後ろは「データセット名.テーブル名」とするか、「`プ
ロジェクト名.データセット名.テーブル名`」とするのは、SECTION 2-7で学
んだ通りです。この結果テーブルは、［sales］テーブルの［order_id］フィー
ルドの値を全行取得したデータとなります。

「フィールド」という言葉がでてきましたが、「カラム」
のことですか？

はい。前述の通り、本書ではテーブルの構造としての列
はカラム、値を取り出す対象としての列はフィールドと
使い分けますが、ほぼ同じ意味と考えて大丈夫です。

3-1-1 単一のフィールドの値を全行取得する

```
SELECT order_id FROM impress_sweets.sales
```

　このSQL文を少し発展させ、**複数のフィールドの値を全行取得**してみましょう。SELECTで指定するフィールド名を「,」(カンマ) で区切って記述します。
　例えば、[sales] テーブルから [order_id] [user_id] [quantity] という3つのフィールドを取得するには、以下のSQL文 [3-1-2] のように記述します。SELECT句で指定した通りの順序で、フィールドが取得できています。

3-1-2 複数のフィールドの値を全行取得する

```
SELECT order_id, user_id, quantity
FROM impress_sweets.sales
```

結果テーブル

行	order_id ▼	user_id ▼	quantity ▼
1	173968	18214	1
2	199714	17685	1
3	105131	19000	1

[sales] テーブルから [order_id] [user_id] [quantity] を取得できた

SELECTがフィールドを取得する命令ということは分かりましたが、「SELECT句」とは何でしょうか?

SELECTという命令語と、それに続く [order_id] などの取得したいフィールド名の記述をあわせて「SELECT句」と呼びます。このあとに学ぶ「ORDER BY」も単体では命令語で、「句」が付けばその後ろに来る条件を含むと考えてください。

すべてのフィールドを取得する

　フィールドの取得の特殊例として、元のテーブルにあるすべてのフィールド
の値を取得する構文があります。各フィールドにどのような値が格納されてい
るのかを、ざっと確認したいときに便利です。

　具体的には、SELECTで指定するフィールド名の代わりに「*」（アスタリスク）
を記述します。例えば、以下のSQL文［3-1-3］では［products］テーブル
のすべてのフィールドの値を全行取得します。

　ただし、特定のフィールドを指定する場合に比べて、**SQL文の実行によって
処理されるデータ量が増える**ことには注意が必要です。本書の演習用テーブル
では問題になりませんが、レコード数が非常に多いテーブルに対して不用意に
実行すると、BigQueryの料金として予想外の金額が請求される可能性があり
ます。実務上は、対象となるテーブルのレコード数がそれほど多くないと分か
っている場合のみ、利用してください。

(3-1-3) すべてのフィールドの値を全行取得する

```
1    SELECT *
2    FROM impress_sweets.products
```

結果テーブル

行	product_id ▼	product_name ▼	product_category ▼	cost ▼
1	1	レアチーズケーキ	ケーキ	400
2	2	ベイクドチーズケーキ	ケーキ	500
3	3	ショートケーキ	ケーキ	600
4	4	モンブラン	ケーキ	500
5	5	ガトーショコラ	ケーキ	800
6	6	ケーキ詰め合わせ	ケーキ	1000
7	7	オレンジゼリー	ゼリー	300
8	8	グレープゼリー	ゼリー	300
9	9	洋ナシゼリー	ゼリー	300
10	10	ゼリー詰め合わせ	ゼリー	1000
11	11	チョコレートクッキー	クッキー	200
12	12	ガレット	クッキー	300
13	13	サブレ	クッキー	200
14	14	アイスボックスクッキー	クッキー	300
15	15	クッキー詰め合わせ	クッキー	600

すべてのフィー
ルドの値を全行
取得できた

不要なフィールドを除いて取得する

　すべてのフィールドの取得には「*」を指定しましたが、すべてのフィールドから特定のフィールドだけを除いて取得したいこともあります。そのような場合は「EXCEPT」という命令を使いましょう。

　以下のSQL文［3-1-4］は、［products］テーブルを対象にすべてのフィールドの値を取得するが、［cost］フィールドのみ除外する、という内容です。「*」に続けてEXCEPTと、取得したくないフィールド名を「()」(半角カッコ) で囲んで記述します。

　さらに、単一のフィールドではなく複数のフィールドを除外したい場合は、「()」内のフィールド名を「,」でつないで記述します。［3-1-5］のSQL文は、［product_id］と［cost］の2つのフィールドを除外する、という意味になります。

3-1-4 単一の不要なフィールドを除外する

```
SELECT * EXCEPT (cost)
FROM impress_sweets.products
```

3-1-5 複数の不要なフィールドを除外する

```
SELECT * EXCEPT (product_id, cost)
FROM impress_sweets.products
```

全フィールドを取得し、さらにフィールドを追加する

　すべてのフィールドの取得には「*」を指定しましたが、すべてのフィールドを取得したうえで、さらにフィールドを追加することができます。具体的には、全フィールドを取得するためのアスタリスク「*」に続けてカンマ「,」を記述し、必要なカラムを記述します。

　例えば、[products] テーブルの全フィールドに加えて、[cost] カラムの値を1.1倍した値を持つフィールドを「increased_cost」という名前で取得したいとします。以下の [3-1-6] がそのときに記述するべきSQL文です。

3-1-6　全フィールドにフィールドを追加する

```
1    SELECT * , cost * 1.1 AS increased_cost
2    FROM impress_sweets.products
```

結果テーブル

行	product_id ▼	product_name ▼	product_category ▼	cost ▼	increased_cost ▼
1	1	レアチーズケーキ	ケーキ	400	440.0000000000...
2	2	ベイクドチーズケーキ	ケーキ	500	550.0
3	3	ショートケーキ	ケーキ	600	660.0
4	4	モンブラン	ケーキ	500	550.0
5	5	ガトーショコラ	ケーキ	800	880.0000000000...

> 全フィールドに加えて、新しいフィールドに
> [cost] を 1.1 倍した値が格納された

重複のない値を取得する

　また、SELECT句を使うと、重複のない値を取得できます。そのときに利用するキーワードであるDISTINCT（ディスティンクト）という英語には、「はっきりと異なる」「区別できる」「違った」という意味があります。

　例えば [sales] テーブルは1,177行ありますが、1人のユーザーが何回も購入しているので、[user_id] カラムには何回も同じ値が登場します。つまり、値が重複しています。

行	order_id ▼	user_id ▼	product_id ▼	date_time ▼	quantity ▼	revenue ▼	is_proper ▼
1	101345	10059	1	2023-09-24T10:05:45	3	4800	false
2	101345	10059	2	2023-09-24T10:05:45	1	2200	true
3	101345	10059	14	2023-09-24T10:05:45	1	1600	true
4	173619	10060	9	2022-09-05T04:04:55	1	960	false
5	173619	10060	14	2022-09-05T04:04:55	1	1600	true

重複している値が表示されている

　一方、ユニークな顧客数、つまりユニークな［user_id］が何種類あるのか
を知りたいことがあります。SQL文の記述方法としてDISTINCTを利用するの
はそのような状況であり、以下の［3-1-7］の通りに記述します。

3-1-7) ユニークな値を取得する

```
SELECT DISTINCT user_id FROM impress_sweets.sales
```

結果テーブル

行	user_id ▼
1	18214
2	17685
3	19000
4	13586
5	16801
6	17236
7	19442
8	12132
9	19275
10	16133

ページあたりの表示件数: 50 ▼　　1 – 50 / 497　　|<

重複しない値は「497」と分かる

　レコード数、つまり［user_id］のユニークな個数は497と分かります。また、
上記の例では個別の［user_id］を取得していますが、497という固有の種類
数だけを知りたい場合には「集計関数」という関数を利用します。SECTION
4-2で詳しく説明しているので、あわせて参照してください。

なお、SELECT句に2つ以上のフィールドを指定する場合、DISTINCTは SELECTの直後にしか記述することができません。例えば [web_log] テーブルから [user_pseudo_id] と [ga_session_number] の重複のないリストを取得する場合、

SELECT DISTINCT user_pseudo_id, ga_session_number

と記述することはできますが、

SELECT user_pseudo_id, DISTINCT ga_session_number

とは記述できません。

取得したフィールドを並べ替える

SQL文の結果テーブルにおいて、行が並ぶ順序には規則性がありません。前掲のSQL文 [3-1-2] の結果テーブルで [order_id] フィールドに注目すると、1行目から順に「173968」「199714」「105131」と、まるで規則性がない状態で並んでいると分かります。また、みなさんが [3-1-2] の通りのSQL文を自身のBigQuery上で実行した場合、本書に掲載している結果テーブルの通りの [order_id] や [user_id] が並ばないことも十分にありえます。

そこで、[order_id] を基準とし、その値が小さい順に行を並べ替えたいとします。**行の並べ替えに使うSQLの命令は「ORDER BY」**です。FROMのあとに記述し、ORDER BYに続けて並べ替えの基準とするフィールド名を記述します。具体的には、以下のSQL文 [3-1-8] となります。

(3-1-8) 並べ替えの基準となるフィールドを指定する

```
1   SELECT order_id, user_id, quantity
2   FROM impress_sweets.sales
3   ORDER BY order_id
```

結果テーブル

行	order_id ▼	user_id ▼	quantity ▼
1	100393	13576	1
2	100393	13576	1
3	100407	15686	1
4	100532	16707	1
5	100749	17469	1
6	100805	10448	1

[order_id] の昇順で並べ替えられた

なるほど！ これまでの結果テーブルを見て、何だか順序がメチャクチャだなと思っていました。でも、順序には「昇順」と「降順」がありますよね？

いいところに気がつきましたね。ORDER BYでは、昇順・降順を指定するオプションも指定可能です。

ORDER BYで並べ替えの基準とするフィールド名を指定したあと、「ASC」
アスク
「DESC」で順序のオプションを指定できます。ASCは「ascending」の略で昇順、
デスク
DESCは「descending」の略で降順を意味します。昇順がデフォルトなため、
ASCは省略が可能です。

　前ページのSQL文 [3-1-8] を実行すると、結果テーブルは [order_id]
を基準とした昇順で行が並びますが、これはASCが省略されているためです。
ORDER BY句でASCを明示的に指定すると、以下のSQL文 [3-1-9] となります。
降順で並べたいときは、このASCをDESCに書き換え、降順とすることを明示
的に記述する必要があります。

3-1-9　並べ替えの順序を指定する（昇順を明示）

```
SELECT order_id, user_id, quantity
FROM impress_sweets.sales
ORDER BY order_id ASC
```

　さらに、複数のフィールドを基準とし、異なる順序で並べ替えたいケースを考えてみましょう。ORDER BYに続けて、並べ替えに利用したいフィールド名を「,」で区切って記述します。

　以下のSQL文［3-1-10］では、[user_id] フィールドを基準とした降順、かつ [order_id] フィールドを基準とした昇順で行を並べ替えます。結果テーブルで確認できる通り、[user_id] が同一の場合、[order_id] の昇順で並べ替えが行われています。

3-1-10 並べ替えの基準・順序を複数指定する

```
1    SELECT user_id, order_id
2    FROM impress_sweets.sales
3    ORDER BY user_id DESC, order_id
```

結果テーブル（一部）

行	user_id ▼	order_id ▼
1	19940	104117
2	19940	111622
3	19940	111622
4	19940	119099
5	19940	126531
6	19940	145244
7	19940	145981
8	19940	145981
9	19940	170439
10	19940	184864
11	19935	105784
12	19935	116821
13	19935	119497

[user_id] を降順、[order_id] を昇順に並べ替えられた

　なお、ORDER BYで基準として指定するフィールドは、フィールド名ではなく結果テーブルの左端の列を「1」、左から2列目を「2」のように、列番号で指定することも可能です。次ページのSQL文［3-1-11］は上記のSQL文を書き換えたものです。実行すると同じ結果になります。

　結果テーブルの順序を列番号で指定するのは、記述したSQL文を自分だけが理解していればよいという状況では、まったく問題ありません。そのため、本

書でも多用しています。一方、記述したSQL文を同僚などほかの人が利用する
場合には、カラム名を使って指定したほうが列番号とカラム名を突き合わせる
手間がかからないぶん、親切です。

(3-1-11) 並べ替えの基準を列番号で指定する

```
SELECT user_id, order_id
FROM impress_sweets.sales
ORDER BY 1 DESC, 2
```

◢ STEP UP ◣

「ランダムに結果が返ってくる」は間違い?

　P.092では「ORDER BY句を使わない場合、結果テーブルの各フィー
ルドの順序には規則性がない」という説明をしました。また、同じSQL
文をクエリエディタで実行しても、異なる順序で結果テーブルが出力さ
れることがありえることも述べました。

　このように「どのような結果になるか分からない」ことを指して「ラ
ンダムに結果が返ってくる」と表現したくなりますが、適切ではありま
せん。なぜなら、ランダムとは規則性がないわけではなく、「どのよう
な結果も確率的に均等に発生する」ということを意味するからです。そ
して、ORDER BY句を指定しないときのBigQueryの結果テーブルの順
序は、ランダムではありません。

　どのような結果になるか分からないことは「非決定的」(英語では
non-deterministic)といいます。「ランダム」とは異なる概念として理
解しておきましょう。

SECTION

3-2 列の作成・演算と別名の付与

SQLには、元のテーブルにはない列を結果テーブル上に作成したり、四則計算を行ったりする機能もあります。また、新しく作成した列に名前を付けることも可能です。

どのようなケースで使うのでしょうか？

例えば、元のテーブルには税抜きの販売金額しかないが、税込みの金額を求めるようなケースです。本節で詳しく見ていきましょう。

新しいフィールドを作成して定数を格納する

　SQLでは、元のテーブルに存在しない新しいフィールドを作成することもできます。SELECTが持つ機能の1つとして覚えておきましょう。ここでは定数、固定文字列、固定日付の値が格納されたフィールドを作成する例を紹介します。

　次ページのSQL文［3-2-1］をクエリエディタに記述し、実行してみてください。1行目ではSELECTに続いて数値の「100」、2行目では文字列の「東京」、3行目では日付の「2023-01-01」を記述しています。SECTION 2-7でも述べたように、文字列や日付の値は「'」（シングルクォーテーション）または「"」（ダブルクォーテーション）で囲みます。

　いずれも対象の［products］テーブルには存在しないフィールドなので、一見不思議に思えるかもしれませんが、このSQL文は成立します。次ページの結果テーブルのように、指定した数値、文字列、日付が新しいフィールドに格納されたデータが返されることを確認できるはずです。この場合、レコード数はFROM句で指定した対象テーブルのレコード数になります。

3-2-1 新しいフィールドに数値・文字列・日付を格納する

```
SELECT 100 AS number
, "東京" AS capital
, "2023-01-01" AS date
FROM impress_sweets.products
```

結果テーブル（一部）

行	number ▼	capital ▼	date ▼
1	100	東京	2023-01-01
2	100	東京	2023-01-01
3	100	東京	2023-01-01
4	100	東京	2023-01-01
5	100	東京	2023-01-01
6	100	東京	2023-01-01

新しいフィールドが作成され、すべてのレコードに指定した値が格納された

既存の値と定数の演算結果を新しいフィールドに格納する

続いて、取得したフィールドに対して**四則計算などの演算を行い、その結果を新しいフィールドに格納する**方法を解説しましょう。これには大きく分けて、次の2つのケースが考えられます。

1. 既存のフィールドの値と定数の演算結果を求める
2. 既存のフィールド同士の演算結果を求める

まずは1のケースです。演習用の［sales］テーブルには、販売金額が格納された［revenue］フィールドがあります。その取得と同時に、消費税込みの販売金額を結果テーブルに表示したいとします。

次ページのSQL文［3-2-2］を見てください。SELECTに続き、まずは注文IDとして［order_id］フィールドを取得します。そのあとに「revenue * 1.1」と記述することで、［revenue］フィールドを1.1倍した値、つまり消費税込みの販売金額を格納する新しいフィールドを作成します。結果テーブルはSQL文の下に記載した通りとなります。

　なお、[revenue] フィールドを1.1倍した値を見ると、小数点以下第13位に「2」の誤差が含まれています。これは演算結果のフィールドが浮動小数点型であることが原因です（SECTION 1-3を参照）。

　誤差を解消するにはデータ型を指定するか、切り捨てなどで数値を丸める処理を行う必要がありますが、ここではひとまず「フィールドの値は演算できる」ということを理解してください。

3-2-2 フィールドの値と定数の演算結果を格納する

```
1    SELECT order_id, revenue * 1.1 AS revenue_with_tax
2    FROM impress_sweets.sales
```

結果テーブル（一部）

行	order_id ▼	revenue_with_tax ▼
1	173968	1980.0000000000002
2	199714	1980.0000000000002
3	105131	1980.0000000000002
4	137837	1980.0000000000002
5	187826	1980.0000000000002
6	136221	1980.0000000000002
7	132188	1980.0000000000002

[revenue] を 1.1 倍した値が新しいフィールドに格納された

小数点以下第 13 位の「2」は誤差を表している

なるほど！ たったこれだけのSQL文で、目的の計算結果が入った表をすばやく取得できるわけですね。

はい。SQLでの四則計算はExcelと同じ演算子で実行できるので、すぐに理解できるはずです。

SQLにおけるフィールドの四則計算は、以下の表［3-2-3］に示した演算子を使って記述します。また、計算の優先順位の指定も可能です。

その下のSQL文［3-2-4］では「(quantity + 2) * 3」という計算式を記述しており、「( )」で囲んだ計算が優先されます。結果、［quantity］フィールドに2を足した値を3倍した値が、新しいフィールドに格納されます。

3-2-3 BigQueryで利用できる演算子と記述例

種類	演算子	記述例
和	+	quantity + 1
差	-	quantity - 1
積	*	revenue * 1.1
除	/	revenue / 2

3-2-4 演算の優先順位を指定する

```
SELECT quantity, (quantity + 2) * 3 AS results
FROM impress_sweets.sales
ORDER BY quantity DESC
```

結果テーブル（一部）

行	quantity ▼	results ▼
1	4	18
2	4	18
3	4	18
4	4	18
5	4	18
6	4	18
7	4	18
8	4	18
9	4	18
10	3	15
11	3	15

［quantity］に2を足した値を3倍した値が新しいフィールドに格納された

既存の値同士の演算結果を新しいフィールドに格納する

今度は、前掲の**2**のケースです。既存のフィールドに格納されている、同じレコードにある値同士を演算する方法も覚えておきましょう。同じく［sales］テーブルを対象とします。

例えば、［revenue］（販売金額）フィールドと［quantity］（販売個数）フィールドから、商品単価を求めたいとします。この場合の計算式は［revenue］÷［quantity］となり、以下のSQL文［3-2-5］の4行目にある「revenue / quantity」が該当する記述です。この割り算で求めるフィールドには［unit_value］という名前を付けてみます。

結果テーブルは記載の通りとなり、演算結果、つまり商品単価が新しいフィールドとして表示されました。結果テーブルは5行目のORDER BYで指定している通り、演算結果である［unit_value］の昇順で並んでいます。

（3-2-5）フィールドの値同士の演算結果を格納する

```
1    SELECT order_id
2    , revenue
3    , quantity
4    , revenue / quantity AS unit_value
5    FROM impress_sweets.sales ORDER BY unit_value
```

結果テーブル（一部）

行	order_id ▼	revenue ▼	quantity ▼	unit_value ▼
1	101322	800	1	800.0
2	181342	1600	2	800.0
3	198168	900	1	900.0
4	119295	900	1	900.0
5	117635	900	1	900.0
6	136314	900	1	900.0
7	115412	1800	2	900.0

［revenue］÷［quantity］の計算結果が新しいフィールドに格納され、並べ替えの基準としても利用された

フィールドに別名を付ける

これまでは四則演算の結果など、新しいフィールドに別名を付ける方法として AS句を見てきました。一方、AS句は既存のフィールドに別名を付けたいときにも利用できます。以下のSQL文［3-2-6］では、[sales] テーブルから [order_id] と [revenue] のフィールドを取得し、[revenue] に「uriage」(売上) という別名を付けています。

3-2-6 ） 既存のフィールドに別名を付ける

```
SELECT order_id, revenue AS uriage
FROM impress_sweets.sales
```

なお、SECTION 2-7でも少し触れましたが、ASの記述を省略しても別名を指定することができます。以下のSQL文［3-2-7］のようになりますが、慣れないうちはASを省略するとSQL文が分かりにくくなるため、省略せずにASを記述することをおすすめします。

3-2-7 ） ASを省略して別名を指定する

```
SELECT order_id, revenue uriage
FROM impress_sweets.sales
```

本節までで、SQLの基本構文についての前半を学習しました。SQLが「データベースからデータを取得する言語」であることを実感できたのではないでしょうか。

SECTION

³⁻3 行の絞り込み

続いて学ぶ基本構文は、結果テーブルの行数を制限する「LIMIT」と、条件を付与する「WHERE」です。条件を指定する記号や演算子も含めて見ていきます。

分析のために必要な行＝レコードだけに、実行結果のデータを絞り込むわけですね。

結果テーブルの表示行数を制限する

BigQuery上にあるテーブルに格納されているデータを確認したいとき、わざわざSQL文を記述する必要はありません。以下の［3-3-1］のようにプレビュー機能を利用すれば、すぐにテーブルの内容を表示できます。

3-3-1 テーブルのプレビューを表示する

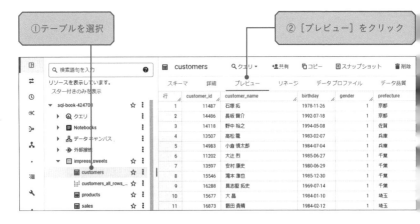

しかし、プレビュー機能はテーブルのありのままの姿を確認するために存在するため、次に挙げるような場合には利用できません。

● 演算結果を新しいフィールドに格納した場合
　⇒例：[revenue] を1.1倍した値を新しいフィールドに格納したが、正しい値が取得できているかを確認したい
● 条件を指定してデータを絞り込んだ場合
　⇒例：[gender] フィールドが男性に一致するレコードを取得するSQL文を記述したが、結果が適切かどうかを確認したい
● 2つ以上のテーブルを参照する場合
　⇒例：男女別の販売金額を比較するために［sales］と［customers］の2つのテーブルを結合したが、結果が適切かどうかを確認したい

上記のような場合で、結果テーブルの一部だけを確認したいときは、**SQL文の実行結果を特定のレコード数に制限する**命令である「LIMIT」を利用します。
リミット
以下の［3-3-2］は、[sales] テーブルを対象にレコード数を「5」に制限して表示するSQL文です。

(3-3-2) **5レコードのみを取得する**

```
SELECT *
FROM impress_sweets.sales
LIMIT 5
```

結果テーブル

行	order_id	user_id ▼	product_id	date_time ▼	quantity	revenue	is_proper
1	173968	18214	1	2021-05-19T23:41:05	1	1800	false
2	199714	17685	1	2021-06-07T14:01:08	1	1800	false
3	105131	19000	1	2021-06-23T20:12:29	1	1800	false
4	137837	13586	1	2021-07-08T15:22:12	1	1800	false
5	187826	16801	1	2021-08-12T11:48:23	1	1800	false

レコードを5件に
絞り込んだ

ただし、単に「LIMIT 5」と記述しただけでは、どの5件を表示するのかがBigQuery任せとなり、表示されるレコードを特定できません。SECTION 3-1で学んだORDER BYも併用し、フィールドの順序を指定したうえでレコードを絞り込みましょう。

例えば、[order_id] と [date_time] の2つのフィールドを、注文が入った日時（date_time）の新しい順（DESC）に、上位5レコードだけ取得するSQL文は以下の［3-3-3］のようになります。

(3-3-3) 順序を指定して5レコードを取得する

```
1    SELECT order_id, date_time
2    FROM impress_sweets.sales
3    ORDER BY date_time DESC
4    LIMIT 5
```

結果テーブル

行	order_id ▼	date_time ▼
1	101469	2023-12-31T13:26:25
2	163388	2023-12-30T23:30:54
3	127978	2023-12-28T12:57:45
4	127978	2023-12-28T12:57:45
5	158635	2023-12-28T11:14:07

[date_time] が新しい順の上位5レコードに絞り込んだ

なお、利用頻度は高くありませんが、LIMITには「OFFSET」（オフセット）というオプションも利用できます。OFFSETは「ずらす」という意味で、指定したレコード数分だけずらして結果を取得することが可能です。

例えば、上記のSQL文の4行目に記述している「LIMIT 5」の後ろに「OFFSET 100」と追記して、次ページのSQL文［3-3-4］にすると、日付が新しい上位1〜5番目のレコードではなく、上位101〜105番目のレコードを取得できます。

3-3-4 101〜105番目のレコードを取得する

```sql
SELECT order_id, date_time
FROM impress_sweets.sales
ORDER BY date_time DESC
LIMIT 5 OFFSET 100
```

結果テーブル

行	order_id ▼	date_time ▼
1	125401	2023-09-29T23:51:56
2	133789	2023-09-29T15:25:22
3	133962	2023-09-27T14:34:40
4	138552	2023-09-26T13:25:40
5	129768	2023-09-25T21:06:53

OFFSETで指定したレコード数分
ずらして5レコードが表示された

条件に合致するレコードのみを取得する

　LIMITが「結果テーブルの表示行数の絞り込み」だったのに対し、**条件を明示的に指定して合致するレコードだけを取得**する命令が「WHERE」です。WHEREはFROMの直後に記述します。

　例えば、[customers] テーブルから女性客のレコードを取得するには、以下のSQL文 [3-3-5] のように記述します。演習用テーブルでは [gender] フィールドの値が「2」＝女性客なので、WHEREで指定する条件式は「gender = 2」となります。

3-3-5 女性客のレコードのみを取得する

```sql
SELECT *
FROM impress_sweets.customers
WHERE gender = 2
```

結果テーブル（一部）

行	customer_id ▼	customer_name ▼	birthday ▼	gender ▼	prefecture ▼	register_date ▼	is_premium
1	14012	主 美和	1994-04-01	2	三重	2022-12-28	false
2	12465	土井 佳菜子	1978-10-17	2	京都	2022-09-27	false
3	12485	有村 智惠	1995-09-24	2	京都	2022-08-31	false
4	14328	野田 智絵	1978-01-23	2	京都	2022-12-05	false
5	14918	芳賀 千穂	1976-03-21	2	京都	2023-03-14	false
6	16616	土屋 智代	1977-05-16	2	京都	2022-08-15	false
7	18709	間田 花梨	1972-07-23	2	京都	2022-08-03	true
8	10462	宮川 愛	1996-05-17	2	佐賀	null	false

女性客（gender = 2）のレコードのみに絞り込んだ

　WHEREはLIMITやORDER BYと組み合わせることもできますが、記述する順序に注意が必要です。この3つの命令を同時に記述する場合、SELECTとFROMに続いて**WHERE、ORDER BY、LIMIT**の順に記述します。

　以下の［3-3-6］は、［customers］テーブルから女性客のみを、登録日（register_date）が新しい順に5レコードだけ取得するSQL文です。上記の順序で記述されていることが分かると思います。

3-3-6　女性客の登録日が新しい順に5レコードを取得する

```
1  SELECT *
2  FROM impress_sweets.customers
3  WHERE gender = 2
4  ORDER BY register_date DESC
5  LIMIT 5
```

結果テーブル

行	customer_id ▼	customer_name ▼	birthday ▼	gender ▼	prefecture ▼	register_date ▼	is_premium
1	13672	服部 早苗	1995-10-28	2	滋賀	2023-12-23	false
2	13434	馬場 茉莉恵	1997-05-22	2	大阪	2023-12-20	false
3	13420	柏木 有花	1994-05-12	2	長野	2023-12-18	false
4	10187	德弘 美憂	1991-06-15	2	福岡	2023-12-18	false
5	15681	福永 静香	1991-01-24	2	沖縄	2023-12-13	false

女性客（gender = 2）に絞り込んだうえで登録日が新しい順の5件が表示された

条件式に利用できる記号

WHEREに続けて記述する条件式に利用できる「記号」は、以下の表［3-3-7］にまとめた通りです。また、SQL文に記述する際は、表の下に記載した点に注意してください。

3-3-7 条件式における記号の意味と記述例

記号	意味	記述例
=	等しい	gender = 2
<>	等しくない	prefecture <> "東京"
!=		quantity != 1
>	より大きい	quantity > 2
<	より小さい	revenue < 10000
>=	以上	cost >= 1000
<=	以下	birthday <= "2000-12-31"

● 日付型、日時型、文字列型のデータは「'」または「"」で囲む
● 整数型、数値型、浮動小数点型のデータは半角で記述し、「"」で囲まない
● 日付型、日時型のデータを不等号で指定する場合、古い日付・日時ほど小さい、新しい日付・日時ほど大きい扱いとなる
● 以上（>=）と以下（<=）は不等号の次に等号を記述する

データを分析するときには、「○年だけの売上」や「商品○だけの利益率」「○歳以上の顧客」など、データを絞り込んで確認する状況が多くあり、実務上、WHEREは非常によく使われます。

複数の条件を組み合わせる

WHEREの条件式では、性別と誕生日、販売個数と販売金額など、複数の条件を組み合わせて指定することも可能です。「かつ」を表す「AND」と「または」を表す「OR」を利用して条件式を連結します。

それぞれの記述方法と意味は、以下の表［3-3-8］の通りです。ANDとORの前後には、半角スペースを挿入してください。

3-3-8 ANDとORの記述方法と意味

演算子	記述方法	意味
AND	条件1 AND 条件2	条件1かつ条件2に合致する
OR	条件1 OR 条件2	条件1または条件2に合致する

ANDとORの具体的な記述方法を見ていきましょう。例えば「性別が女性（2）」かつ「誕生日が1999年1月1日以降」という条件は、ANDを使って以下のSQL文［3-3-9］の2行目のように記述します。

一方、「販売個数が4以上」または「販売金額が5000以上」という条件は、ORを使って次ページのSQL文［3-3-10］の2行目のように記述します。

3-3-9 ANDの記述例

```
1  SELECT * FROM impress_sweets.customers
2  WHERE gender = 2 AND birthday >= "1999-01-01"
```

結果テーブル（一部）

行	customer_id	customer_name	birthday	gender	prefecture
1	14044	太田 美由記	1999-01-22	2	佐賀
2	17236	北原 莉沙	1999-11-21	2	佐賀
3	17880	園田 美由記	1999-04-17	2	岩手
4	15015	松江 摩理子	2000-03-19	2	東京
5	17809	井筒 彩耶	1999-12-28	2	東京
6	18923	三須 亜美香	1999-04-21	2	熊本

「性別が女性（2）」かつ「誕生日が1999年1月1日以降」という条件で絞り込んだ

108

3-3-10　ORの記述例

```
SELECT * FROM impress_sweets.sales
WHERE quantity >= 4 OR revenue >= 5000
```

結果テーブル（一部）

行	order_id ▼	user_id ▼	product_id ▼	date_time ▼	quantity ▼	revenue ▼	is_proper
1	118856	12772	1	2022-09-06T04:48:59	3	5400	false
2	184864	19940	1	2022-02-01T14:59:17	4	8000	true
3	125185	19375	1	2022-07-23T20:59:21	4	8000	true
4	107827	18415	1	2022-10-21T09:37:37	4	8000	true
5	129303	14328	1	2022-12-05T21:14:26	4	8000	true
6	115355	16550	1	2023-09-06T09:10:38	4	8000	true
7	167725	15446	1	2021-07-01T10:49:08	3	6000	true
8	133073	16669	1	2023-05-01T23:03:40	3	6000	true
9	197572	17809	1	2023-07-23T12:39:55	3	6000	true
10	183951	18640	1	2023-08-21T08:28:50	3	6000	true

「販売個数が4以上」または「販売金額が5000以上」
という条件で絞り込んだ

　また、ANDやORは2つ以上をつなげて指定することもできます。ANDのみ、ORのみで条件を指定する場合は、記述順を気にする必要はありません。例えば、以下の2つの条件式の意味は同じになります。

条件1 AND **条件2** AND **条件3**
条件3 AND **条件2** AND **条件1**

　一方、ANDとORを組み合わせて条件を指定する場合は、記述順によって意味が異なってくるので注意が必要です。意図しないデータを取得してしまうことのないよう、**優先する条件を半角カッコで囲み、条件式を精査する**ようにしてください。
　例えば、次ページのSQL文［3-3-11］の2～3行目にある条件式は、「性別が男性（1）」または「都道府県が東京」に合致し、かつ「誕生日が2000年1月1日以降」である、という意味になります。

(3-3-11) **ANDとORを組み合わせた記述例①**

```
1   SELECT * FROM impress_sweets.customers
2   WHERE (gender = 1 OR prefecture = "東京")
3   AND birthday >= "2000-01-01"
```

結果テーブル

行	customer_id ▼	customer_name ▼	birthday ▼	gender ▼	prefecture ▼	register_date ▼	is_premium ▼
1	14761	田畠 茂	2000-09-27	1	宮崎	2023-05-25	false
2	12177	佐藤 直哉	2001-12-03	1	北海道	2021-05-18	false
3	15015	松江 摩理子	2000-03-19	2	東京	null	false

「性別が男性（1）」または「都道府県が東京」に合致し、かつ
「誕生日が 2000 年 1 月 1 日以降」という条件で絞り込んだ

　しかし、以下のSQL文［3-3-12］のように半角カッコで囲む箇所を変更すると、「性別が男性（1）」である、または「都道府県が東京」かつ「誕生日が2000年1月1日以降」に合致する、という意味になり、結果が大きく変わります。実際にクエリエディタで実行し、［3-3-11］の結果テーブルとの違いを確認してみてください。

(3-3-12) **ANDとORを組み合わせた記述例②**

```
1   SELECT * FROM impress_sweets.customers
2   WHERE gender = 1 OR (prefecture = "東京"
3   AND birthday >= "2000-01-01")
```

条件式に利用できる演算子

　WHEREの条件式には、前述した記号とAND、ORのほかにも、次ページの表［3-3-13］に挙げた「演算子」が利用できます。これらの演算子はフィー

ルド名に続けて記述します。

　それぞれの具体的な記述例について、以降で1つずつ見ていきましょう。

（ 3-3-13 ）条件式における演算子の記述方法と意味

演算子	記述方法	意味
IN	IN (値1, 値2, 値3)	いずれかの値に当てはまる
NOT IN	NOT IN (値1, 値2, 値3)	いずれの値にも当てはまらない
LIKE	LIKE (パターン)	パターンに当てはまる
NOT LIKE	NOT LIKE (パターン)	パターンに当てはまらない
LIKE ANY	LIKE ANY (パターン1, パターン2)	いずれかのパターンに当てはまる
LIKE SOME	LIKE SOME (パターン1, パターン2)	いずれかのパターンに当てはまる
LIKE ALL	LIKE ALL (パターン1, パターン2)	すべてのパターンに当てはまる
BETWEEN	BETWEEN 値1 AND 値2	値1から値2の間に当てはまる
NOT BETWEEN	NOT BETWEEN 値1 AND 値2	値1から値2の間に当てはまらない

演算子にもいろいろな種類があるんですね。記述方法もさまざまなので、SQL文を実行しながら覚えていきたいです。

▶ IN

　「IN」は、半角カッコ内で指定した「いずれかの値に当てはまる」という意味になります。次ページのSQL文［3-3-14］では、[quantity] フィールドの値が「2」「4」「6」のいずれかである、と指定しています。

　その下のSQL文［3-3-15］では、[prefecture] フィールドの値が「青森」「岐阜」「鹿児島」のいずれかである、と指定しています。文字列型のデータを条件に指定する場合は、このように「'」または「"」で値を囲んでください。

3-3-14　INの記述例①

```
1  SELECT * FROM impress_sweets.sales
2  WHERE quantity IN (2, 4, 6)
```

結果テーブル（一部）

行	order_id ▼	user_id ▼	product_id ▼	date_time ▼	quantity ▼	revenue ▼	is_proper
1	185395	16653	1	2022-06-28T15:32:22	2	3600	false
2	105331	14791	1	2023-01-06T10:55:32	2	3600	false
3	184864	19940	1	2022-02-01T14:59:17	4	8000	true
4	125185	19375	1	2022-07-23T20:59:21	4	8000	true
5	107827	18415	1	2022-10-21T09:37:37	4	8000	true
6	129303	14328	1	2022-12-05T21:14:26	4	8000	true
7	115355	16550	1	2023-09-06T09:10:38	4	8000	true
8	121930	18945	1	2022-06-11T12:34:43	2	3200	false
9	144415	16668	1	2023-05-09T17:04:52	2	3200	false

［quantity］フィールドの値が「2」「4」「6」
のいずれかであるレコードに絞り込んだ

3-3-15　INの記述例②

```
1  SELECT * FROM impress_sweets.customers
2  WHERE prefecture IN ("青森", "岐阜", "鹿児島")
```

▶ NOT IN

INの前にNOTを付けた「NOT IN」は、「いずれの値にも当てはまらない」という意味になります。つまり、半角カッコ内で指定した値以外のレコードを取得します。

次ページのSQL文［3-3-16］では、［prefecture］フィールドの値が「東京」「大阪」「愛知」以外である、という条件を指定しています。

3-3-16) NOT INの記述例

```
SELECT * FROM impress_sweets.customers
WHERE prefecture NOT IN ("東京", "大阪", "愛知")
```

結果テーブル（一部）

行	customer_id ▼	customer_name ▼	birthday ▼	gender ▼	prefecture ▼
1	11487	石塚 拓	1978-11-26	1	京都
2	14486	長阪 賢介	1992-07-18	1	京都
3	14118	野中 裕之	1994-05-08	1	佐賀
4	13507	粟松 龍	1983-02-07	1	兵庫
5	14983	小倉 慎太郎	1984-07-04	1	兵庫
6	11202	大辻 烈	1985-06-27	1	千葉
7	13597	安村 康史	1980-06-29	1	千葉

[prefecture]
の値が「東京」
「大阪」「愛知」
以外のレコード
を取得できた

▶ LIKE

「LIKE」は英語のlikeと同じく、「〜のような」という意味で用いる演算子です。LIKEに続く半角カッコ内で文字列型のデータを記述してパターンを指定し、それに合致するレコードのみを取得します。

　まずは以下の表［3-3-17］に記載した、パターンの指定に利用する3つの記号を覚えてください。

3-3-17) LIKEと組み合わせる記号の意味

記号	読み	意味
%	パーセント	任意の数の任意の文字
_	アンダースコア	1つの任意の文字
\	バックスラッシュ	エスケープ処理をする

　LIKEの具体的な記述例を見ていきましょう。例えば、「木」から始まる名は「木村 佳乃」「木梨 憲武」などさまざまですが、これをパターンとして表すと「木」＋「任意の数の任意の文字」となります。

これを前述の記号を使って表すと「木%」となり、SQL文に記述すると以下の［3-3-18］の2行目のようになります。パターンは文字列型のデータなので、「'」または「"」で囲むことを忘れないようにしてください。

(3-3-18) **LIKEの記述例①**

```
1   SELECT * FROM impress_sweets.customers
2   WHERE customer_name LIKE ("木%")
```

結果テーブル

行	customer_id ▼	customer_name ▼	birthday ▼	gender ▼	prefecture
1	11779	木ノ下 圭恵	1979-04-09	2	東京
2	12161	木内 麻美	1978-06-09	2	茨城

氏名が「木」で始まるレコードを取得できた

今度は、氏名が「○○子」で終わる、というパターンを考えてみましょう。演習用の［customers］テーブルにある［customer_name］フィールドには、姓と名の間に半角スペースがあることも考慮します。

姓は何でも構わないので「任意の数の任意の文字」、つまり「%」で表せます。名が「○○子」で終わる、のパターンは「1つの任意の文字」＋「1つの任意の文字」＋「子」となり、記号で表すと「＿＿子」です。結果、LIKEで指定するパターンは「％＿＿子」となり、以下のSQL文［3-3-19］の2行目のようになります。

(3-3-19) **LIKEの記述例②**

```
1   SELECT * FROM impress_sweets.customers
2   WHERE customer_name LIKE ("% __子")
```

結果テーブル（一部）

行	customer_id ▼	customer_name ▼	birthday ▼	gender ▼	prefecture ▼	register_
1	12465	土井 佳葉子	1978-10-17	2	京都	2022-09-
2	19505	佐々木 有希子	1994-07-06	2	兵庫	2021-02-
3	14024	米田 由利子	1973-11-28	2	千葉	2022-07-
4	11116	徳留 衣里子	null	2	埼玉	null
5	14154	久保 江美子	1969-11-24	2	埼玉	2023-04-
6	16668	三浦 亜沙子	1984-09-15	2	埼玉	2021-01-
7	12066	上原 芙美子	1997-12-25	2	大分	2023-05-
8	17272	山田 美貴子	1996-07-28	2	大分	2021-06-

氏名が「○○子」で終わるレコードを取得できた

　また、LIKE演算子の派生形として、2024年4月から「LIKE ANY」「LIKE SOME」「LIKE ALL」が利用できるようになりました。LIKE ANYとLIKE SOMEはまったく同様に機能します。

　LIKE ANY（LIKE SOME）は、LIKE演算子を利用し、複数の条件のうち、いずれかに該当する条件のレコードのみを取得します。以下のSQL文［3-3-20］には、LIKE ANYの後ろのカッコの中に「山」で始まっていることを意味する「山%」と、「美」で終わっていることを意味する「%美」があります。この記述で『[customer_name] が「山」で始まる、または「美」で終わる』という条件を指定できます。

3-3-20 LIKE ANYの記述例

```
SELECT * FROM impress_sweets.customers
WHERE customer_name LIKE ANY ("山%", "%美")
```

結果テーブル（一部）

行	customer_id ▼	customer_name ▼	birthday ▼	gender ▼	prefecture ▼	register_date ▼	is_premium ▼
1	14316	山内 英二	1988-10-29	1	島根	2023-04-20	false
2	14564	山室 光正	1991-11-20	1	徳島	2022-02-13	false
3	16304	根本 千代美	1977-07-24	2	千葉	2021-04-04	false
4	15008	遠山 鮎美	1970-06-15	2	埼玉	2021-01-22	false
5	14274	那須 春美	1991-02-23	2	埼玉	2023-02-28	false
6	14876	山崎 まどか	1997-11-17	2	大分	2023-07-19	false
7	13950	山口 利奈	1980-11-27	2	大阪	2021-09-18	false
8	15543	平沼 吉美	1970-10-08	2	山梨	2023-06-16	false

氏名が「山」で始まる、または「美」で終わるレコードを取得できた

LIKE ALL演算子は、LIKE演算子を利用し、複数の条件すべてに該当する条件のみを記述します。以下のSQL文［3-3-21］は、［3-3-20］の2行目のLIKE ANYをLIKE ALLに変更したものです。この記述では『[customer_name] が「山」で始まり、かつ「美」で終わる』という条件での絞り込みを行います。

3-3-21 LIKE ALLの記述例

```
1  SELECT * FROM impress_sweets.customers
2  WHERE customer_name LIKE ALL ("山%", "%美")
```

結果テーブル

行	customer_id ▼	customer_name ▼	birthday ▼	gender ▼	prefecture ▼	register_date ▼	is_premium ▼
1	16727	山辺 なる美	1995-03-31		2 長崎	null	false

> 氏名が「山」で始まり、かつ「美」で終わるレコードを取得できた

LIKE ANY（LIKE SOME）演算子は、2つのLIKE演算子をORで接続すれば同じ絞り込みができ、LIKE ALL演算子は、2つのLIKE演算子をANDで接続すれば同じ絞り込みができます。しかし、LIKE ANY、LIKE ALLを知っていることでよりスマートな、分かりやすいSQL文を書くことができるので、覚えておきましょう。

▶ NOT LIKE

LIKEの前にNOTを付けた「NOT LIKE」は、パターンに一致しないレコードを取得します。パターンの指定方法はLIKEと同様です。

▶ BETWEEN

主に数値や日付など、指定した2つの値の範囲内にあるレコードを取得したいときに利用するのが「BETWEEN」です。

例えば、[birthday] フィールドの値が「1999年1月1日から1999年12月31

日の間」にあるレコードは、「BETWEEN 値1 AND 値2」の構文として、以下のSQL文［3-3-22］の2行目のように表せます。条件に日付を指定するときは「'」または「"」で囲んでください。

3-3-22 BETWEENの記述例

```
SELECT * FROM impress_sweets.customers
WHERE birthday BETWEEN "1999-01-01" AND "1999-12-31"
```

結果テーブル（一部）

行	customer_id	customer_name	birthday	gender	prefecture
1	14044	太田 美由紀	1999-01-22	2	佐賀
2	17236	北原 莉沙	1999-11-21	2	佐賀
3	17880	園田 美由紀	1999-04-17	2	岩手
4	17809	井岡 彩耶	1999-12-28	2	東京
5	18923	三須 亜美香	1999-04-21	2	熊本

誕生日が「1999 年1月1日から1999年12月31日の間」にあるレコードを取得できた

　なお、前述の「BETWEEN 値1 AND 値2」の「AND」は、BETWEENの構文中のもので、複数の条件を組み合わせるAND演算子とは意味合いが異なります。BETWEENで条件を指定し、さらに追加の条件をANDで組み合わせたいときには混同しやすいので、注意してください。
　仮に、［birthday］フィールドの値が「1999年1月1日から1999年12月31日の間」にあるレコードをAND演算子で表現しようとすると、以下のSQL文［3-3-23］の2〜3行目のようになります。比べてみると、BETWEENのほうがスッキリと表現できていることが分かると思います。

3-3-23 BETWEENを使わない記述例

```
SELECT * FROM impress_sweets.customers
WHERE birthday >= "1999-01-01"
AND birthday <= "1999-12-31"
```

そのほか、BETWEENの使い方として2つ注意したいことがあります。1つは「日本語の文字列を範囲として指定しない」ことです。

BETWEENは文字列型のフィールドに対しても利用でき、格納されている文字列がアルファベットの場合、「a」が最も小さく、「z」が最も大きい値として扱われます。例えば、以下のSQL文[3-3-24]では、「Adam」「Ben」「Charles」「Deniel」が格納されたテーブルに対して、2行目のWHERE句でBETWEENを使って「Adam」から「Charles」まで絞り込んでいます。結果テーブルでは「Adam」「Ben」「Charles」が返されています。

しかし、対象のフィールドに日本語の文字列が格納されている場合は、結果が定かでないため利用を避けるべきです。したがって、順序を持つフィールドである整数型、浮動小数点型、数値型、日付型、日時型、タイムスタンプ型のデータに対して利用するようにしましょう。

3-3-24　BETWEENで文字列の範囲を指定する

```
1  WITH names AS (
2  SELECT "Adam" AS first_name UNION ALL
3  SELECT "Ben" UNION ALL
4  SELECT "Charles" UNION ALL
5  SELECT "Daniel")
6
7  SELECT first_name FROM names
8  WHERE first_name BETWEEN "Adam" AND "Charles"
```

結果テーブル

行	first_name ▼
1	Adam
2	Ben
3	Charles

BETWEEN は文字列型のデータも対象にできるが、日本語の文字列への利用は避ける

なお、詳しくはSECTION 5-6で説明するので、現段階では理解できなくても問題ありませんが、[3-3-24]の1行目から5行目では「WITH」という命

令を使って、仮想のテーブルを作成しています。

　ここで作成しているのは、[names]という名前の1カラム4レコードの仮想テーブルです。カラム名は[first_name]で、レコードにはAdam、Ben、Charles、Danielという値が格納されています。この仮想テーブルに対して7〜8行目のSQL文を記述すると、WHERE句とBETWEEN演算子の機能により、Adam、Ben、Charlesだけが抽出できることを結果テーブルで示しています。

　上記のことを示すために、CSVファイルからテーブルを作成するのは手間がかかりすぎるため、WITHを利用した仮想テーブルの利用でBETWEENの機能を紹介しました。同じ結果が得られることを試してみてください。

　BETWEENの注意点のもう1つは、**「BETWEEN 値1 AND 値2」の2つの値**で**「値1 < 値2」の関係を保つ**ことです。「値1 > 値2」と指定した場合は合致するレコードが存在しないため、結果は表示されません。

　例えば、以下のSQL文[3-3-25]の2行目は誤った指定で、正しくは「BETWEEN 3000 AND 3400」と記述する必要があります。

(3-3-25)　**BETWEENで値の範囲を指定する（誤用例）**

```
SELECT * FROM impress_sweets.sales
WHERE revenue BETWEEN 3400 AND 3000
```

「値1 < 値2」の関係になっておらず、結果は表示されない

▶ NOT BETWEEN

　「NOT BETWEEN」は、指定した2つの範囲にないレコードを取得します。範囲の指定方法はBETWEENと同様です。

「true」「false」の判定

「true」または「false」のデータが格納されるブール型のフィールドに対する絞り込みには、「IS TRUE」「IS FALSE」の条件を指定します。

演習用の [sales] テーブルにある [is_proper] フィールドには、販売価格が定価（true）か、割引価格（false）かというブール型の値が格納されています。例えば、定価で販売されたレコードを取得するには、以下のSQL文 [3-3-26] を記述します。

3-3-26 IS TRUEの記述例

```
1    SELECT * FROM impress_sweets.sales
2    WHERE is_proper IS TRUE
```

結果テーブル（一部）

行	order_id ▼	user_id ▼	product_id ▼	date_time ▼	quantity ▼	revenue ▼	is_proper
1	184864	19940	1	2022-02-01T14:59:17	4	8000	true
2	125185	19375	1	2022-07-23T20:59:21	4	8000	true
3	107827	18415	1	2022-10-21T09:37:37	4	8000	true
4	129303	14328	1	2022-12-05T21:14:26	4	8000	true
5	115355	16550	1	2023-09-06T09:10:38	4	8000	true
6	167725	15446	1	2021-07-01T10:49:08	3	6000	true
7	133073	16669	1	2023-05-01T23:03:40	3	6000	true

> 定価で販売（is_proper = true）されたレコードのみに絞り込んだ

逆に、割引価格で販売されたレコードを取得するには、上記のIS TRUEをIS FALSEに書き換えて実行します。もしくは、次ページのSQL文 [3-3-27] のように「IS NOT TRUE」と書き換えても同じ結果になります。

ただし、これは [is_proper] フィールドに「null」が存在しないためで、もし「null」のレコードが存在する場合は、IS FALSEはfalseのレコードだけ、IS NOT TRUEはfalseと「null」のレコードを結果テーブルとして返します。「null」の取り扱いは重要なので、以降でも別途解説します。

3-3-27 IS NOT TRUEの記述例

```
SELECT * FROM impress_sweets.sales
WHERE is_proper IS NOT TRUE
```

「null」の判定

「ユーザー登録時の誕生日は必須項目でなかった」「以前はECサイトに会員制度がなく、登録日は任意入力の項目だった」など、自社で扱っているデータベース（テーブル）の特定のフィールドに値が格納されていないことがあります。値が格納されていない状態を「null（ヌル）」といい、この「null」を判定するための条件として「IS NULL（イズ ヌル）」があります。

IS NULLの構文を紹介する前に、まずは「null」の重要性を理解してください。演習用の［customers］テーブルをプレビュー機能を使って表示すると、以下の［3-3-28］に示すように、いくつかのフィールドの値として「null」が含まれています。また、全部で「497」件のレコードがあることを確認できるはずです。

3-3-28 「null」が含まれているフィールドの例

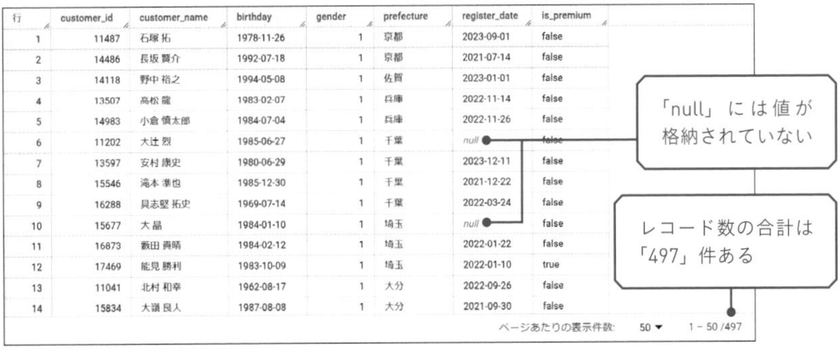

行	customer_id	customer_name	birthday	gender	prefecture	register_date	is_premium
1	11487	石塚 拓	1978-11-26	1	京都	2023-09-01	false
2	14486	長坂 賢介	1992-07-18	1	京都	2021-07-14	false
3	14118	野中 裕之	1994-05-08	1	佐賀	2023-01-01	false
4	13507	高松 龍	1983-02-07	1	兵庫	2022-11-14	false
5	14983	小倉 慎太郎	1984-07-04	1	兵庫	2022-11-26	false
6	11202	大辻 烈	1985-06-27	1	千葉	null	false
7	13597	安村 康史	1980-06-29	1	千葉	2023-12-11	false
8	15546	滝本 準也	1985-12-30	1	千葉	2021-12-22	false
9	16288	具志堅 拓史	1969-07-14	1	千葉	2022-03-24	false
10	15677	大 晶	1984-01-10	1	埼玉	null	false
11	16873	藪田 真晴	1984-02-12	1	埼玉	2022-01-22	false
12	17469	能見 勝利	1983-10-09	1	埼玉	2022-01-10	true
13	11041	北村 和幸	1962-08-17	1	大分	2022-09-26	false
14	15834	大嶺 良人	1987-08-08	1	大分	2021-09-30	false

ページあたりの表示件数: 50 ▼ 1 – 50 /497
「null」には値が格納されていない
レコード数の合計は「497」件ある

その［customers］テーブルに対して、以下のSQL文［3-3-29］を実行してみてください。「誕生日が1999年1月1日以降」のレコードが取得され、結果は「15」件となるはずです。

続いて、その下のSQL文［3-3-30］も実行してください。「誕生日が1998年12月31日以前」のレコードが取得され、結果は「444」件となります。

3-3-29 誕生日が1999年1月1日以降のレコードを取得する

```
1   SELECT * FROM impress_sweets.customers
2   WHERE birthday >= "1999-01-01"
```

3-3-30 誕生日が1998年12月31日以前のレコードを取得する

```
1   SELECT * FROM impress_sweets.customers
2   WHERE birthday <= "1998-12-31"
```

2つのSQL文の結果を合計すると、レコード数は15＋444＝「459」件となりますが、［customers］テーブルのレコード数の合計は「497」件です。その差は497－459＝「38」件で、この38レコードの［birthday］フィールドには値が格納されていない、すなわち「null」であることが分かります。

では、これをIS NULLを利用して検証してみましょう。次ページのSQL文［3-3-31］を実行すると、結果テーブルで示した通り、レコード数は「38」件となりました。

3-3-31 「null」のレコードを取得する

```
SELECT * FROM impress_sweets.customers
WHERE birthday IS NULL
```

結果テーブル（一部）

行	customer_id ▼	customer_name ▼	birthday ▼	gender ▼	prefecture ▼	register_date ▼	is_premium ▼
1	13295	中山 剛	null	1	山形	null	false
2	12829	河野 大樹	null	1	岡山	null	false
3	16638	谷田 聡士	null	1	東京	null	false
4	15571	武藤 洋	null	1	福岡		
5	10329	野村 正志	null	1	鳥取		
6	13192	五月女 瑞樹	null	2	千葉		
7	13492	南 若菜	null	2	千葉		
8	16178	山城 菜穂	null	2	千葉		
9	11116	徳留 衣里子	null	2	埼玉	null	false
10	15704	日野 英美	null	2	大阪	null	false

> 「null」のレコードが
> 38件であることを確
> 認できた

ページあたりの表示件数: 50 ▼　1 - 38 (38)　|<

　なお、「null」ではないレコードを取得するには、以下のSQL文［3-3-32］
のように「IS NOT NULL」を利用します。

3-3-32 「null」ではないレコードを取得する

```
SELECT * FROM impress_sweets.customers
WHERE register_date IS NOT NULL
```

　「null」の存在を考慮していなかったことが原因で、分
析に利用したデータが実は正しくないものだった、とい
うミスがよく起こります。適宜「WHERE フィールド名
IS NULL」の構文を利用し、「null」の有無を確認する
ようにしましょう。

SQLの書き方によって料金が変わる！？

SECTION 2-3で解説した、BigQueryでSQLを実行するときの料金（コンピューティング料金）を覚えているでしょうか？ サンドボックスを利用しているうちは料金がかかりませんが、本書での学習を終え、BigQueryを実務で利用するようになれば、料金が気になり始めます。

この料金はSQLを実行した量に応じて発生しますが、ついつい実行結果、つまり結果テーブルのデータ量に応じて発生しているように思い込んでしまう人がいます。このような人は「本章で学んできたLIMITやWHEREを使ってレコードを絞り込めば、料金を節約できるのでは？」と考えるかもしれませんが、実際は節約になりません。

なぜなら、LIMITやWHEREを利用して取得した結果が数レコードでも数百レコードでも、**SQL文の実行対象が同じであれば、クエリエディタが処理するデータ量は変わらない**からです。処理するデータ量が変わらないのですから、コンピューティング料金も変わりません。

次ページの［3-3-33］を見てください。「SELECT *」と記述しているので、2つのSQL文はいずれも［customers］テーブルの全フィールドを取得しています。上の画面ではWHEREとLIMITを利用し、下の画面では利用していませんが、クエリエディタが処理するデータ量はいずれも「26.37KB」です。実行対象が同じである以上、WHEREやLIMITを利用しようがしまいが、処理するデータ量は変わらないことを証明しています。

サンドボックスを卒業し、クレジットカードを登録して本利用に進んだ場合、無料で提供されるクエリ処理量は1TiB／月です。1TiBは1,000GiBなので、処理するクエリ量がMB（≒MiB）単位のときには、料金について気にする必要はほとんどないと思ってよいでしょう。

3-3-33 実行対象が同じなら処理するデータ量も同じ

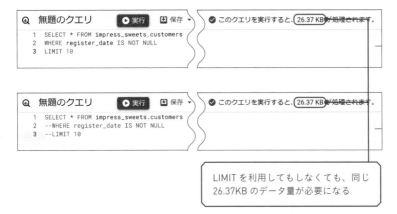

LIMIT を利用してもしなくても、同じ 26.37KB のデータ量が必要になる

　しかし、SELECTで取得するフィールドを指定すれば、実行対象となるテーブルが同じでも、フィールドを減らすことでデータ量を節約できます。以下の［3-3-34］では［customer_id］フィールドのみを取得しており、データ量が「3.88KB」に削減できることを確認できます。**料金面を考えると安易に「SELECT *」を利用するべきではない**と、あらためて理解しておいてください。

3-3-34 フィールドを指定すればデータ量を減らせる

データ量を 3.88KB に節約できた

● STEP UP ●

FROMがなくてもSQL文は成立する

ここまで学び終えたみなさんは、SQL文において「SELECTとFROM
は必須」と思われているのではないでしょうか。前掲のすべてのSQL文
の中に、SELECTとFROMが記述されていたからです。

確かにSELECTは必須なのですが、実はFROMは必須ではありません。
試しに、以下のSQL文［3-2-35］を実行してみてください。

3-2-35 FROMを省略した例①

```
1    SELECT 2 * 5
```

戻り値は「10」となります。SQLはテーブルに格納されたデータを
処理する以外に、計算機能も備えているのです。

ほかにも、以下の［3-2-36］のように記述すると、SQL文を実行し
た日の日付が返ってくることを確認できるはずです。

3-2-36 FROMを省略した例②

```
1    SELECT CURRENT_DATE() AS Today
```

この「実行した日を"今日"として取得できる」というSQLの機能を利
用すると、例えば「最終購入日から今日までに○日以上経過した顧客の
リスト」など、毎日変動する"今日"を基準にしたデータの取得が可能に
なります。SQLが持つ便利な機能の1つとして覚えておいてください。

SECTION

3-4 確認ドリル

本章から「確認ドリル」が始まります。CHAPTER 2で解説したように、BigQueryの環境と、本書の演習用ファイルから作成したテーブルを準備して、ぜひチャレンジしてください。解答と解説は、Webメディア「できるネット」で公開している本書のサポートページに掲載しています（P.010を参照）。

問題に沿って、自分でSQL文を考えて実行してみるわけですね。やってみます！

問題 001

[sales] テーブルのすべてのフィールドから [revenue] だけを取得せず、代わりに [revenue] に「1.1」を掛けた値を [revenue_with_tax] に格納してください。ただし、SELECTには「*」を使用し、結果テーブルは [order_id] の小さい順に3レコードに絞り込んでください。

問題 002

[sales] テーブルを対象に、[order_id] [quantity] [revenue] フィールドに加えて、[quantity] を「1」増やした個数のフィールド（new_quantity）と、[quantity] を「1」増やしたときの販売金額のフィールド（new_revenue）を取得してください。なお、結果テーブルは [new_revenue] の大きい順に3レコードに絞り込んでください。

問題 003

　[customers]テーブルから、[birthday]フィールドの値が「null」でなく、[is_premium]が「true」のレコードの全フィールドを取得してください。結果テーブルは年齢の若い順に並べ替え、誕生日が同じ場合は[register_date]の古い順に並べ替えてください。また、3レコードに絞り込んでください。

問題 004

　[customers]テーブルから『「プレミアム顧客」または「1970年代生まれの顧客」』で『氏名が「美」で終わる女性』の全フィールドを取得してください。結果テーブルは年齢が高い順の3レコードに絞り込みます。

問題 005

　[customers]テーブルから、[prefecture]フィールドが「東京」「千葉」「埼玉」「神奈川」以外のプレミアム顧客の全フィールドを取得してください。結果テーブルは、年齢が若い順に並べ替えて、3レコードだけ表示します。

グループ化と
データの集計

本章では「GROUP BY」構文を利用したグループ化と、集計関数を利用したグループ別の集計値の取得、集計結果の絞り込みなどを学びます。データを任意のカラムの値でグループ化して集計することで、分析の基本であるグループ別の比較ができるようになり、「SQLは分析に使える」という実感を得られるはずです。

SECTION

4-1 グループ化

SQLの基本構文を学びましたが、「これではちっとも"分析"ではない」と思いませんでしたか？ あくまでデータを扱う基礎で、「分析」はしていませんでした。

そうですね。では「分析」というと……？

「分類して、比較する」ことですね。本節では、その分類（＝グループ化）をSQLで実行する構文を学びます。

複数のレコードをまとめて1行にする

　SQL文の記述方法を解説する前に、まずは「グループ化とはどのようなことか？」をおさらいしておきましょう。以降、グループ化や集計関数の挙動を分かりやすくするために、演習用テーブルとは別の、人間の目で理解しやすい「小さなテーブル」を例に解説します。小さなテーブルの取得方法についてはP.010を参照してください。

　次ページの図［4-1-1］の左側にある表は、[user_id] と [prefecture]という2カラムのテーブルです。[user_id] には整数型、[prefecture] には文字列型のデータが格納されています。

　このテーブルを [prefecture] でグループ化すると、右側の表のようになります。元は5レコードあったものが、グループ化した後は2レコードになりました。つまり、**グループ化とは同じ値が入った複数のレコードをまとめて1行にすること**と表現できます。

　別の言い方をすると、グループ化をすると、結果テーブルでは値がユニークになります。［4-1-1］では、グループ化する前は「東京」は3レコードあり、

「大阪」も 2 レコードありました。グループ化をした結果テーブルでは、「東京」
も「大阪」も 1 レコードしか存在しません。

　グループ化した結果、例えば「東京」の行に個別の［user_id］の値を含め
ることはできなくなります。一方、何レコードあるか（顧客が何人いるか）を
表す「データの個数」は含めることが可能です。

4-1-1 グループ化の基本①

user_id	prefecture		prefecture	データの個数
1	東京		東京	3
2	東京		大阪	2
3	大阪			
4	東京			
5	大阪			

［prefecture］フィールドで
グループ化した

　さらに、グループ化の例をもう 1 つ見てみましょう。以下の図［4-1-2］
では、［product_id］と［qty］（quantity）の 2 カラムのテーブルを、［product_
id］でグループ化しています。

　［product_id］フィールドには 3 種類の値があるので、右側のグループ化し
たテーブルでは 3 レコードになりました。また、上記の図ではデータの個数で
集計しましたが、それらに加えて「合計」「平均」「最大」「最小」などのさまざ
まな集計が実行されているのが確認できます。

4-1-2 グループ化の基本②

product_id	qty		product_id	データの個数	qtyの合計値	qtyの平均値	qtyの最大値	qtyの最小値
A	1		A	1	1	1	1	1
B	3		B	2	7	3.5	4	3
C	2		C	2	3	1.5	2	1
B	4							
C	1							

［product_id］
フィールドでグ
ループ化した

「データの個数」のほか、「合計値」
「平均値」「最大値」「最小値」など
の値も取得できる

131

つまり、グループ化した結果、[product_id] の各レコードに個別の [qty] の値を含めることはできなくなりますが、**量的なデータが格納されているフィールドであれば、合計や平均などの集計値を取り出すことが可能**です。ここまでが、最も基本的なグループ化の考え方となります。

グループ化する基準によって結果は異なる

グループ化を実行するときは「どのフィールドを基準としてグループ化するか？」を考えることが重要です。同じテーブルでも、グループ化するフィールドによって結果が異なるためです。

以下の図 [4-1-3] では、[4-1-2] に [is_proper] フィールドを加えたテーブルを [product_id] でグループ化し、集計値を求めています。テーブルに [is_proper] カラムはあるものの、[product_id] をグループ化の基準としているため、結果は変わりません。一方、次ページの上の図 [4-1-4] では、グループ化する基準を [is_proper] に変更しています。結果は「T」と「F」の2レコードにまとまり、[qty] の集計値も異なっています。

また、**複数のフィールドを基準としてグループ化する**こともできます。[4-1-3]、[4-1-4] と同じ元のテーブルのレコード数を少し増やし、[product_id] と [is_proper] の2つのフィールドでグループ化すると、次ページの下の図 [4-1-5] のようになります。

(4-1-3) グループ化するフィールドによる結果の違い①

product_id	is_proper	qty		product_id	データの個数	qtyの合計値	qtyの平均値	qtyの最大値	qtyの最小値
A	T	1		A	1	1	1	1	1
B	T	3		B	2	7	3.5	4	3
C	F	2		C	2	3	1.5	2	1
B	T	4							
C	F	1							

[product_id] フィールドでグループ化した

4-1-4 グループ化するフィールドによる結果の違い②

product_id	is_proper	qty
A	T	1
B	T	3
C	F	2
B	T	4
C	F	1

is_proper	データの個数	qtyの合計値	qtyの平均値	qtyの最大値	qtyの最小値
T	3	8	2.7	4	1
F	2	3	1.5	2	1

[is_proper]
フィールドでグ
ループ化した

[product_id]でグループ
化した場合とは、レコード
数や集計値が異なっている

4-1-5 2つのフィールドによるグループ化

product_id	is_proper	qty
A	T	1
B	T	3
C	F	2
B	T	4
C	F	1
A	F	2
B	F	1
A	F	1
C	T	3
B	F	5

product_id	is_proper	データの個数	qtyの合計値	qtyの平均値	qtyの最大値	qtyの最小値
A	T	1	1	1	1	1
A	F	2	3	1.5	2	1
B	T	2	7	3.5	4	3
B	F	2	6	3	5	1
C	T	1	3	3	3	3
C	F	2	3	1.5	2	1

[product_id] [is_proper] の2つの
フィールドでグループ化した

　[product_id]には3種類、[is_proper]には2種類の値が格納されているので、
結果テーブルのレコード数は3×2＝6レコードです。それぞれのレコードは
「1 - T」「1 - F」「2 - T」……のように2つのフィールドの値を掛け合わせたも
のになり、それぞれの集計値を取得できます。[is_proper] と [product_id]
の順でグループ化してもよく、その場合は結果テーブルの1列目と2列目が入
れ替わるだけで、合計や平均などの集計値は同じです。

グループ化の基本と、どのフィールドでグループ化するかによって、結果のレコード数や集計値が変化することがお分かりいただけたでしょうか。

はい！「顧客ごと」「商品ごと」にデータを分類するというのは、分析の基本でもありますね。

フィールドを指定してグループ化する

　グループ化の概念が理解できたところで、グループ化をSQLで実現する命令である「GROUP BY」の記述方法を見ていきます。以下の［4-1-6］はGROUP BYの構文を示したものです。

4-1-6　GROUP BYの構文

```
1    SELECT フィールド名, 集計関数
2    FROM テーブル名
3    GROUP BY フィールド名
```

フィールド名　　　グループ化に利用するフィールドを指定。SELECT句とGROUP BY句には、同じフィールドを指定する

集計関数　　　　　データの個数を数える「COUNT」や、合計する「SUM」などの集計関数を指定（詳しくは次節で解説）

テーブル名　　　　SQLの実行対象となるテーブルを指定

　この構文の通り、GROUP BYで指定するフィールド名は、SELECTと同じものを指定するのが一般的です。ただし、指定しなくてもエラーにはなりません（本節末のSTEP UPを参照）。

一方、グループ化をする場合（SQL文の中でGROUP BYを利用する場合）には「**SELECT句に含まれるフィールドはグループ化をしているか、集計されているかのいずれかでなければならない**」という点に注意する必要があります。

以下のSQL文［4-1-7］を見てください。本来は［product_id］のみをグループ化し、［qty］の合計値を取得する意図で記述したのですが、誤ってSELECT句に［is_proper］を含めてしまいました。これは「グループ化をしていないフィールドがSELECT句に含まれている」ため、エラーとなります。

エラーメッセージを日本語に訳すと、「SELECT句のリスト表現は［is_proper］を参照していますが、［is_proper］はグループ化も集計もされていません」となります。

4-1-7　グループ化して合計値を取得する（誤用例①）

```
SELECT product_id, is_proper, SUM(qty) AS sum_qty
FROM impress_sweets.s_4_1_a
GROUP BY product_id
```

❗ SELECT list expression references column is_proper which is neither grouped nor aggregated at [1:20]

グループ化をしていないフィールドまでSELECT句で指定しているため、エラーとなる

上記のSQL文に登場する［s_4_1_a］は、人間の目で関数などの挙動を確認できる「小さなテーブル」です。実際に手を動かして結果を再現したい人はP.010を参照し、データセット［impress_sweets］配下に同じ名前でテーブルを作成のうえ、利用してください。

また、以下のSQL文 [4-1-8] はSELECT句に [qty] フィールドがありますが、集計関数が記述されていないため、「グループ化にも集計にも使われていないフィールドがある」エラーとなります。

(4-1-8) グループ化して合計値を取得する（誤用例②）

```
1  SELECT product_id, qty
2  FROM impress_sweets.s_4_1_a
3  GROUP BY product_id
```

❗ SELECT list expression references column qty which is neither grouped nor aggregated at [1:20]

合計値や平均値などを取得する集計関数を
記述していないため、エラーとなる

[product_id] フィールドのみを対象としてグループ化し、[qty] の合計値を [sum_qty] という名前を付けた新しいフィールドとして取得する正しいSQL文は、以下の [4-1-9] となります。グループ化と集計値を取得する基本的なSQL文の記述方法として、しっかり覚えてください。

(4-1-9) グループ化して合計値を取得する

```
1  SELECT product_id, SUM(qty) AS sum_qty
2  FROM impress_sweets.s_4_1_a
3  GROUP BY product_id
```

結果テーブル

行	product_id ▼	sum_qty
1	C	3
2	A	1
3	B	7

[product_id] フィールドでグループ化し、[qty]
の合計値を [sum_qty] として取得できた

● STEP UP ●

SELECT句のフィールド名を省略すると？

　GROUP BYの構文における注意点として、「グループ化をしていない」フィールドをSELECT句に指定してはいけない、と述べました。では逆に、「グループ化をしている」フィールドをSELECT句に指定しなかったら、どうなるのでしょうか？

　以下のSQL文 [4-1-10] では、GROUP BY句で [product_id] フィールドを指定していますが、SELECT句には [product_id] がありません。しかし、エラーにはならず、その下に記載した通りの結果テーブルが返ってきます。

　ただし、グループ化したフィールド（ここでは [product_id]）が結果テーブルに表示されないため、[sum_qty] の「3」「1」「7」といった値が何を意味しているのかが分かりません。一見、役に立たないように思えますが、実はこのような記述方法にも利用価値があります。詳しくはCHAPTER 6で解説するので、お楽しみに。

4-1-10 SELECT句のフィールド名を省略する

```
1   SELECT SUM(qty) AS sum_qty
2   FROM impress_sweets.s_4_1_a
3   GROUP BY product_id
```

結果テーブル

行	sum_qty ▼
1	3
2	1
3	7

エラーにはならないが、グループ化の基準にした [product_id] フィールドが表示されない

SECTION

4-2 集計関数

> グループ化の構文の中でも登場した「集計関数」について、本節で学んでいきましょう。合計値を取得するSUM関数以外にも多くの関数があり、マスターすることで分析の幅が広がります。

グループ化と組み合わせて分析を行うために必須

データの個数や値の合計、平均などの集計を行う集計関数は、前節で解説したグループ化と組み合わせて分析を行うために欠かせない機能です。

まずは以下の表［4-2-1］に記載した、BigQueryで利用できる基本的な集計関数をマスターしてください。いずれも関数名に続けて、引数を半角カッコ「()」で囲んで指定します。

4-2-1 基本的な集計関数

構文	機能
COUNT(*)	グループ内のレコード数を数える
COUNT(フィールド名)	グループ内の値の個数を数える
COUNT(DISTINCT フィールド名)	グループ内のユニークな値の個数を数える
SUM(フィールド名)	該当フィールドのグループ内の値を合計する
AVG(フィールド名)	該当フィールドのグループ内の値の平均を返す
MAX(フィールド名)	該当フィールドのグループ内の最大値を取得する
MIN(フィールド名)	該当フィールドのグループ内の最小値を取得する

　また、本節での集計関数の動作を確認するための小さなテーブルとして、以下の［4-2-2］をSQL文の実行対象として想定します。この［s_4_2_a］テーブルには次のような特徴があります。以降で実際にグループ化と集計を行うSQL文と実行結果を見ていきましょう。

● [user_id] フィールドには「A」「B」「C」の3つの値がある。つまり、3人のユーザーがいる
● 1人のユーザーに対して3レコードずつ、全部で9レコードがある
● 1人のユーザーが同一の商品、例えば「クッキー」を複数回購入することがある
● [product] および [qty] フィールドには「null」となっているレコードがある

4-2-2　集計関数の対象とするテーブル

s_4_2_a

user_id	product	qty
A	クッキー	1
A	クッキー	2
A	ショートケーキ	6
B	ショートケーキ	null
B	null	2
B	ショートケーキ	6
C	null	0
C	ショートケーキ	2
C	ゼリー	4

演習用テーブル以外の「小さなテーブル」を利用するのは、人間が目で見て関数の挙動を理解するためです。いきなり大きなテーブルに関数を適用すると、挙動や正しさが検証できないため、学習には向いていません。

データの個数を数えるCOUNT関数

COUNT関数は文字通り「数える」ための関数で、構文は「COUNT()」です。半角カッコ内に記述する引数は、[4-2-1]で示した通り「*」「フィールド名」「DISTINCT フィールド名」の3つがあります。

1つ目の「COUNT(*)」を使ったSQL文の記述例は、以下の[4-2-3]となります。[user_id]フィールドを基準にグループ化して、それぞれのレコード数を[records]として取得する、という意味です。

結果テーブルは下に記載の通り、3人のユーザーとも[records]の値が「3」となり、それぞれ3レコードあることが分かります。[product]や[qty]に「null」があってもお構いなしに、レコード数を返します。

4-2-3 グループ化してレコード数を取得する

```
1    SELECT user_id, COUNT(*) AS records
2    FROM impress_sweets.s_4_2_a
3    GROUP BY user_id
```

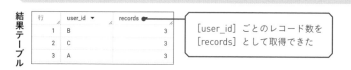

結果テーブル

行	user_id ▼	records
1	B	3
2	C	3
3	A	3

[user_id]ごとのレコード数を[records]として取得できた

2つ目の「COUNT(フィールド名)」を使ったSQL文は、次ページの[4-2-4]となります。COUNT関数の引数として[product]を指定したことで、[user_id]ごとに何種類の[product]を購入したかを調べることができます。結果テーブルからは、次に挙げることが分かります。

1. [user_id]が「A」のユーザーが購入したのは「クッキー」「クッキー」「ショートケーキ」で[product_count]の値は「3」。つまり、同一の[product]があってもカウントする

2. ［user_id］が「B」のユーザーが購入したのは「ショートケーキ」「ショートケーキ」「null」で［product_count］の値は「2」。つまり、同一の［product］はカウントしても「null」はカウントしない

3. ［user_id］が「C」のユーザーの結果からも上記 **1**、**2**を確認できる

4-2-4　グループ化して値の個数を取得する

```
SELECT user_id, COUNT(product) AS product_count
FROM impress_sweets.s_4_2_a
GROUP BY user_id
```

結果テーブル

行	user_id ▼	product_count
1	A	3
2	B	2
3	C	2

［user_id］ごとの［product］の個数を［product_count］として取得できた

ここで学んでいるCOUNT関数は、非常によく使われます。「レコード数」「値の個数」「ユニークな値の個数」のどの値を取得するのかで結果も意味も変わるので、気をつけながら使いましょう。

「COUNT(*)」はレコード数を数える構文だから、同一の値や「null」も含むんですね。「COUNT(フィールド名)」は値の個数を数える構文だから、同一の値は含むけど「null」はカウントしない、ということですね。

　3つ目の「COUNT(DISTINCT フィールド名)」ですが、「DISTINCT」は英語で「別個の」という意味があります（SECTION 3-1を参照）。この構文を利用したSQL文は以下の［4-2-5］となり、［user_id］フィールドごとに、何種類のユニークな［product］を購入したかを、固有の値のみを数えて［unique_product_count］として取得します。

　結果テーブルからは、次に挙げることが分かります。

1. ［user_id］が「A」のユーザーが購入したのは「クッキー」「クッキー」「ショートケーキ」で［unique_product_count］の値は「2」。つまり、同一の［product］はカウントに加わらない
2. ［user_id］が「B」のユーザーが購入したのは「ショートケーキ」「ショートケーキ」「null」で［unique_product_count］の値は「1」。つまり、同一の［product］はカウントに加わらず、「null」もカウントしない
3. ［user_id］が「C」のユーザーの結果からも上記1、2を確認できる

4-2-5　グループ化して固有の値の個数を取得する

```
1  SELECT user_id, COUNT(DISTINCT product)
2  AS unique_product_count
3  FROM impress_sweets.s_4_2_a
4  GROUP BY user_id
```

結果テーブル

行	user_id ▼	unique_product_count
1	A	2
2	B	1
3	C	2

［user_id］ごとの固有の［product］の個数を［unique_product_count］として取得できた

● STEP UP ●

Web解析でのCOUNT関数の使い分け

「COUNT(フィールド名)」と「COUNT(DISTINCT フィールド名)」の使い分けについて、Web解析における利用例を紹介しましょう。例えば、ユーザーを区別する［user_id］と、そのユーザーが閲覧したWebページのURLが格納されている［page］という、2つのフィールドからなるテーブルがあるとします。

　ユーザー別のページビュー数であれば、［user_id］でグループ化したうえで「COUNT(page)」を利用するのが適切です。その場合、ページビュー数はどのようなページを見ても構わないので、トップページを2回見たケースでは「2」とカウントされます。

　一方、［user_id］でグループ化したうえで「COUNT(DISTINCT page)」を利用した場合、ユーザーごとの閲覧したページの種類数を表すことになります。トップページを2回見たケースでは「1」とカウントされます。

　一般的にユーザーは同一のページを複数回見ることがあるので、「COUNT(page)」と「COUNT(DISTINCT page)」の値は相当に異なります。どちらの値を入手したいのか、意識して使い分けることが必要です。

GA4ではBigQueryにWebログがエクスポートできるので、Web解析に取り組む人がSQLを書くことを求められる、あるいはSQLで分析したくなる機会は増えていくはずです。演習用の［web_log］テーブルはGA4がエクスポートするテーブルを意識して作成しており、同テーブルを利用してWebログに対するSQLを学ぶことには意義があります。

合計値、平均値、最大値、最小値を取得する関数

今度は、前掲の［4-2-2］で示したテーブルを元に、ユーザーごとの販売個数の合計値、平均値、最大値、最小値をまとめて取得してみましょう。［user_id］フィールドでグループ化し、［qty］を**SUM関数**、**AVG関数**、**MAX関数**、**MIN関数**で集計したうえで、それぞれの結果に別名を付けます。

実行するSQL文は、以下の［4-2-6］の通りです。

4-2-6 合計値、平均値、最大値、最小値を取得する

```
1   SELECT user_id
2   , SUM(qty) AS sum_qty
3   , AVG(qty) AS avg_qty
4   , MAX(qty) AS max_qty
5   , MIN(qty) AS min_qty
6   FROM impress_sweets.s_4_2_a
7   GROUP BY user_id
```

結果テーブル

行	user_id	sum_qty ▼	avg_qty ▼	max_qty ▼	min_qty ▼
1	A	9	3.0	6	1
2	B	8	4.0	6	2
3	C	6	2.0	4	0

> 合計値、平均値、最大値、最小値を別名を付けたフィールドで取得できた

上記の結果テーブルからは、次に挙げることが分かります。

▶SUM関数

1. ［user_id］が「A」のユーザーが購入した個数は「1」「2」「6」で、［sum_qty］の値は「9」

2. ［user_id］が「B」のユーザーが購入した個数は「6」「null」「2」だが、［sum_qty］の値は「8」。つまり「null」は合計に入らない

▶ AVG関数

1. [user_id] が「A」のユーザーが購入した個数は「1」「2」「6」で、[avg_qty] の値は9÷3＝「3.0」

2. [user_id] が「B」のユーザーが購入した個数は「6」「null」「2」だが、[avg_qty] の値は8÷2＝「4.0」。つまり「null」は分母に入らない

3. [user_id] が「C」のユーザーが購入した個数は「0」「2」「4」で、[avg_qty] の値は6÷3で「2.0」。つまり「0」は分母に入る

▶ MAX関数

1. [user_id] が「A」のユーザーが購入した個数は「1」「2」「6」で、[max_qty] の値は「6」

2. [user_id] が「B」のユーザーが購入した個数は「6」「null」「2」で、[max_qty] の値は「6」。つまり「null」は対象にならない

3. [user_id] が「C」のユーザーが購入した個数は「0」「2」「4」で、[max_qty] の値は「4」

▶ MIN関数

1. [user_id] が「A」のユーザーが購入した個数は「1」「2」「6」で、[min_qty] の値は「1」

2. [user_id] が「B」のユーザーが購入した個数は「6」「null」「2」で、[min_qty] の値は「2」。つまり「null」は対象にならない

3. [user_id] が「C」のユーザーが購入した個数は「0」「2」「4」で、[min_qty] の値は「0」

グループ化せずに集計関数を利用する

　GROUP BYを利用しない、つまり特定のフィールドでグループ化せずに、集計関数を使って各種集計値を取得することもできます。その場合、テーブル全体が対象となります。

　例えば、次ページのSQL文 [4-2-7] を見てください。テーブル全体におけるレコード数、[product] フィールドの値の個数、[product] の固有の値の

個数、[qty] の合計値、平均値、最大値、最小値のそれぞれを、別名を付けたフィールドで取得します。

　このテクニックは、SQL文の実行対象となるテーブルに、データが適切に格納されているかのアタリをつけたいときに役立ちます。結果テーブルを見ると、レコード数や合計値・平均値などから、テーブルのおおまかな全体像を捉えられるのではないでしょうか。

4-2-7 グループ化せずに各種集計値を取得する

```
1  SELECT COUNT(*) AS count_row
2  , COUNT(product) AS count_product
3  , COUNT(DISTINCT product) AS count_unique_product
4  , SUM(qty) AS sum_qty
5  , AVG(qty) AS avg_qty
6  , MAX(qty) AS max_qty
7  , MIN(qty) AS min_qty
8  FROM impress_sweets.s_4_2_a
```

結果テーブル

行	count_row	count_product	count_unique_product	sum_qty	avg_qty	max_qty	min_qty
1	9	7	3	23	2.875	6	0

テーブル全体を対象とした各種集計値を取得できた

　もう1つ例を挙げましょう。[sales] テーブルには、2021年から2023年までの販売データが格納されているはずだとします。このテーブルに、その期間以外のデータが紛れ込んでいないかをすばやく確認するには、次ページの [4-2-8] のようなSQL文が有効です。最も古い日付（最小値）と最も新しい日付（最大値）を探し出し、意図通りのデータになっているかが分かります。

4-2-8　最大値と最小値をすばやく取得する

```
SELECT MIN(date_time) AS oldest_date_time
, MAX(date_time) AS newest_date_time
FROM impress_sweets.sales
```

グループ化と集計を絞り込みや並べ替えと同時に使う

GROUP BYによるグループ化と集計を、これまで学んだSQLの句と組み合わせて、どのようなことができるかを見ていきましょう。

以下のSQL文［4-2-9］では、演習用の［customers］テーブルを1990年代以前に生まれたユーザーに絞り込んだうえで、都道府県でグループ化し、それぞれの都道府県別でユーザー数をカウントしてから、ユーザー数の多い順に並べ替えて取得しています。

4-2-9　グループ化と集計関数をほかの句と組み合わせる①

```
SELECT prefecture, COUNT(DISTINCT customer_id) AS users
FROM impress_sweets.customers
WHERE birthday <= "1999-12-31"
GROUP BY prefecture
ORDER BY 2 DESC
```

結果テーブル

行	prefecture ▼	users
1	東京	103
2	神奈川	24
3	大阪	21
4	埼玉	20
5	千葉	19

WHERE句で絞り込んだうえで、［prefecture］でグループ化した［customer_id］のユニークな数（ユーザー数）を取得できた

意図通り、[prefecture] フィールドの値ごとにグループ化され、[customer_id] のユニークな値の個数を集計できました。みなさんもBigQueryで実行すると、同じ結果テーブルが表示されると思います。

このとき、**WHERE句、GROUP BY句、ORDER BY句の順序を間違えるとエラー**になります。最初のうちはGROUP BY句を最後に記述してしまうこともあると思いますが、たくさんのSQL文を記述するうちに身についていきます。章末の確認ドリルを解くなどして慣れていってください。

もう1つ、組み合わせの例を見てみましょう。以下のSQL文 [4-2-10] では、[sales] テーブルを対象に、定価で販売された商品ID「1」と「2」だけに絞り込んだうえで、[user_id] と [product_id] の2つのフィールドでグループ化し、さらに [revenue] の平均値が多い順に並べ替えたうえで、上位5レコードだけを取得しています。

(4-2-10) グループ化と集計関数をほかの句と組み合わせる②

```
1  SELECT user_id, product_id, AVG(revenue) AS avg_revenue
2  FROM impress_sweets.sales
3  WHERE is_proper IS TRUE AND product_id IN (1,2)
4  GROUP BY user_id, product_id
5  ORDER BY avg_revenue DESC
6  LIMIT 5
```

結果テーブル

行	user_id ▼	product_id ▼	avg_revenue ●
1	19156	2	8800.0
2	14328	1	8000.0
3	17696	2	6600.0
4	17264	2	6600.0
5	16713	2	6600.0

WHERE 句で絞り込んだレコードを対象に、2つのフィールドでグループ化した [revenue] の平均値を取得できた

　複数のフィールドでグループ化したいときは、基本的にそれらのフィールド
をSELECT句とGROUP BY句の両方に記述することがポイントです。
　なお、結果テーブルはSELECT句に記述するフィールドの順序に従って表示
されますが、GROUP BY句に記述するフィールドの順序は結果に影響しません。
以下の記述方法は、どちらも同じ結果になります。

```
GROUP BY user_id, product_id
GROUP BY product_id, user_id
```

◈ STEP UP ◈

高度な集計を可能にする「統計集計関数」

　本節で紹介した集計関数よりも高度な集計関数として、CHAPTER 7
でも登場する「統計集計関数」に分類される関数群があります。代表的
なものは、データの散らばりの度合いを表す指標の1つである「標準偏
差」を求める関数で、以下の表［4-2-11］に記載しました。
　SQL文における利用方法としては、SUM関数やAVG関数と同じく関
数名として「STDDEV_POP」や「STDDEV_SAMP」を記述して、半角
カッコ内にフィールド名を指定します。

4-2-11　標準偏差を求める関数

構文	機能
STDDEV_POP(フィールド名)	データの全数である母集団から標準偏差を求める
STDDEV_SAMP(フィールド名)	母集団から一部を取得したサンプルから標準偏差を求める

　ここでは演習用の［sales］テーブルを対象に、STDDEV_POP関数を利用して標準偏差を取得してみます。例えば、［product_id］フィールドの値が「1」と「2」の商品では、どちらも1回の注文で1個だけ売れたり2個売れたり、4個売れたりと、購入された個数に散らばりがあります。このとき、どちらの商品の個数のほうが散らばりの度合いが大きいのかを、標準偏差で求められます。

　SQL文と結果テーブルは以下の［4-2-12］の通りです。

（ 4-2-12 ）**母集団から標準偏差を求める**

```
1   SELECT product_id
2   , STDDEV_POP(quantity) AS stddev_qty
3   FROM impress_sweets.sales
4   WHERE product_id IN (1, 2)
5   GROUP BY product_id
```

結果テーブル

行	product_id ▼	stddev_qty ▼
1	1	0.575925062697…
2	2	0.550938845014…

［product_id］が「1」と「2」の商品について、販売個数の標準偏差が求められた

　「1」の商品のほうが、販売個数のバラつきがやや大きいということが分かります。もし、個数の分布が正規分布に近ければ、「平均±（2×標準偏差）」に約95%のデータが含まれるため、極端に高額な注文を見つけたいときなどに利用できます。

　例えば、平均が1.5個で、標準偏差が0.5個だった場合、1.5－2×0.5＝0.5個、1.5＋2×0.5＝2.5個となり、データの95%が0.5個から2.5個の間に分布します。すると、3個購入された注文があった場合、極めて珍しいケースだという判断につながります。

4-3 集計結果の絞り込み

今度は、グループ化した集計結果を絞り込むのですね。すでに学習したWHERE句を使うのでしょうか？

いえ、集計結果の絞り込みに、WHERE句は使えないのです。新しく「HAVING」句を覚えてください

集計結果の絞り込みにWHERE句は使えない

　元のテーブルを特定のフィールドでグループ化し、合計や個数などを集計した結果を「値が○以上」などの条件で絞り込みたいことがあります。結論からいうと、グループ化したフィールドの絞り込みにWHEREは使えません。ここで学ぶ「**HAVING**」という命令を利用します。

　具体例で説明しましょう。以下の［4-3-1］は、演習用の［customers］テーブルを［prefecture］フィールドでグループ化し、［customer_id］に格納されているユニークな値の個数を集計するSQL文と結果テーブルです。

（ 4-3-1 ） グループ化して固有の値の個数を取得する

```
SELECT prefecture, COUNT(DISTINCT customer_id) AS users
FROM impress_sweets.customers
GROUP BY prefecture
ORDER BY 2 DESC
```

結果テーブル（一部）

行	prefecture ▼	users ▼
1	東京	113
2	神奈川	27
3	大阪	23
4	千葉	22
5	埼玉	21
6	北海道	19

> ［prefecture］フィールドでグループ化し、COUNT関数で固有の値の個数を集計した値を取得できた

> 集計値は別名を付けた［users］フィールドに格納し、降順で並べ替えている

　この結果テーブルに対して、［users］フィールドの値が「20」以上の都道府県だけに絞り込むことを考えます。CHAPTER 3で学んだWHEREを使って、以下の［4-3-2］、または［4-3-3］のSQL文を記述すればよいと思うかもしれません。しかし、実際にはいずれもエラーとなります。

4-3-2 集計結果を絞り込む（誤用例①）

```
1   SELECT prefecture, COUNT(DISTINCT customer_id) AS users
2   FROM impress_sweets.customers
3   GROUP BY prefecture
4   WHERE users >= 20
5   ORDER BY 2 DESC
```

4-3-3 集計結果を絞り込む（誤用例②）

```
1   SELECT prefecture, COUNT(DISTINCT customer_id) AS users
2   FROM impress_sweets.customers
3   WHERE users >= 20
4   GROUP BY prefecture
5   ORDER BY 2 DESC
```

　[4-3-2] では4行目にWHERE句がありますが、「WHERE句を書く場所はここではありません」という文法エラー（Syntax error）が表示されます。WHERE句とGROUP BY句を同時に使うことは可能ですが、WHERE句を先に記述する、という決まりがあるからです。

　しかし、[4-3-3] のようにWHERE句をGROUP BY句よりも先に記述しても、今度は [users] フィールドを認識できない（Unrecognized name）というエラーが表示されます。その理由は、SQLの内部的な処理の順序として、**WHERE句で指定した命令が、GROUP BY句によるグループ化よりも先に行われる**からです。

　WHERE句が実行された時点では、まだグループ化が行われていないため [users] フィールドが存在せず、エラーとなってしまいます。

HAVING句で条件を指定して集計結果を絞り込む

　そこで利用するのがHAVINGです。[4-3-1] の結果テーブルを、[users] フィールドの値が「20」以上の都道府県だけに絞り込む正しいSQL文は、以下の [4-3-4] となります。

　4行目のHAVING句で「users >= 20」と、絞り込むための条件を指定しています。実際にクエリエディタで実行すると、次ページと同じ結果テーブルが取得できるはずです。

(4-3-4) 集計結果を絞り込む

```
SELECT prefecture, COUNT(DISTINCT customer_id) AS users
FROM impress_sweets.customers
GROUP BY prefecture
HAVING users >= 20
ORDER BY 2 DESC
```

結果テーブル	行	prefecture ▼	users ▼
	1	東京	113
	2	神奈川	27
	3	大阪	23
	4	千葉	22
	5	埼玉	21

[users] フィールドの値が「20」以上の [prefecture] に絞り込めた

とはいえ、WHERE句の代わりとしてHAVING句を使うわけではなく、同時に使うこともできます。例えば、**WHERE句で絞り込んだあとにグループ化し、その集計結果をHAVING句で絞り込む**、といった処理は成立します。以下のSQL文［4-3-5］を見てください。

3行目にWHERE句があり、[gender] フィールドの値が「2」(女性) に合致するレコードだけに絞り込んでいます。その次の4行目でグループ化を実行し、5行目のHAVING句で [users] フィールドの値が「20」以上という条件を指定しました。「都道府県別の女性顧客数を取得し、20人以上に絞り込んで表示する」という、意図通りの結果テーブルが取り出せています。

(4-3-5) WHERE句とHAVING句を併用する

```
1   SELECT prefecture, COUNT(DISTINCT customer_id) AS users
2   FROM impress_sweets.customers
3   WHERE gender = 2
4   GROUP BY prefecture
5   HAVING users >= 20
6   ORDER BY 2 DESC
```

結果テーブル	行	prefecture ▼	users ▼
	1	東京	94
	2	神奈川	22

[gender] フィールドで絞り込んだあとにグループ化し、[users] フィールドの値が「20」以上の [prefecture] に絞り込めた

● STEP UP ●

SQLの各句が実行される順序

　グループ化した集計結果をWHERE句で絞り込めない理由として、「SQLの内部的な処理の順序」を挙げました。これまでに学んだSELECT、FROM、ORDER BY、LIMIT、WHERE、GROUP BY、HAVINGの各句が実行される順序をまとめると、以下の図 [4-3-6] のようになります。

　これを丸暗記する必要はありませんが、「なぜ、このSQL文がエラーになるのか？」と疑問に思ったときに参照すると、その理由が分かることも多いものです。参考にしてください。

4-3-6 各句の実行順序

 FROM　　SQLを実行するテーブルを特定する

↓

 WHERE　　条件に照らし、どのレコードを対象とするかを決める

↓

 GROUP BY　　グループ化が指定されていれば、グループ化する

↓

 HAVING　　条件に照らし、どのグループを取得対象とするかを決める

↓

 SELECT　　取得する列を決める

↓

 ORDER BY　　表示する順序を決める

↓

LIMIT　　表示するレコード数を決める

SECTION

4-4 柔軟なグループ化

データ分析の実務では、これまでの例よりも、もっと柔軟に分類したいことがあります。例えば、都道府県別のデータを都道府県そのものではなく、「一都三県」といった括りで分類したいケースです。

30歳から39歳の顧客を「30代顧客」として、販売金額の平均を取得したいといったケースもありそうです。どのようにするのですか？

「IF」や「CASE」などの条件式に合致するかどうかで、元の値を別の値に「変形」し、変形した値を格納するフィールドでグループ化します。

値そのものではなく、任意の分類でグループ化する

　本章ではここまで、SQLによる分析、つまり「分類して、比較する」ことの「分類」がGROUP BY句で行えること、「比較」は関数を利用した合計や平均などの集計値で行えることを説明してきました。そして、「分類」は基準としたフィールドの値によって行いました。

　しかし、実務上の分析においては、これまでに学んだグループ化よりも、もっと柔軟に（自由に）グループ化したい場面があります。

　例えば、次ページの [4-4-1] では、[prefecture] フィールドの値を「東京」「大阪」「千葉」「神奈川」といった値そのもので分類しています。そうではなく、[4-4-2] の「一都三県」と「一都三県以外」のように、分析意図にあわせたグループで比較したいケースもあるはずです。

　ほかにも、[birthday] フィールドの値に着目し、顧客を「平成以降生まれ」と「昭和以前生まれ」といった分類で比較したいケースもあるでしょう。このように、テーブルの各フィールドに格納されている値そのものでグループ化するのではなく、一定の条件に基づき、任意の分類でグループ化することを、本節では「柔軟なグループ化」と表現しています。

4-4-1 値そのものでのグループ化

user_id	prefecture
A	東京
B	千葉
C	大阪
D	東京
E	神奈川
F	大阪
G	東京

prefecture	users
東京	3
大阪	2
千葉	1
神奈川	1

[prefecture] フィールドでグループ化した

[prefecture] の値そのもの（都道府県）で分類される

4-4-2 任意の分類でのグループ化

user_id	prefecture
A	東京
B	千葉
C	大阪
D	東京
E	神奈川
F	大阪
G	東京

prefecture	users
一都三県	5
一都三県以外	2

任意の分類でグループ化した

「東京」「千葉」「神奈川」は「一都三県」に分類するなど、柔軟なグループ化が可能になる

IF構文を利用して2つの分類でグループ化する

　こうした自由なグループ化のために利用するのが、本節で学ぶ「IF」と「CASE」の構文です。まず、2つの分類でグループ化するIFの構文は、次ページの [4-4-3] のようになります。ExcelのIF関数と似ているので、スムーズに理解できるのではないでしょうか。

(4-4-3) IFの構文

```
1   IF（条件式，TRUEの場合の値，FALSEの場合の値）
```

このIF文とGROUP BY句、集計関数を組み合わせることで、任意のグループで集計した値を結果テーブルで比較できるようになります。以下のSQL文 [4-4-4] では、[customers] テーブルの [birthday] フィールドを利用して「平成以降生まれ」と「昭和以前生まれ」にグループ化し、それぞれについて [customer_id] の固有の個数を集計することで顧客数を比較しています。

2〜3行目にあるIF文に注目してください。「birthday >= "1989-01-08"」を条件式とし、その結果が真（TRUE）の場合は「平成以降生まれ」、偽（FALSE）の場合は「昭和以前生まれ」に分類するよう記述しています。

この結果はAS句により、「era」という別名を付けたフィールドに格納されます。さらに、6行目にあるGROUP BY句で「era」を指定し、グループ化が実行されるという仕組みです。

(4-4-4) 任意の2グループで集計する

```
1   SELECT
2   IF (birthday >= "1989-01-08"
3   , "平成以降生まれ", "昭和以前生まれ") AS era
4   , COUNT(DISTINCT customer_id) AS users
5   FROM impress_sweets.customers
6   GROUP BY era
```

結果テーブル

行	era ▼	users ▼
1	昭和以前生まれ	307
2	平成以降生まれ	190

[era] フィールドを2グループに分類し、集計値を取得できた

　IF文の条件式には、SECTION 3-3で学んだ演算子であるAND（かつ）とOR（または）も利用できます。

　以下のSQL文［4-4-5］では、［prefecture］フィールドを対象とした条件式をORでつなげることにより、「東京」「神奈川」「千葉」「埼玉」のいずれかに合致するなら「一都三県」、それ以外に合致するなら「一都三県以外」にグループ化するように指定しています。

4-4-5　任意の2グループで集計する（ORを利用）

```
SELECT
IF (prefecture = "東京"
OR prefecture = "神奈川"
OR prefecture = "埼玉"
OR prefecture = "千葉", "一都三県", "一都三県以外")
AS pref_group
, COUNT(DISTINCT customer_id) AS users
FROM impress_sweets.customers
GROUP BY pref_group
```

結果テーブル

行	pref_group ▼	users ▼
1	一都三県以外	314
2	一都三県	183

［pref_group］フィールドを2グループに分類し、集計値を取得できた

　上記ではあえてORを利用し、複数条件が指定できることを示しましたが、たくさんの条件をORでつなぐのは大変です。これを回避するため、SECTION 3-3で学んだIN演算子を使って「IF((prefecture IN ("東京", "神奈川", "埼玉", "千葉")) IS TRUE, "一都三県", "一都三県以外")」としてもよいでしょう。

さらに、同じくIS NULL演算子を、IF文の条件式に利用することもできます。以下のSQL文［4-4-6］では、誕生日が「null」かどうかをIS NULL演算子で判定し、「未登録」「登録済」に分類します。

4-4-6 任意の2グループで集計する（IS NULLで判定）

```
1   SELECT
2   IF (birthday IS NULL, "未登録", "登録済")
3   AS birthday_regist
4   , COUNT(DISTINCT customer_id) AS users
5   FROM impress_sweets.customers
6   GROUP BY birthday_regist
```

結果テーブル

行	birthday_regist ▼	users ▼
1	登録済	459
2	未登録	38

［birthday_regist］フィールドを2グループに分類し、集計値を取得できた

CASE構文を利用して3つ以上の分類でグループ化する

続いて、CASEの構文を見ていきましょう。IF文は「条件に当てはまればA、当てはまらなければB」という2グループでの分類でしたが、CASE文は「条件1に当てはまればA、条件2に当てはまればB、条件3に当てはまればC、どれにも当てはまらなければD」というふうに、3グループ以上での分類に利用します。

CASEの構文には、次ページに示した2通りがあることを覚えてください。［4-4-7］では条件を判定したいフィールド名をCASEに続けて記述していますが、［4-4-8］ではフィールド名を使った条件式をWHENのあとに記述している、という違いがあります。

4-4-7 CASEの構文①

```
CASE   グループ化するフィールド名
WHEN   条件を判定したい値 THEN 該当した場合の値
WHEN   条件を判定したい値 THEN 該当した場合の値
WHEN   条件を判定したい値 THEN 該当した場合の値
ELSE   いずれにも該当しない場合の値
END
```

4-4-8 CASEの構文②

```
CASE
WHEN   判定したい条件式 THEN 該当した場合の値
WHEN   判定したい条件式 THEN 該当した場合の値
WHEN   判定したい条件式 THEN 該当した場合の値
ELSE   いずれにも該当しない場合の値
END
```

　CASE文の利用例として、[prefecture] フィールドの値が「東京」「神奈川」であれば「関東主要都県」、「大阪」「京都」「兵庫」であれば「関西主要府県」、それ以外の都道府県であれば「その他」と、合計3つのグループに分類するケースを考えてみます。

　次ページの [4-4-9] は構文①、[4-4-10] は構文②で記述しています。いずれの構文で記述しても、結果テーブルは [4-4-9] のSQL文の下に示した通りとなります。[prefecture_group] と別名を付けたフィールドに3つのグループが行として存在し、[customer_id] の固有の値の個数を集計した [users] フィールドの降順で並んでいることが分かります。

4-4-9 都道府県を任意の3グループで集計する（構文①）

```
1   SELECT
2   CASE prefecture
3   WHEN "東京" THEN "関東主要都県"
4   WHEN "神奈川" THEN "関東主要都県"
5   WHEN "大阪" THEN "関西主要府県"
6   WHEN "京都" THEN "関西主要府県"
7   WHEN "兵庫" THEN "関西主要府県"
8   ELSE "その他"
9   END AS prefecture_group
10  , COUNT(DISTINCT customer_id) AS users
11  FROM impress_sweets.customers
12  GROUP BY prefecture_group
13  ORDER BY 2 DESC
```

結果テーブル

行	prefecture_group ▼	users ▼
1	その他	320
2	関東主要都県	140
3	関西主要府県	37

[prefecture_group] フィールドを3グループに分類し、集計値を取得できた

4-4-10 都道府県を任意の3グループで集計する（構文②）

```
1   SELECT
2   CASE
3   WHEN prefecture = "東京" THEN "関東主要都県"
4   WHEN prefecture = "神奈川" THEN "関東主要都県"
5   WHEN prefecture = "大阪" THEN "関西主要府県"
6   WHEN prefecture = "京都" THEN "関西主要府県"
```

```
WHEN prefecture = "兵庫" THEN "関西主要府県"
ELSE "その他"
END AS prefecture_group
, COUNT(DISTINCT customer_id) AS users
FROM impress_sweets.customers
GROUP BY prefecture_group
ORDER BY 2 DESC
```

　このような都道府県のグループ化では、CASE文は構文①、構文②のどちらでも成立します。よりシンプルに記述できる構文①のほうが望ましく、構文②の必要性は感じられないかもしれません。

　ここで、別の例を挙げて②の構文の必要性を説明しましょう。例えば、[birthday]フィールドの値が2000年1月1日以降生まれなら「2000年代生まれ」、1990年1月1日以降生まれなら「1990年代生まれ」、1980年1月1日以降生まれなら「1980年代生まれ」、それより昔なら「1970年代以前生まれ」と分類するケースを考えてみましょう。

　構文①で記述すると以下のSQL文［4-4-11］となりますが、これは3〜6行目にわたって文法エラーとなります。一方、構文②で記述すると次ページのSQL文［4-4-12］となり、意図した通りの結果テーブルが返ってきます。

(4-4-11) **誕生日を任意の3グループで集計する（誤用例）**

```
SELECT
CASE birthday
WHEN >= "2000-01-01" THEN "2000年代生まれ"
WHEN >= "1990-01-01" THEN "1990年代生まれ"
WHEN >= "1980-01-01" THEN "1980年代生まれ"
ELSE "1970年代以前生まれ"
END AS era_group
```

```
8      , COUNT(DISTINCT customer_id) AS users
9      FROM impress_sweets.customers
10     GROUP BY era_group
11     ORDER BY 2 DESC
```

(4-4-12) 誕生日を任意の3グループで集計する

```
1      SELECT
2      CASE
3      WHEN birthday >= "2000-01-01" THEN "2000年代生まれ"
4      WHEN birthday >= "1990-01-01" THEN "1990年代生まれ"
5      WHEN birthday >= "1980-01-01" THEN "1980年代生まれ"
6      ELSE "1970年代以前生まれ"
7      END AS era_group
8      , COUNT(DISTINCT customer_id) AS users
9      FROM impress_sweets.customers
10     GROUP BY era_group
11     ORDER BY 2 DESC
```

結果テーブル

行	era_group ▼	users ▼
1	1970年代以前生まれ	222
2	1990年代生まれ	172
3	1980年代生まれ	95
4	2000年代生まれ	8

[era_group] フィールドを
4グループに分類し、集計
値を取得できた

　CASEの構文①と構文②の使い分けは「どのような条件式にするか」によっ
て決まります。端的にいうと、**単純な「等しい」以外の条件では構文②となる**
のですが、次ページのように考えるとよいでしょう。

●特定の値と等しい
　⇒構文①を利用する

●特定の値より大きい・小さい
●複数の特定の値に合致する（IN演算子で記述）
●特定の2つの値の間にある（BETWEEN演算子で記述）
　⇒構文②を利用する

　上記の通り、構文②のほうが柔軟に分類できるため、実務上は構文②を利用することが多いです。

⊘ STEP UP ⊘

CASE文の条件式は順序も重要

　CASE文の例として、誕生日を基準に「2000年代生まれ」などのグループに分類する方法を紹介しました。このCASE文は構文②に従い、WHENに続く条件式を「birthday >= "2000-01-01"」のように記述しますが、その順序にも注意する必要があります。

　以下のSQL文［4-4-13］はCASE文だけを抜粋したものです。2～5行目の条件式が、正しい順序で記述されています。

(4-4-13) 正しい順序で条件式を記述したCASE文

```
1   CASE
2   WHEN birthday >= "2000-01-01" THEN "2000年代生まれ"
3   WHEN birthday >= "1990-01-01" THEN "1990年代生まれ"
4   WHEN birthday >= "1980-01-01" THEN "1980年代生まれ"
5   ELSE "1970年代以前生まれ"
6   END
```

CASE文の条件式は上から順に判定され、合致しない場合、次の条件式で判定されます。[4-4-13]では、2行目の条件式に合致したら「2000年代生まれ」、合致しなかったら3行目の条件式が判定され、合致すれば「1990年代生まれ」、合致しなければ4行目の条件式が判定され……となります。

そのため、年代別にグループ化したいとき、条件式も年代の順序で記述しておかないと、正しい結果が得られなくなります。例えば、以下のSQL文[4-4-14]は、条件式が誤った順序で指定されています。

4-4-14 誤った順序で条件式を記述したCASE文

```
1   CASE
2   WHEN birthday >= "2000-01-01" THEN "2000年代生まれ"
3   WHEN birthday >= "1980-01-01" THEN "1980年代生まれ"
4   WHEN birthday >= "1990-01-01" THEN "1990年代生まれ"
5   ELSE "1970年代以前生まれ"
6   END
```

3行目と4行目が逆になっていることに気づいたでしょうか。1990年1月1日生まれのユーザーは、正しくは「1990年代生まれ」としてグループ化されるべきです。しかし、上記のCASE文では、4行目の条件式を判定する前に、3行目の条件式に合致してしまい、「1980年代生まれ」としてグループ化されてしまいます。

このようなミスを避けるために、**WHENに続く条件式は「古い順、または新しい順で記述する」**と覚えておいてください。誕生日だけでなく、販売金額などの連続値を判定するときも同様です。

SECTION

4-5 確認ドリル

問題 006

[customers] テーブルに誕生日が同じユーザーが何人いるか調べてください。結果テーブルは誕生日（birthday）とその誕生日の顧客数（users）の2カラムとし、1つの誕生日に2人以上の顧客がいるレコードに絞り込んで表示してください。

問題 007

[web_log] テーブルから、ユーザーID（user_id）別のページビュー数の合計値を取得してください。ただし、そのページビューはemail経由で発生したものだけとします。結果テーブルは [user_id] と [pageviews] の2カラムとし、[pageviews] が「10」以上のユーザーのみを含めます。[user_id] が「null」のレコードは除外してください。[event_name] が [page_view] に一致する1レコードが1つのページビューです。

問題 008

[customers] テーブルから、プレミアム顧客が最も多い都道府県とプレミアム顧客数を求めてください。結果テーブルは、都道府県名（prefecture）とプレミアム顧客数（users）の2カラムとします。

問題 009

[web_log] テーブルからユーザー別の訪問回数（number_of_visits）を取得してください。結果テーブルは [user_pseudo_id] と [number_of_visits] の2カラムとし、訪問回数が多い順に3ユーザーに絞り込んで表示します。

問題 010

[products] テーブルから、仕入金額（cost）ごとの商品アイテム数を取得してください。仕入金額は「0円以上300円未満」「300円以上600円未満」……と、300円刻みで「900円以上1,200円未満」までを分類して [cost_range] とし、アイテム数は [items] とします。並べ替えは [cost_range] の小さい順としてください。

テーブルの結合と集合演算

ここまでで学んだSQLは、1つのテーブルを対象としたものでした。しかし、実務では顧客・商品・取引といったデータの性質や生成方法に応じた複数のテーブルが存在するのが一般的です。本章では、複数のテーブルを「つなげる」ための構文や、「仮想テーブル」と通常のテーブルを組み合わせて利用する方法を学びます。

SECTION

5-1 複数のテーブルが存在する理由

データベースは通常、複数のテーブルで構成されています。時には非常にたくさんのテーブルが存在するのですが、その理由は分かりますか？

いえ……あらためて考えると分かりません。

最も大きな理由は「メンテナンスが容易になるから」です。本節では、さらに2つに分けて、複数のテーブルが存在する理由を見ていきましょう。

異なる性質のデータを複数のテーブルで管理

SECTION 1-2において、リレーショナルデータベースについて触れたことを覚えているでしょうか。SQLの実行対象となるデータベースは、複数のテーブルが関係性を持って存在しているのが普通です。

それでは、なぜ複数のテーブルが存在しているのかというと、**単一のテーブルで扱うことと比較してメリットがある**からです。大きくは前述の通り、メンテナンスが容易になるためですが、筆者としては、さらに次の2つの理由に分解できると考えています。

1. 異なる性質のデータを扱いやすい
2. 一定期間ごとに集計されたデータを扱いやすい

理由1について掘り下げましょう。例えば、ECサイトの販売データベースでは、格納すべきデータは次ページのような性質に分かれているはずです。

● 誰が買ったのか？　　　⇒顧客データ（氏名や住所など）
● 何を買ったのか？　　　⇒商品データ（商品名やカテゴリなど）
● いくらで買ったのか？　⇒取引データ（販売金額や割引など）

　これらのデータを「大きな単一のテーブル」としてまとめると、以下の［5-1-1］のようになります。顧客・商品・取引に関するすべてのデータが、1つのテーブルにまとまっていることが分かるでしょう。このような大きな単一のテーブルも、存在し得ないわけではありません。
　一方、顧客・商品・取引というデータの性質ごとにテーブルが分かれていると、その下の［5-1-2］のようなイメージになります。

5-1-1　単一の大きなテーブル

すべてのデータが1つのテーブルにまとまっている

注文ID	顧客ID	顧客名	住所	商品ID	商品名	商品カテゴリ	数量	販売金額
1	a123	山田 太郎	東京都○○区○○	x123	チェア	家具	1	59800
2	a124	鈴木 花子	千葉県○○市○○	y123	ノート	文具	3	990

5-1-2　性質が異なる複数のテーブル

データの性質ごとにテーブルが分かれている

取引テーブル

注文ID	顧客ID	商品ID	数量	販売金額
1	a123	x123	1	59800
2	a124	y123	3	990

顧客テーブル

顧客ID	顧客名	住所
a123	山田 太郎	東京都○○区○○
a124	鈴木 花子	千葉県○○市○○

商品テーブル

商品ID	商品名	商品カテゴリ
x123	チェア	家具
y123	ノート	文具

　取引テーブルは時間が経過するにつれ、次々にレコードが増えていく性質を持ちます。対して、顧客テーブルと商品テーブルは取引テーブルに比べると、その内容があまり頻繁には変化しないという性質を持ちます。

　取引テーブルのような性質を持つデータを一般的に「トランザクションデータ」、そのデータを格納するテーブルを「トランザクションテーブル」と呼びます。商品テーブル、顧客テーブルのような性質を持つデータは一般的に「マスタデータ」、そのデータを格納するテーブルを「マスタテーブル」と呼びます。

　ここで覚えておきたいのが、**テーブルが複数に分かれていても、共通するフィールドを利用して、1つのテーブルにつなげられる**ということです。

　[5-1-2]の矢印に注目してください。顧客ごとの取引に関するデータを参照したい場合、[顧客ID]という共通のフィールドを利用すれば、取引テーブルと顧客テーブルをつなげることが可能になります。さらに、[商品ID]を利用して商品テーブルもつなげれば、顧客・商品・取引に関係するすべてのデータがまとまった、[5-1-1]と同じテーブルが完成します。

　つまり、データの関係性が保たれていれば、複数のテーブルを大きな単一のテーブルに作り替えることは難しくありません。そもそも、性質が異なるデータは異なるシステムで管理されていることが多いため、性質ごとに異なるテーブルで管理するほうが合理的、ということもできます。

　逆に、大きな単一のテーブルのみで管理することには、明確なデメリットがあります。例えば、山田太郎さんが東京から大阪に引っ越したり、鈴木花子さんが結婚して姓が変わったりしたケースを想定してみてください。

　それらの変更を単一の大きなテーブルに反映するには、山田さんと鈴木さんが登場するすべての行を修正する必要が出てきます。しかし、複数のテーブルで管理していれば、顧客テーブルの山田さんと鈴木さんの行だけを修正すればよいことになります。取引テーブルや商品テーブルにまで修正が及ぶことはないため、メンテナンスが容易になる、というわけです。

一定期間ごとのデータを複数のテーブルで管理

複数のテーブルが存在する理由2としては、「一定期間ごとに集計されたデータを扱いやすい」ことを挙げました。

みなさんの中には、Yahoo!広告に代表されるWeb広告のデータを扱っている人もいると思います。そうしたデータからBigQueryのテーブルを作成するときには、Yahoo!広告などの管理画面から、月別にCSVファイルをダウンロードすることが多いはずです。すると、以下の［5-1-3］のように、月別に複数のテーブルが存在することになります。

5-1-3 月別に集計された複数のテーブル

月別のデータでテーブルが分かれている

1月テーブル

campaign_name	group_name	impression	click	cost	conversion
AAA	XX	15000	120	30000	6
AAA	YY	12000	350	150000	8
AAA	ZZ	3000	60	20000	3

2月テーブル

campaign_name	group_name	impression	click	cost	conversion
AAA	XX	12000	100	32000	7
AAA	YY	18000	320	120000	12
AAA	ZZ	6500	80	26000	5

また、システムの仕様として、テーブルが分かれて生成されることもあります。例えば、GA4のデータはBigQueryと連携できますが、自動的に日別のテーブルが作成されます。つまり、10日間のデータであれば、BigQuery上に10個のテーブルが生成されることになります。

Web広告やGoogleアナリティクスのデータは、24時間365日、絶えず発生しています。よって、どこかでテーブルを区切らないと、巨大で扱いにくい1

つのテーブルが生成されることになってしまいます。月別・日別でテーブルを分けることは、管理上、合理的なことです。

また、同じシステムから一定期間ごとに生成された複数のテーブルは、**同じスキーマで構成されているため、簡単につなげることが可能です**。日別のテーブルをつなげて月別、月別のテーブルをつなげて四半期別といったように、必要とする範囲のデータを柔軟に抽出できるようになります。

テーブルを横につなぐ、縦につなぐ

データベースに複数のテーブルが存在することは合理的であり、それらを「つなげる」ことも可能である、と解説しました。本章ではテーブルをつなげることについて学んでいきますが、理由1と2で述べたつなぎ方に違いがあることに気づいたでしょうか?

[5-1-2]で示したつなぎ方は、横方向にフィールドが増える、いわば「横につなぐ」方法です。データベースとSQLの世界において、この横につなぐ方法をテーブルの結合、または「**JOIN**」と呼びます。

対して、[5-1-3]では縦方向にレコードが増える、いわば「縦につなぐ」方法です。縦につなぐ方法は「**UNION**」と呼びます。UNIONはテーブル同士の集合演算の一種で、詳しくはSECTION 5-5で学習します。

データ分析の実務においては、JOINとUNIONの両方を使うシーンが多々あります。例えば[5-1-2]で紹介したように、テーブルが3種類存在し、取引テーブルが月ごとに分かれていたとしましょう。「最近3カ月で最も売れた商品を商品名別の販売金額で知りたい」という場合、月別の取引テーブルをUNIONし、商品テーブルとJOINする必要があります。現時点ではイメージしにくいかもしれませんが、次節以降でしっかり学習してください。

5-2 テーブルの結合

 テーブル同士を横につなぐJOINには、処理内容が異なる4つのタイプがあります。簡単なテーブルを例に説明するので、それぞれの処理を覚えてください。

テーブルを結合する4つのタイプ

複数のテーブルが共通して持っているフィールドを利用して、テーブルを横に結合することをJOINと呼びます。JOINには、その「共通して持つフィールド」に格納されている値の重なり、または重なりのなさをどう処理するかによって、以下の表［5-2-1］の4つ（実質的には3つ）のタイプに分かれます。順に見ていきましょう。

5-2-1 テーブル結合のタイプと処理内容

タイプ	処理内容
INNER JOIN （内部結合）	2つのテーブルが共通して持つフィールドの値が重なっているレコードのみを残す
LEFT OUTER JOIN （左外部結合）	先に指定したテーブルを「左側」、後に指定したテーブルを「右側」とし、左側は全レコード、右側は左側と値が重なっているレコードのみを残す
RIGHT OUTER JOIN （右外部結合）	先に指定したテーブルを「左側」、後に指定したテーブルを「右側」とし、右側は全レコード、左側は右側と値が重なっているレコードのみを残す
FULL OUTER JOIN （完全外部結合）	2つのテーブルにある全レコードを残す

2つのテーブルの値が重なっているレコードを残す

「**INNER JOIN**」(内部結合)は、最も基本的なタイプの結合です。まずは以下の[5-2-2]を見てください。JOINする前のテーブルとして「販売テーブル」と「商品マスタテーブル」があります。以降、しばらくはこの2つの小さなテーブルを例に、結合の動作を解説していきます。

この販売テーブルと商品マスタテーブルをINNER JOINで結合すると、線でつないだ先にある下のテーブルになります。2つのテーブルには、共通して持つフィールドとして[product_id]があります。また、[product_id]の値である「B」「C」は、2つのテーブルの両方に存在します。よって、INNER JOINの結果は「B」「C」のレコードのみが残ります。

逆に、[product_id]の値の中でも、販売テーブルの「D」、商品マスタテーブルの「A」は2つのテーブルで重なっていないため、INNER JOINの結果には含まれません。このINNER JOINを実行する意図としては、「商品マスタテーブルに登録されており、かつ、実際に売れた商品のみを取得したい」と表現できるでしょう。

5-2-2) INNER JOINの処理内容

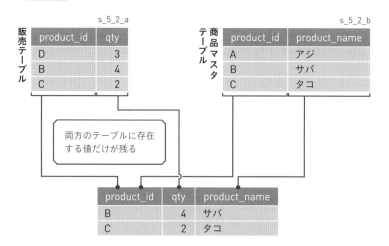

　INNER JOINの処理内容を理解できたところで、次は構文を覚えましょう。
INNER JOINの構文は、以下の［5-2-3］のようになります。FROM句で指
定する、最初に読み込むテーブルの名前を「テーブル名①」、INNER JOIN句
で読み込むテーブルの名前を「テーブル名②」としています。

　重要なのは、その次の4行目です。4行目の「ON」のあとには、結合の条
件を指定します。その際、テーブル①とテーブル②が共通した値と型を持つフ
ィールドを指定する必要があります。

5-2-3) INNER JOINの構文

```
SELECT テーブル名①.フィールド名, テーブル名②.フィールド名
FROM テーブル名①
INNER JOIN テーブル名②
ON テーブル名①.テーブル名①の結合に使うフィールド名
= テーブル名②.テーブル名②の結合に使うフィールド名
```

　今度は、実際のSQL文を見てみましょう。［5-2-2］にあった2つの小さな
テーブルである、販売テーブルの名前を［s_5_2_a］、商品マスタテーブルの
名前を［s_5_2_b］とし、［impress_sweets］データセット内にあることを
前提とします。これらをINNER JOINで結合するSQL文は、次ページの［5-2-
4］となります。

　結合対象の2つのテーブルにおいて、「共通した値と型を持つフィールド」
は［product_id］です。このフィールドのことを「結合キー」と呼び、「［s_5_2_
a］テーブルと［s_5_2_b］テーブルを、［product_id］カラムを結合キーと
して結合する」のような使い方をします。

　［5-2-4］では［product_id］という同じカラム名ですが、列に格納されて
いる内容（値と型）が同じであれば、カラム名は2つのテーブルで異なってい
ても構いません。SQL文の記述にあたっては、構文の通りテーブル名とフィー
ルド名を「.」で区切り、それぞれを「=」でつないでください。

5-2-4 INNER JOINで結合する（ON句を利用）

```
1   SELECT s_5_2_a.product_id
2   , s_5_2_b.product_name, s_5_2_a.qty
3   FROM impress_sweets.s_5_2_a
4   INNER JOIN impress_sweets.s_5_2_b
5   ON s_5_2_a.product_id = s_5_2_b.product_id
```

結果テーブル

行	product_id ▼	product_name ▼	qty ▼
1	B	サバ	4
2	C	タコ	2

2つのテーブルに存在するレコードだけが結果テーブルに残る

　結果テーブルには、販売テーブル［s_5_2_a］と商品マスタテーブル［s_5_2_b］の両方に存在する、［product_id］が「B」と「C」のレコードだけが残ります。INNER JOINを実行した上記のSQL文で注意すべき点を次にまとめるので、記述のルールや省略可能な点などを確認してください。

▶ 1行目
● SELECT句では「テーブル名.フィールド名」という形で、どちらのテーブルからどのフィールドを取得するのかを指定しています。［product_id］フィールドは［s_5_2_a］テーブルから取得していますが、どちらのテーブルから取得しても構いません。
● SELECT句で「s_5_2_a.product_id」（または「s_5_2_b.product_id」）と指定すべきところを、テーブル名を付け忘れて「product_id」としてしまうと、『フィールド名「product_id」は曖昧です』という主旨のエラーになります。これは結合対象の2つのテーブルの両方に［product_id］が存在するため、どちらのテーブルの［product_id］を取得するのかが曖昧になるからです。［product_name］と［qty］には万が一、テーブル名を付け忘れてもエラーにはなりません。［product_name］は［s_5_2_b］テーブルに［qty］は［s_5_2_a］テーブルにしか存在しないためです。

▶ 3行目

● 「INNER JOIN」は「INNER」を省略して「JOIN」だけを記述することも可能です。

▶ 4行目

● ON句で記述した「s_5_2_a.product_id = s_5_2_b.product_id」は、両方のテーブルの［product_id］フィールドの値が一致するレコードを結合させる命令です。

　ここまででJOINの基本的な構文が理解できたと思います。続いて、以下のSQL文［5-2-5］では、実務上非常に高い頻度で使われる、結合するテーブルに別名を使う方法を紹介します。

(5-2-5) INNER JOINで結合する（テーブルの別名を利用）

```
SELECT sls.product_id, mas.product_name, sls.qty
FROM impress_sweets.s_5_2_a AS sls
INNER JOIN impress_sweets.s_5_2_b AS mas
ON sls.product_id = mas.product_id
```

　上記のSQL文は［5-2-4］とまったく同じ結果をもたらしますが、一方で次に挙げる違いがあります。

▶ 2行目、3行目

結合先のテーブルを指定している行では、テーブル名の後ろに記述したAS句で別名を付けています。その結果、［impress_sweets.s_5_2_a］テーブルは［sls］という名前で、［impress_sweets.s_5_2_b］テーブルは［mas］という名前で、それぞれ利用できることになります。この別名により、次ページの2つのメリットを享受できます。

●結合先のテーブルを短い、シンプルな名前で表現できる
●テーブルが格納するデータについて、人間が意味を取りやすい名前を付けられる

　これらのメリットをより具体的にすると、販売状況を格納した［s_5_2_a］テーブルの名前は7文字ありますが、販売（sales）を連想させる［sls］という3文字で利用できます。また、商品マスタである［s_5_2_b］テーブルの名前は、マスタ（master）を連想させる［mas］で利用できます。その結果、1行目のSELECT句でのフィールド指定、4行目のON句での結合キーの指定が、よりシンプルに記述できていることが確認できると思います。

> 別名を付けることで、どのような性質を持つテーブルを結合するのかが理解しやすくなりますね！

> テーブルの結合時には、このような別名を使うのが一般的です。実務でも積極的に利用していきましょう。

　INNER JOINの説明の最後として、別の記述方法を1つ紹介します。結合キー（2つのテーブルが共通して持つフィールド）の名前が同じである場合、ON句の代わりに「**USING**」という命令を使うことができます。
　USING句を利用して［5-2-4］あるいは［5-2-5］を書き換えると、次ページのSQL文［5-2-6］となります。USINGに続いて結合するフィールド名を半角カッコで囲んで記述するだけと、ON句よりもシンプルにできるので、結合対象のテーブルの結合キーが同じカラム名の場合にはおすすめです。
　ON句を利用した場合と、USINGを利用した場合のJOIN結果の違いをイメージすると、［5-2-7］のように図示できます。ON句ではテーブルを指定しないと「どちらのテーブルから取得するのかが曖昧」という趣旨のエラーになる理由がより理解できると思います。

5-2-6 INNER JOINで結合する（USING句を利用）

```
SELECT product_id, qty, product_name
FROM impress_sweets.s_5_2_a
INNER JOIN impress_sweets.s_5_2_b
USING (product_id)
```

5-2-7 ON句とUSING句でのJOIN結果の違い

ON句でフィールドを指定した場合

（販売テーブルの）product_id	（商品マスタテーブルの）product_id	qty	product_name
B	B	4	サバ
C	C	2	タコ

USING句でフィールドを指定した場合

（テーブルを問わない）product_id	qty	product_name
B	4	サバ
C	2	タコ

先に指定したテーブルの値が重なっているレコードを残す

　「**LEFT OUTER JOIN**」（左外部結合）は、FROM句で指定する、先に読み込むテーブルを「左側」、LEFT OUTER JOIN句で指定する、後に読み込むテーブルを「右側」とし、左側は全レコード、右側は左側と共通して持つフィールドの値が重なっているレコードのみを残す結合です。

　結合するフィールドにおいて、左側テーブルに存在し、右側にない値のレコードはすべて「null」になります。例を挙げて説明しましょう。

　次ページの［5-2-8］のうち、上にある2つのテーブルは、INNER JOINの説明で使った［5-2-2］の販売テーブル［s_5_2_a］、および商品マスタテーブル［s_5_2_b］と同じものです。販売テーブルを左側、商品マスタテ

ーブルを右側としてLEFT OUTER JOINで結合すると、線でつないだ先にある下のテーブルになります。

　左側（販売テーブル）の［product_id］フィールドには「D」「B」「C」の3レコードが存在し、これらのレコードはすべて結果テーブルに残ります。ただし、「D」は右側（商品マスタテーブル）に存在しないため、右側のフィールドである［product_name］の値は「null」となります。

　右側テーブルの「A」は左側に存在しないため、結果には残りません。このLEFT OUTER JOINを実行する意図は、次のように表現できるでしょう。

● 商品マスタテーブルに未登録の商品でも、販売個数はすべて取得したい
● 商品マスタテーブルに未登録の商品が販売されていた場合、商品名が空欄（null）となっても構わない

5-2-8) LEFT OUTER JOINの処理内容

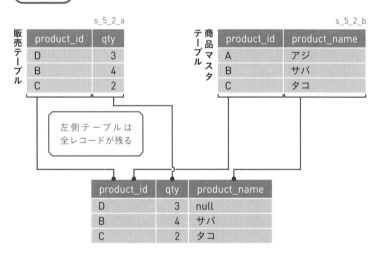

LEFT OUTER JOINの構文は次ページの［5-2-9］のようになり、INNER JOINの構文で「INNER JOIN」と記述していたところを「LEFT OUTER JOIN」と書き換えるだけです。なお、LEFT OUTER JOINの「OUTER」は省略することもできます。

5-2-9 LEFT OUTER JOINの構文

```
SELECT テーブル名①.フィールド名, テーブル名②.フィールド名
FROM テーブル名①
LEFT OUTER JOIN テーブル名②
ON テーブル名①.テーブル名①の結合に使うフィールド名
= テーブル名②.テーブル名②の結合に使うフィールド名
```

実際に記述するSQL文は、以下の [5-2-10] の通りです。左側テーブルにある [product_id] の「B」「C」「D」は、すべて結果テーブルに含まれています。

5-2-10 LEFT OUTER JOINで結合する (ON句を利用)

```
SELECT sls.product_id, mas.product_name, sls.qty
FROM impress_sweets.s_5_2_a AS sls
LEFT OUTER JOIN impress_sweets.s_5_2_b AS mas
ON sls.product_id = mas.product_id
```

結果テーブル

行	product_id ▼	product_name ▼	qty ▼
1	B	サバ	4
2	C	タコ	2
3	D	*null*	3

左側テーブルにある [product_id] のレコードが結果テーブルに残る

注意点としては、LEFT OUTER JOINの場合、結合キーのカラムをSELECT句に記述する際、必ず左側テーブルから取得する必要があることが挙げられます。上記のSQL文の1行目では、[product_id] を左側テーブルである別名 [sls] テーブルから取得しているので適切です。

　一方、以下のSQL文 [5-2-11] のように、[product_id] を右側テーブルである別名 [mas] テーブルから取得してしまうのは不適切です。結果テーブルを見ると、[product_id] に含まれているべき「B」「C」「D」のうち「D」が含まれておらず、意図通りになっていないことが分かります。

5-2-11 LEFT OUTER JOINで結合する（失敗例）

```
1    SELECT mas.product_id, mas.product_name, sls.qty
2    FROM impress_sweets.s_5_2_a AS sls
3    LEFT OUTER JOIN impress_sweets.s_5_2_b AS mas
4    ON sls.product_id = mas.product_id
```

結果テーブル

行	product_id ▼	product_name ▼	qty ▼
1	B	サバ	4
2	C	タコ	2
3	null	null	3

左側テーブルにある [product_id] が「D」のレコードが含まれていない

　なお、結合キーとなるフィールド名が同じ場合は、INNER JOINのときと同様に、ON句の代わりにUSING句を使うこともできます。以下の [5-2-12] は、そのように記述したSQL文です。

5-2-12 LEFT OUTER JOINで結合する（USING句を利用）

```
1    SELECT product_id, product_name, qty
2    FROM impress_sweets.s_5_2_a
3    LEFT OUTER JOIN impress_sweets.s_5_2_b
4    USING (product_id)
```

後に指定したテーブルの値が重なっているレコードを残す

「**RIGHT OUTER JOIN**」(右外部結合)は、FROM句で指定する、先に読み込むテーブルを「左側」、RIGHT OUTER JOIN句で指定する、後に読み込むテーブルを「右側」とし、右側は全レコード、左側は右側と共通して持つフィールドの値が重なっているレコードのみを残す結合です。

LEFT OUTER JOINと挙動は似ていて、左側と右側のテーブルが逆になっています。[5-2-8]と同様に、販売テーブル[s_5_2_a]を左側、商品マスタテーブル[s_5_2_b]を右側とした場合、RIGHT OUTER JOINを実行する意図は次のように表現できるでしょう。

- 商品マスタテーブルに登録済みの商品だけ、販売個数を取得したい
- 商品マスタテーブルに未登録の商品が販売されていた場合、その個数はカウントしなくてよい

構文や実際のSQL文も、LEFT OUTER JOINの記述例に準じます。「OUTER」は省略可能で、「RIGHT JOIN」と記述することも可能です。

2つのテーブルにある全レコードを残す

「**FULL OUTER JOIN**」(完全外部結合)は、FROM句で指定する、先に読み込むテーブルを「左側」、FULL OUTER JOIN句で指定する、後に読み込むテーブルを「右側」とし、左側も右側も全レコードを残す結合です。相手方のテーブルにないフィールドの値は「null」になります。

実際の記述例は次ページのSQL文[5-2-13]の通りです。LEFT OUTER JOINおよびRIGHT OUTER JOINと同じく「OUTER」は省略可能で、「FULL JOIN」と記述してもSQL文は成立します。

5-2-13 FULL OUTER JOINで結合する

```
1   SELECT * FROM impress_sweets.s_5_2_a
2   FULL OUTER JOIN impress_sweets.s_5_2_b
3   USING (product_id)
```

結果テーブル

行	product_id ▼	qty ▼	product_name ▼
1	A	*null*	アジ
2	B	4	サバ
3	D	3	*null*
4	C	2	タコ

FULL OUTER JOIN で2つの
テーブルを結合できた

相手のテーブルに一致する値がない
レコードも結果テーブルに含まれる

　上記の結果テーブルは、販売テーブル［s_5_2_a］を左側、商品マスタテーブル［s_5_2_b］を右側として、FULL OUTER JOINで結合しています。［5-2-8］とは、結合後の結果が異なることが分かるでしょうか。

　結果テーブルの［product_id］が「B」と「C」のレコードは、左側と右側の両方に値があるため、すべてのフィールドに値が格納されます。「A」は右側に値がありますが、左側には値がないため、左側のみのフィールドである［qty］は「null」となります。「D」は逆に、左側にあって右側にはないため［product_name］が「null」となる、といった具合です。

　このFULL OUTER JOINを実行する意図は、『「null」が含まれても構わないので、とにかく2つのテーブルに、つまり「販売されたりマスター登録されていたりする商品」のレコードをすべて結果テーブルに含めたい』と表現できるでしょう。

SECTION

5-3 複数条件や 3テーブル以上の結合

2つのテーブルを横につなぐ、JOINの基本構文を見てきました。本節ではJOINの応用的な構文として、複数条件での結合や、3つ以上のテーブルの結合について学びます。

新しい命令が登場するのでしょうか？

命令自体はこれまでに学んだものが使えますが、SQL文の記述方法が複雑になっていきます。引き続き、小さなテーブルを例として使いながら解説します。

複数のフィールドを使って結合する

多くの企業では、自社が扱う商品・サービスについて販売金額の目標が設定されており、それに対する実績を対比しながら、達成状況を把握しているはずです。そして、販売実績を記録したデータと、販売目標を記録したデータは、別になっていることが多いのではないでしょうか。

これらのデータをBigQuery上のテーブルとして管理し、実績と目標を対比したい場合、SQLを利用して2つのテーブルをJOINする必要性が出てきます。簡単な例として、次ページの［5-3-1］を挙げました。

上にある2つのテーブルに、販売実績と販売目標のデータが格納されています。これらを結合し、下にあるような販売実績・目標テーブルを作成したいとしましょう。[year_month]（年月）と [product_category]（商品カテゴリ）ごとに、[sales]（実績）と [target]（目標）が対比できるようになっています。

5-3-1 販売実績と販売目標のテーブル

s_5_3_a

year_month	product_category	sales
2023-01-01	Men's	134
2023-01-01	Lady's	122
2023-02-01	Men's	155
2023-02-01	Lady's	116
2023-03-01	Men's	152
2023-03-01	Lady's	139

販売実績テーブル

s_5_3_b

month	category	target
2023-01-01	Men's	130
2023-01-01	Lady's	120
2023-02-01	Men's	160
2023-02-01	Lady's	120
2023-03-01	Men's	160
2023-03-01	Lady's	130

販売目標テーブル

year_month	product_category	sales	target
2023-01-01	Men's	134	130
2023-01-01	Lady's	122	120
2023-02-01	Men's	155	160
2023-02-01	Lady's	116	120
2023-03-01	Men's	152	160
2023-03-01	Lady's	139	130

販売実績・目標テーブル

2つのテーブルを結合し、実績と目標を対比したい

販売実績は［s_5_3_a］、販売目標は［s_5_3_b］というテーブル名にし、結合するためのSQL文を次ページの［5-3-2］のように記述しました。2つのテーブルには「null」がないため、内部結合と外部結合のどちらでも同じ結果になりますが、ここでは内部結合を利用しました。INNER JOINの「INNER」は省略して記述しています。

また、［s_5_3_a］テーブルには［jisseki］、［s_5_3_b］テーブルには［mokuhyo］と別名を付けました。年月を表すフィールドが実績では［year_month］、目標では［month］と名前が異なっているため、USING句ではなくON句を使っています。

実行結果はSQL文の下に掲載した通りですが、期待していたテーブルとは異なっています。しかも、レコード数が6行から12行に増えてしまいました。何がいけなかったのでしょうか？

5-3-2　単一の条件で結合する

```sql
SELECT * FROM impress_sweets.s_5_3_a AS jisseki
JOIN impress_sweets.s_5_3_b AS mokuhyo
ON jisseki.year_month = mokuhyo.month
ORDER BY year_month
```

結果テーブル（一部）

行	year_month ▼	product_category ▼	sales ▼	month ▼	category ▼	target ▼
1	2023-01-01	Men's	134	2023-01-01	Men's	130
2	2023-01-01	Men's	134	2023-01-01	Lady's	120
3	2023-01-01	Lady's	122	2023-01-01	Men's	130
4	2023-01-01	Lady's	122	2023-01-01	Lady's	120
5	2023-02-01	Men's	155	2023-02-01	Men's	160
6	2023-02-01	Men's	155	2023-02-01	Lady's	120
7	2023-02-01	Lady's	116	2023-02-01	Men's	160
8	2023-02-01	Lady's	116	2023-02-01	Lady's	120
9	2023-03-01	Men's	152	2023-03-01	Men's	160

テーブルを結合できたが、意図とは
異なる結果になっている

　[5-3-2] はSQL文として成立していますが、今回の意図においては正しくありません。なぜなら、ON句において「[year_month] と [month] は同一である」という1つの条件しか指定していないからです。

　実績テーブルと目標テーブルでは、年月を表す [year_month] と [month] に加えて、商品カテゴリを表す [product_category] と [category] も共通したフィールドになっています。年月だけを条件に結合すると、商品カテゴリで重なっている値（ここでは「Men's」と「Lady's」）はそのまま残り、実績テーブルの1レコードに対して、目標テーブルの2レコードが結合します。結果、レコード数が倍増してしまったわけです。

　これを回避するには、**結合する条件を複数指定**します。ON句において「[year_month] と [month] は同一である」に加えて、「[product_category] と [category] は同一である」という条件も、AND演算子を使って指定しましょう。SQL文を修正すると、次ページの [5-3-3] になります。

5-3-3 複数の条件で結合する

```
1  SELECT * FROM impress_sweets.s_5_3_a AS jisseki
2  JOIN impress_sweets.s_5_3_b AS mokuhyo
3  ON jisseki.year_month = mokuhyo.month AND
4  jisseki.product_category = mokuhyo.category
5  ORDER BY year_month
```

結果テーブル

行	year_month	product_category	sales	month	category	target
1	2023-01-01	Men's	134	2023-01-01	Men's	130
2	2023-01-01	Lady's	122	2023-01-01	Lady's	120
3	2023-02-01	Men's	155	2023-02-01	Men's	160
4	2023-02-01	Lady's	116	2023-02-01	Lady's	120
5	2023-03-01	Men's	152	2023-03-01	Men's	160
6	2023-03-01	Lady's	139	2023-03-01	Lady's	130

2つの条件でテーブルを結合できた

　実績テーブルと目標テーブルを対比できる形で、適切に結合できました。しかし、同じ内容のフィールドである ［year_month］ と ［month］、［product_category］ と ［category］ が結果テーブルに両方とも残っており、冗長な印象です。さらに整えていきましょう。

　同時に、実績値である ［sales］ フィールドの値を、目標である ［target］ フィールドで割って達成率も表示することにします。以下のSQL文 ［5-3-4］と結果テーブルを見てください。

5-3-4 2つの条件で結合して達成率を表示する

```
1  SELECT jisseki.year_month
2  , jisseki.product_category
3  , jisseki.sales
```

```
, mokuhyo.target
, jisseki.sales / mokuhyo.target AS achievement_rate
FROM impress_sweets.s_5_3_a AS jisseki
JOIN impress_sweets.s_5_3_b AS mokuhyo
ON jisseki.year_month = mokuhyo.month AND
jisseki.product_category = mokuhyo.category
ORDER BY year_month, product_category
```

結果テーブル

行	year_month	product_category	sales	target	achievement_rate
1	2023-01-01	Lady's	122	120	1.0166666666666
2	2023-01-01	Men's	134	130	1.0307692307692307
3	2023-02-01	Lady's	116	120	0.9666666666666667
4	2023-02-01	Men's	155	160	0.96875
5	2023-03-01	Lady's	139	130	1.0692307692307692
6	2023-03-01	Men's	152	160	0.95

2つの条件でテーブルを結合し、達成率を取得できた

　[year_month] と [month]、[product_category] と [category] は、1〜2行目においてそれぞれの前者だけを残すように指定しました。また、3〜4行目は実績値である [sales] と、目標値である [target] を別々のテーブルから取得しており、5行目では [sales] を [target] で割って達成率を計算し、[achievement_rate] という別名で取得しています。

　さらに、10行目のORDER BY句で [year_month] [product_category] の昇順で並べ替えを実行しました。結果、[5-3-1] で示した販売実績・目標テーブルに近いデータを取り出せました。

　「JOINしたら想定よりもレコード数が増えてしまった」というミスは、SQLの初心者にありがちです。[5-3-2] の例では商品カテゴリの値が2つであったため、6から12に倍増しただけで済みました。しかし、仮に50種類のカテゴリが存在したとすると、1に対して50のレコードが結合され、6レコードの50倍となる300レコードの結果が返ってきます。

　これを逆手に取り、「JOINが間違っているとレコード数が増えている可能性がある」と考えることによって、緩やかにではありますが、テーブルの結合が

意図通りに行われているかを検算できます。実務上は特定のフィールドにいくつのユニークな値があるか、分からないことも多いですが、**JOINの実行後は結果テーブルのレコード数を確認する習慣をつける**ことが望ましいといえます。

3つ以上のテーブルを結合する

続いて、JOINの応用的な構文として、3つ以上のテーブルの結合について見ていきます。構文としては、これまでに学んだ2つのテーブルの結合と大きな違いはありません。

以下の［5-3-5］と次ページの［5-3-6］は、3つのテーブルを結合する構文になります。いずれもINNER JOIN（「INNER」は省略）の構文になっていますが、LEFT OUTER JOIN、RIGHT OUTER JOIN、FULL OUTER JOINに置き換えて使うこともできます。

［5-3-5］はON句を使っており、結合に使うフィールド名がテーブル間で異なる場合に利用します。結合に使うフィールド名が同一の場合でも問題ありません。［5-3-6］はUSING句を使った構文で、結合に使うフィールド名が同一の場合のみ利用できます。

（5-3-5）3つのテーブルを結合する構文（ON句を利用）

```
1   SELECT テーブル名.フィールド名
2   FROM テーブル名①
3   JOIN テーブル名②
4   ON テーブル名①.結合キー ＝ テーブル名②.結合キー
6   JOIN テーブル名③
7   ON テーブル名①.結合キー ＝ テーブル名③.結合キー
8     （あるいは、ON テーブル名②.結合キー ＝ テーブル名③.結合キー）
```

5-3-6 3つのテーブルを結合する構文（USING句を利用）

```
SELECT テーブル名.フィールド名
FROM テーブル名①
JOIN テーブル名② USING (①と②の結合キー)
JOIN テーブル名③ USING (①と③または②と③の結合キー)
```

　3つのテーブルの結合について、具体例で実際の動作を確認していきましょう。検証用の小さなテーブルとして、以下の［5-3-7］に示した3つのテーブルを想定します。それぞれのテーブルは、右上に記載した名前で［impress_sweets］データセット配下に存在するとします。

5-3-7 販売・店舗・商品のテーブル

s_5_3_c

販売テーブル

product_id	shop_id	sales
A	S	134
A	T	122
A	U	155
B	S	116
B	T	152
B	U	139

s_5_3_d

ショップマスタ

shop_id	area_id	shop_name
S	1	築地
T	1	銀座
U	2	豊洲

s_5_3_e

商品マスタ

product_id	product_name
A	アジ
B	タコ

　販売テーブルには［product_id］［shop_id］［sales］の3つのフィールドがあります。この［shop_id］をショップマスタとの結合に、［product_id］を商品マスタとの結合に使います。それぞれのテーブルで同じフィールド名が使われているので、シンプルにUSING句を利用して記述したのが次ページのSQL文［5-3-8］です。あえてON句を使い、テーブル名とフィールド名を指定したSQL文は［5-3-9］となります。

5-3-8 3つのテーブルを結合する① (USING句を利用)

```
1   SELECT *
2   FROM impress_sweets.s_5_3_c
3   JOIN impress_sweets.s_5_3_d USING (shop_id)
4   JOIN impress_sweets.s_5_3_e USING (product_id)
```

結果テーブル

行	product_id ▼	shop_id ▼	sales ▼	area_id ▼	shop_name ▼	product_name ▼
1	A	S	134	1	築地	アジ
2	A	T	122	1	銀座	アジ
3	A	U	155	2	豊洲	アジ
4	B	S	116	1	築地	タコ
5	B	T	152	1	銀座	タコ
6	B	U	139	2	豊洲	タコ

> 3つのテーブルを結合できた

5-3-9 3つのテーブルを結合する① (ON句を利用)

```
1   SELECT p_master.product_name
2   , s_master.shop_name
3   , orders.sales
4   FROM impress_sweets.s_5_3_c AS orders
5   JOIN impress_sweets.s_5_3_d AS s_master
6   ON orders.shop_id = s_master.shop_id
7   JOIN impress_sweets.s_5_3_e AS p_master
8   ON orders.product_id = p_master.product_id
```

意外とあっさり、3つのテーブルのJOINが完成しました。

[5-3-8] と [5-3-9] では、販売テーブルにショップマスタ、商品マスタが紐づく形となっています。いわば販売テーブルを「幹」、ショップマスタと商品マスタを「枝」とした「幹と枝」の関係で結合しており、以下の図 [5-3-10] のように表せます。

(5-3-10) 3つのテーブルの結合（幹と枝）

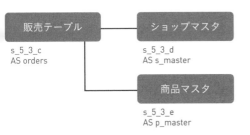

3つのテーブルの結合について、もう1つ例を見てみましょう。以下の [5-3-11] に示した3つのテーブルのうち、販売テーブルとショップマスタは、[5-3-7] で示したものと同じになっています。

ただし、3つ目のテーブルは、新しく地域マスタを想定します。各テーブルは右上に記載した名前で [impress_sweets] データセット配下に存在するとします。

(5-3-11) 販売・店舗・地域のテーブル

販売テーブル　s_5_3_c

product_id	shop_id	sales
A	S	134
A	T	122
A	U	155
B	S	116
B	T	152
B	U	139

ショップマスタ　s_5_3_d

shop_id	area_id	shop_name
S	1	築地
T	1	銀座
U	2	豊洲

地域マスタ　s_5_3_f

area_id	area_name
1	中央区
2	江東区

　販売テーブルにある [shop_id] フィールドをショップマスタとの結合に使うのは先ほどと同じですが、販売テーブルと地域マスタには、共通して持つフィールドがありません。よって、ショップマスタのフィールドである [area_id] を、地域マスタとの結合に使います。

　さらに、取得するフィールドを [product_id] [area_name] [shop_name] [sales] の4つに指定すると、3つのテーブルを結合するSQL文は以下の [5-3-12] となります。

(5-3-12) 3つのテーブルを結合する②

```
1    SELECT orders.product_id
2    , a_master.area_name
3    , s_master.shop_name
4    , orders.sales
5    FROM impress_sweets.s_5_3_c AS orders
6    JOIN impress_sweets.s_5_3_d AS s_master
7    ON orders.shop_id = s_master.shop_id
8    JOIN impress_sweets.s_5_3_f AS a_master
9    ON s_master.area_id = a_master.area_id
```

結果テーブル

行	product_id ▼	area_name ▼	shop_name ▼	sales ▼
1	A	中央区	築地	134
2	A	中央区	銀座	122
3	A	江東区	豊洲	155
4	B	中央区	築地	116
5	B	中央区	銀座	152
6	B	江東区	豊洲	139

取得するフィールドを指定して
3つのテーブルを結合できた

前ページのSQL文と結果テーブルでは、販売テーブルにショップマスタ、ショップマスタに地域マスタが紐づくという、以下の図［5-3-13］で示したような、3つのテーブルが「数珠つなぎ」の格好になっています。

3つのテーブルを結合する場合、結合に使うフィールドをどう指定するかによって、「幹と枝」または「数珠つなぎ」の関係になることをイメージしてください。

5-3-13 3つのテーブルの結合（数珠つなぎ）

販売テーブル
s_5_3_c
AS orders

ショップマスタ
s_5_3_d
AS s_master

地域マスタ
s_5_3_f
AS a_master

本節の最後に、4つのテーブルを結合する例も紹介しましょう。［5-3-7］と［5-3-11］で示した4つのテーブルが、それぞれ次の名前で［impress_sweets］データセット配下に存在するとします。

● 販売テーブル 　　　⇒［s_5_3_c］
● ショップマスタ 　　⇒［s_5_3_d］
● 商品マスタ 　　　　⇒［s_5_3_e］
● 地域マスタ 　　　　⇒［s_5_3_f］

上記4つのテーブルを結合し、取得するフィールドを［product_name］［area_name］［shop_name］［sales］の4つに指定したSQL文は、次ページの［5-3-14］となります。

このとき、4つのテーブルは図［5-3-15］のような形で結合されています。販売テーブル、ショップマスタ、地域マスタは「数珠つなぎ」、販売テーブルと商品マスタは「幹と枝」の関係になっていることを、SQL文と結果テーブルから読み取ってください。

(5-3-14) 4つのテーブルを結合する

```
1   SELECT p_master.product_name
2   , s_master.shop_name
3   , a_master.area_name
4   , orders.sales
5   FROM impress_sweets.s_5_3_c AS orders
6   JOIN impress_sweets.s_5_3_d AS s_master
7   ON orders.shop_id = s_master.shop_id
8   JOIN impress_sweets.s_5_3_f AS a_master
9   ON s_master.area_id = a_master.area_id
10  JOIN impress_sweets.s_5_3_e AS p_master
11  ON orders.product_id = p_master.product_id
```

結果テーブル

行	product_name ▼	shop_name ▼	area_name ▼	sales ▼
1	アジ	築地	中央区	134
2	タコ	築地	中央区	116
3	アジ	銀座	中央区	122
4	タコ	銀座	中央区	152
5	アジ	豊洲	江東区	155
6	タコ	豊洲	江東区	139

4つのテーブルを
結合できた

(5-3-15) 4つのテーブルの結合

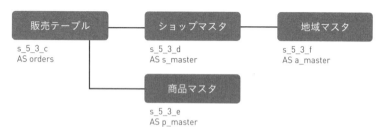

販売テーブル
s_5_3_c
AS orders

ショップマスタ
s_5_3_d
AS s_master

地域マスタ
s_5_3_f
AS a_master

商品マスタ
s_5_3_e
AS p_master

SECTION

5-4 同一テーブルの結合と null値の置換

JOINについての発展的な知識を学びましょう。本節では「SELF JOIN」や「IFNULL関数」が登場します。

テーブルの結合について、だんだん分かってきました。用途が分かると楽しくなってきますね。

はい。どのような分析がしたいのかを、よくイメージしながらSQL文を記述するのが大切です。

同じテーブルをずらして結合する

これまでは、販売テーブルと商品マスタテーブルなど、異なるテーブルを結合してきました。このような結合が一般的ではありますが、SQLでは同じテーブルを結合することもできます。自分自身（SELF）を結合する（JOIN）ので、「**SELF JOIN**」（自己結合）とも呼ばれます。

例として、ある商品の年間の販売個数について、前年比成長率を取得したいとしましょう。自己結合では同一のテーブルを結合するので、利用するのは以下の［5-4-1］に示した1つのみです。このテーブルが［impress_sweets］データセット配下に存在するとします。

（**5-4-1**） 年間の販売個数のテーブル

販売テーブル

s_5_4_a

year	qty
2021	272
2022	309
2023	310

前ページの［s_5_4_a］テーブルから、どのようにして前年比成長率を取得するのでしょうか？ SQLでは同一のレコード内にある異なるフィールド同士での演算が可能なので、2021年の［qty］と2022年の［qty］が同一のレコードにあれば、「2022年の販売個数÷2021年の販売個数」の計算式で［qty］の成長率を取り出せそうです。

そこで、以下の［5-4-2］のように［year］フィールドを1レコード分ずらして、販売テーブル同士を結合します。すると、❶のレコードには2021年と2022年、❷のレコードには2022年と2023年の販売個数が同一のレコードに格納されることになります。

5-4-2 1レコードずらした同一テーブルの結合

上図のように1レコードずらした自己結合は、次ページのSQL文［5-4-3］で実現できます。6〜7行目に記述したように、左側テーブルには［self1］、右側テーブルには［self2］と別名を付けました。

自己結合のためのSELF JOINという句があるわけはなく、7行目の通りにINNER JOINを利用します。成長率の計算式は5行目にあり、[growth_rate]フィールドに格納しています。

ポイントは8行目にあるON句です。左側テーブル［self1］の［year］を、右側テーブル［self2］の［year］から「1」を引いた値と結合するように記述しています。その結果、左側の［year］が2021年のレコードを、右側の2022年のレコードと結合できるわけです。

5-4-3　1レコードずらして自己結合する

```
SELECT self1.year AS base_year
, self2.year AS next_year
, self1.qty AS base_qty
, self2.qty AS next_qty
, self2.qty / self1.qty AS growth_rate
FROM impress_sweets.s_5_4_a AS self1
INNER JOIN impress_sweets.s_5_4_a AS self2
ON self1.year = self2.year - 1
```

結果テーブル

行	base_year	next_year	base_qty	next_qty	growth_rate
1	2021	2022	272	309	1.136029411764...
2	2022	2023	309	310	1.003236245954...

1レコードずらして販売テーブル同士を結合できた

同じテーブルを総当たりで結合する

続いて覚えてほしいのが「**CROSS JOIN**」（交差結合）です。これは左側テーブルのすべてのレコードの1行1行に、右側テーブルの全レコードを結合する「総当たり」での結合方法です。利用シーンはあまり多くないですが、GA4がBigQueryにエクスポートしたテーブルに対して、アイテム軸での分析をする際に必要になります。

［5-4-1］と同じ販売テーブルを例に説明しましょう。2021年の［qty］を「100」としたときの各年の成長率を、SQLの演算によって求めます。同一のレコードにあるフィールド同士の値は計算できるので、次ページの［5-4-4］のようなテーブルが必要、というところまでは想像できると思います。

そこで、［5-4-5］を実行します。5～6行目に注目すると、FROM句とCROSS JOIN句で同じ［s_5_4_a］テーブルを指定しています。つまり、自

己結合しつつ交差結合する命令になっています。

　CROSS JOINはINNER JOINやLEFT OUTER JOINと異なり、総当たりで結合するため、ON句やUSING句が果たしている結合の条件を示す必要がなく、非常にシンプルに記述できます。結果テーブルは、もともと3レコードだったテーブルが3×3＝9レコードになりました。

5-4-4 2021年を基準とした成長率の計算に必要なテーブル

base_year	qty	year	qty
2021	272	2021	272
2021	272	2022	309
2021	272	2023	310

5-4-5 同一テーブルを交差結合する

```
1   SELECT self1.year AS base_year
2   , self2.year AS compare_year
3   , self1.qty AS base_qty
4   , self2.qty AS compare_qty
5   FROM impress_sweets.s_5_4_a AS self1
6   CROSS JOIN impress_sweets.s_5_4_a AS self2
```

結果テーブル

行	base_year ▼	compare_year ▼	base_qty ▼	compare_qty ▼
1	2021	2022	272	309
2	2021	2021	272	272
3	2021	2023	272	310
4	2022	2022	309	309
5	2022	2021	309	272
6	2022	2023	309	310
7	2023	2022	310	309
8	2023	2021	310	272
9	2023	2023	310	310

販売テーブル同士を総当たりで結合できた

　前ページの結果テーブルの ［base_year］ フィールドが「2021」となっているレコードに注目してください。［compare_year］ に「2022」「2021」「2023」の値があり、求めている組み合わせがそろっています。

　そこで、［5-4-5］のSQL文を修正し、以下の ［5-4-6］ を記述します。8行目のWHERE句で、別名を ［base_year］ としている ［self1.year］ フィールドを「2021」で絞り込むように指定しました。

　そして、2021年の販売数量を「100」とした、2022年、2023年の成長率を取得するため、5行目に計算式を記述して ［growth_rate］ として格納しました。これで最終的に取得したいテーブルとなりました。

5-4-6 交差結合した結果を絞り込む

```
SELECT self1.year AS base_year
, self2.year AS compare_year
, self1.qty AS base_qty
, self2.qty AS compare_qty
, self2.qty / self1.qty * 100 AS growth_rate
FROM impress_sweets.s_5_4_a AS self1
CROSS JOIN impress_sweets.s_5_4_a AS self2
WHERE self1.year = 2021
ORDER BY compare_year
```

結果テーブル

行	base_year ▼	compare_year ▼	base_qty ▼	compare_qty ▼	growth_rate ▼
1	2021	2021	272	272	100.0
2	2021	2022	272	309	113.6029411764…
3	2021	2023	272	310	113.9705882352…

［base_year］ フィールドの値が「2021」の
レコードのみに絞り込んだ

［growth_rate］ として 2021 年を
「100」とした成長率を取得できた

テーブル内の「null」を別の値に置換する

テーブル結合の4つのタイプを学んだSECTION 5-2では、テーブル内に「null」があるかどうかで結合の挙動が変わることを説明しました。**テーブルの結合を行うときは「null」の扱いに慎重になるべき**であり、「null」をどのように扱うかを考えて結合のタイプを選択する必要があります。

そこでマスターしたいのが、**IFNULL関数**と**COALESCE関数**です。以下の[5-4-7]に示したLTVテーブルと顧客テーブルを例に解説します。

（ 5-4-7 ） **LTV・顧客テーブル**

LTVテーブル　s_5_4_b

user_id	ltv
A	3400
B	8200
C	1500
D	1600
E	5100
F	3900

顧客テーブル　s_5_4_c

user_id	registration_year	first_purchase_year
A	null	2021
B	2021	2021
C	null	2022
D	2021	2022
E	2022	2023
F	2023	2023

LTVテーブルは、[user_id]ごとのライフタイムバリュー（これまでに顧客が購入した金額の総額）を記録したテーブルです。顧客テーブルには、それぞれの[user_id]が会員登録した年である[registration_year]と、初回購入を行った年である[first_purchase_year]が記録されています。

上記のテーブルを利用して「会員登録年ごとのLTVの合計値を取得する」という課題があるとしましょう。顧客テーブルの[registration_year]では、2レコードが「null」となっており、会員登録年に「null」が出現することは不可避なように思えます。そこで『当該サービスを開始したのは2021年なので、会員登録年が「null」の場合は2021年として処理する』ことにしましょう。

こうした場合に利用できるのがIFNULL関数です。IFNULL関数を使えば、**値が「null」だったときに適用する値を任意に指定**できます。「null」でなければ何もせず、元の値を返します。IFNULL関数の構文は次ページの[5-4-8]の通りです。

5-4-8 IFNULL関数の構文

> IFNULL(NULLを任意の値に変換したいカラム名, NULLを変換する値)

IFNULL関数で「null」を「2021」に変換したうえで、LTVテーブル [s_5_4_b] と顧客テーブル [s_5_4_c] をJOINするSQL文は、以下の [5-4-9] となります。

IFNULL関数は2行目にあり、[registration_year] フィールドを対象に、値が「null」であれば「2021」に置換する働きをします。また、IFNULL関数を実行した [registration_year] に [reg_year] と別名を付けてグループ化し、[ltv] の合計値を集計関数で求めている点にも注目してください。結果テーブルの2021年には、顧客「A」～「D」のLTV合計が記録されています。

5-4-9 「null」を任意の値で置換する

```
SELECT
IFNULL(registration_year, 2021) AS reg_year
, SUM(ltv) AS sum_ltv
FROM impress_sweets.s_5_4_b
INNER JOIN impress_sweets.s_5_4_c USING (user_id)
GROUP BY reg_year
```

結果テーブル

行	reg_year ▼	sum_ltv ▼
1	2021	14700
2	2022	5100
3	2023	3900

> 「null」を「2021」に置換したうえでテーブルを結合できた

同じ例で、COALESCE関数についても解説しましょう。COALESCE関数では、IFNULL関数よりも高度な「null」の置換が可能になります。

先ほどのIFNULL関数では、「null」を固定値の「2021」で置換しました。COALESCE関数では、「null」を同一レコードの別カラムの値で置換できます。COALESCE関数の構文は以下の［5-4-10］の通りです。

(5-4-10) COALESCE関数の構文

```
COALESCE(NULLを変換したいカラム名, 変換したい値が格納されているカラム名)
```

この関数を利用すると、例えば『［registration_year］が「null」であれば、初回購入年を表す［first_purchase_year］の値で置換する』ことができます。以下のSQL文［5-4-11］では、2行目のCOALESCE関数により［registration_year］フィールドが「null」であった場合、［first_purchase_year］の値に置換されます。「null」でなければ［registration_year］の値がそのまま返ります。

(5-4-11) 「null」を別フィールドの値で置換する

```
SELECT
COALESCE(registration_year, first_purchase_year)
AS reg_year, SUM(ltv) AS sum_ltv
FROM impress_sweets.s_5_4_b
INNER JOIN impress_sweets.s_5_4_c USING (user_id)
GROUP BY reg_year
```

結果テーブル

行	reg_year ▼	sum_ltv ▼
1	2021	13200
2	2022	6600
3	2023	3900

「null」を［first_purchase_year］の値に置換したうえでテーブルを結合できた

非等値結合を利用したバスケット分析

ここまでで学んだJOINは、いずれもON句やUSING句で、左右のテーブルの指定したフィールドの値が「等しい」レコード同士を結合していました。しかし、いつでも必ず「等しい値」で結合するかというと、そうでもありません。場合によっては「異なる値」で結合することもあり、そのような結合を「非等値結合」と呼びます。

非等値結合によって可能になる代表的な分析手法に「マーケットバスケット分析」があります。マーケットバスケット分析とは、同一の注文で併せ買いされる商品の組み合わせを可視化する手法です。

以下の［5-4-12］にある注文テーブルを見てください。[order_id]フィールドが「1」のレコードでも「3」のレコードでも、「アジとタコ」が併せ買いされていることが分かります。このお店では「アジとタコ」の組み合わせが人気なのかもしれません。

そこで、1回の注文における商品の組み合わせを、SQLによって可視化してみることにします。注文テーブルの名前を［s_5_4_d］とし、自己結合しつつ、同じ値ではなく異なる値で非等値結合しているのが次ページのSQL文［5-4-13］です。

5-4-12　注文テーブル

s_5_4_d

order_id	product_name
1	アジ
1	サバ
1	タコ
2	キス
2	タコ
3	アジ
3	タコ

5-4-13　非等値で自己結合する

```
1   SELECT self1.order_id
2   , self1.product_name
3   , self2.product_name AS product_name2
4   FROM impress_sweets.s_5_4_d AS self1
5   INNER JOIN impress_sweets.s_5_4_d AS self2
6   ON
7   self1.order_id = self2.order_id AND
8   self1.product_name < self2.product_name
```

結果テーブル

行	order_id ▾	product_name1 ▾	product_name2 ▾
1	1	アジ	サバ
2	1	アジ	タコ
3	1	サバ	タコ
4	2	キス	タコ
5	3	アジ	タコ

非等値結合により、
1回の注文における
商品の組み合わせ
を取得できた

　自己結合のフィールドを指定している6～8行目のON句に注目してください。[order_id] は等しい値で結合していますが、[product_name] については「右側テーブルの [product_name] の値が、左側テーブルの [product_name] の値より大きい」という非等値結合の条件を指定しています。これにより「アジ - アジ」といった等値ではなく、「アジ - サバ」「アジ - タコ」といった異なる商品の組み合わせが取得できます。

　なお、8行目の「<」を「<>」に変更すると、「アジ - サバ」に加えて「サバ - アジ」の組み合わせも出力され、結果テーブルは倍の10レコードになります。今回は順序を問うていないため「<」が適切です。

SECTION

5-5 テーブルの集合演算

データベースで扱うテーブルは一般的に複数存在し、それらを「横につなぐ」JOINについて、ひと通り学びました。本節では、テーブルを「縦につなぐ」UNIONなどについて見ていきます。

「結合」ではなく「集合演算」と呼ぶのですね。

はい。UNIONはテーブルという「集合」同士の足し算＝「演算」をする働きをします。ほかにも、掛け算として複数テーブルの重複するデータを取得したり、引き算として差分だけを取得したりする方法があります。

「和集合」「積集合」「差集合」のイメージを理解する

　SECTION 5-1では、複数のテーブル同士をつなぐ方法には2種類があることを説明し、日別や月別など、同じスキーマで構成されたテーブルをつなぐことを「縦につなぐ」と表現しました。

　SQLにおいて、テーブル同士を足し合わせて縦につなぐには「UNION」を利用します。また、重複しているレコードだけを取得する「INTERSECT」、差分のレコードだけを取得する「EXCEPT」についても、本節でまとめて学びます。これらは集合演算子とも呼ばれます。

　具体的なSQLを学ぶ前に、テーブルの集合演算を概念的に理解してください。テーブルを数学の「集合」に例えて、それらの足し算、掛け算、引き算、つまり「演算」をすると考えると分かりやすいでしょう。

以下の図［5-5-1］は、2つのテーブルを集合としてイメージしたものです。テーブル①には「A」「B」「C」、テーブル②には「C」「D」「E」と、3つの値が格納されています。これらを例に、UNION、INTERSECT、EXCEPTからどのような結果を取得できるかを見ていきます。

5-5-1 集合演算に利用するテーブルのイメージ

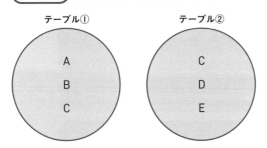

テーブル①　　　　　　テーブル②

▶UNION

　テーブル同士を縦につなぐUNIONは、テーブル①（集合①）とテーブル②（集合②）を単純に足し合わせます。その結果は以下の図［5-5-2］のようになり結果テーブルには「A」「B」「C」「C」「D」「E」という値が残ります。こうした集合は「和集合」と呼びます。

　ただし、これはUNIONを「値の重複を許可する」というルールで実行した場合で、別途「値の重複を許可しない」こともできます。重複を許可しない場合、結果に残る値は「A」「B」「C」「D」「E」になります。

5-5-2 UNION（和集合）のイメージ

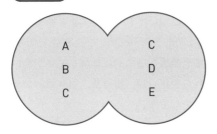

▶ INTERSECT

テーブル①とテーブル②のうち、共通（重複）している部分だけを取り出すのがINTERSECTです。結果は以下の図［5-5-3］のイメージとなり、値には両方のテーブルに含まれている「C」だけが残ります。こうした集合は「積集合」と呼びます。

(5-5-3) INTERSECT（積集合）のイメージ

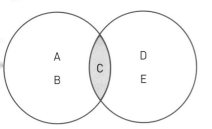

▶ EXCEPT

テーブル①からテーブル②を差し引き、その結果を取得するのがEXCEPTです。以下の図［5-5-4］のように、結果に残る値は「A」「B」となります。「C」はテーブル②にも含まれているので、結果には残りません。このようにしてできた集合は「差集合」と呼びます。

(5-5-4) EXCEPT（差集合）のイメージ

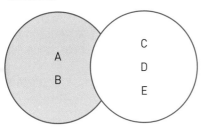

この3つの集合演算のうち、EXCEPT（差集合）のみ、計算式の記述順序によって結果が異なるので注意してください。

　［5-5-4］では「テーブル①－テーブル②」という演算をしていますが、これを「テーブル②－テーブル①」と逆にすると、結果に残る値は「D」「E」となります。一方、UNION（和集合）とINTERSECT（積集合）は、順序が入れ替わっても結果は変わりません。

　UNION、INTERSECT、EXCEPTのデータ分析における利用シーンを説明します。例えば、以下の［5-5-5］の通り、1月と2月の販売テーブルが存在するとしましょう。これらに対してUNION、INTERSECT、EXCEPTの各集合演算を行うことで、その下の表［5-5-6］のようなことが分かります。

5-5-5　1月・2月の販売テーブル

1月販売テーブル s_5_5_a

date	product_name	qty
2024-01-10	アジ	3
2024-01-11	タコ	1
2024-01-15	サバ	3
2024-01-18	キス	2
2024-01-20	タイ	1

2月販売テーブル s_5_5_b

date	product_name	qty
2024-02-09	アジ	3
2024-02-12	ブリ	3
2024-02-15	キス	3
2024-02-19	タイ	2
2024-02-28	イカ	1

5-5-6　集合演算子と想定する利用シーン

集合演算子	想定する利用シーン
UNION	1月と2月のいずれかに販売された商品を知りたい
INTERSECT	1月と2月の両方で販売された商品を知りたい
EXCEPT	1月には販売されたが、2月には販売されていない商品を知りたい

　また、［5-5-5］の販売テーブルをイベントへの参加者やセミナーの受講者に置き換えてみると、次のように読み替えることもできます。

● 1月か2月、いずれかの回に出席した人　　　　　⇒UNION
● 1月と2月、両方のイベントに出席した人　　　　⇒INTERSECT
● 1月には出席したが、2月には出席していない人　⇒EXCEPT

テーブルの集合演算が、商品の販売分析やユーザー分析などを行う際に役立つイメージを持てるのではないでしょうか？ それでは、集合演算を行う具体的なSQL文を見ていきましょう。

> 売上が下がったとき、「前々月は売れていたのに、前月は売れなかった商品」を知りたいことは確かにあります！ そんなときはEXCEPTを使うんですね。

2つのテーブルから和集合を作成する

まず、和集合を作るUNIONの構文は以下の [5-5-7] となります。注意点としては、最初と2番目のSELECT句で、**指定するフィールドの種類と数、順序を完全に一致させる必要がある**ことが挙げられます。

5-5-7 UNIONの構文

```
SELECT フィールド名 FROM テーブル名①
UNION DISTINCT (または UNION ALL)
SELECT フィールド名 FROM テーブル名②
```

例えば、次ページのSQL文 [5-5-8] は成立しますが、その下の [5-5-9] は成立しません。後者のSQL文は、2つのSELECT句でフィールドの数が一致していないためです。

なお、以降のSQL文は、[5-5-5] で示した2つのテーブルのうち、1月の販売テーブルには [s_5_5_a]、2月の販売テーブルには [s_5_5_b] という名前を付け、[impress_sweets] データセット配下に保存してある前提になっています。

5-5-8 UNIONの記述例

```
1   SELECT date, product_name, qty
2   FROM impress_sweets.s_5_5_a
3   UNION DISTINCT
4   SELECT date, product_name, qty
5   FROM impress_sweets.s_5_5_b
```

5-5-9 UNIONの誤用例

```
1   SELECT date, product_name, qty
2   FROM impress_sweets.s_5_5_a
3   UNION DISTINCT
4   SELECT product_name, qty
5   FROM impress_sweets.s_5_5_b
```

最初の SELECT 句にある［date］フィールドが指定されていない

和集合のフィールドに適切に別名を付与する

UNIONの構文でフィールド名に別名を用いる場合は、最初に読み込まれるSELECT句で指定したものだけが有効です。次ページのSQL文［5-5-10］では、1つ目のSELECT句（1行目）と2つ目のSELECT句（4行目）で、あえて異なる別名を付けています。結果テーブルを確認すると分かる通り、1つ目のSELECT句で付けた別名が有効になっています。

5-5-10　和集合でフィールドに別名を付ける

```
SELECT date AS hizuke, product_name, qty AS suuryo
FROM impress_sweets.s_5_5_a
UNION ALL
SELECT date AS ymd, product_name AS shohin, qty
FROM impress_sweets.s_5_5_b
ORDER BY 1
```

結果テーブル

行	hizuke ▼	product_name ▼	suuryo ▼
1	2024-01-10	アジ	3
2	2024-01-11	タコ	1
3	2024-01-15	サバ	3
4	2024-01-18	キス	2
5	2024-01-20	タイ	1
6	2024-02-09	アジ	3
7	2024-02-12	ブリ	3
8	2024-02-15	キス	3
9	2024-02-19	タイ	2
10	2024-02-28	イカ	1

1行目のSELECT句で指定した別名のみが反映されている

　本書では、これまでに何度か登場した「小さなテーブル」（名前が［s_］から始まるテーブル）を作成するためのSQL文を、サポートページから取得できるようにしています（P.010を参照）。次ページの［5-5-11］は、その小さなテーブルとして最初に登場した［s_4_1_a］を作成するSQL文を転載したものです。実はこの中にも、UNION ALLが登場しています。

　2〜7行目にある通り、5つのSELECT句をUNION ALLでつないで5レコードのテーブルを作成していますが、AS句で別名を指定しているのは最初のSELECT句においてのみです。それは前述した通り、UNIONの構文でフィールド名に別名を用いる場合は「最初に読み込まれるSELECT句で指定したものだけが有効」というルールを反映したためです。

5-5-11 ［s_4_1_a］テーブル作成時に利用した和集合

```
1    WITH s_4_1_a AS (
2    SELECT "A" AS product_id, "T" AS is_proper, 1 AS qty
3    UNION ALL
4    SELECT "B", "T", 3 UNION ALL
5    SELECT "C", "F", 2 UNION ALL
6    SELECT "B", "T", 4 UNION ALL
7    SELECT "C", "F", 1
8    )
9    SELECT * FROM s_4_1_a
```

なお、フィールド名に別名を用いる場合は「最初に読み込まれるSELECT句で指定したものだけが有効」というルールはUNIONだけのものではなく、後述するINTERSECTやEXCEPTも同様です。つまり、テーブルの集合演算全体に適用されます。

UNION DISTINCTとUNION ALLの違いを理解する

構文［5-5-7］の2行目で指定している「UNION DISTINCT」と「UNION ALL」は、前者が「重複を許さず、結果テーブルから除く」のに対し、後者は「重複を許し、結果テーブルに残す」という点で違いがあります。

具体的な例で見ていきましょう。次ページのSQL文［5-5-12］は、UNION DISTINCTの記述例です。1月の販売結果と2月の販売結果を、重複を除外して取得しています。

一方、その下の［5-5-13］では、重複を許しながら和集合を作る方針で、［5-5-12］の2行目をUNION ALLに書き換えて実行しました。結果テーブルは次ページにあるので、［5-5-12］の結果テーブルを見比べてみてください。

5-5-12) UNION DISTINCTの記述例①

```
SELECT date, product_name, qty
FROM impress_sweets.s_5_5_a
UNION DISTINCT
SELECT date, product_name, qty
FROM impress_sweets.s_5_5_b
ORDER BY 1
```

結果テーブル

行	date ▼	product_name ▼	qty ▼
1	2024-01-10	アジ	3
2	2024-01-11	タコ	1
3	2024-01-15	サバ	3
4	2024-01-18	キス	2
5	2024-01-20	タイ	1
6	2024-02-09	アジ	3
7	2024-02-12	ブリ	3
8	2024-02-15	キス	3
9	2024-02-19	タイ	2
10	2024-02-28	イカ	1

重複を許可せずに和集合を
作成した

5-5-13) UNION ALLの記述例①

```
SELECT date, product_name, qty
FROM impress_sweets.s_5_5_a
UNION ALL
SELECT date, product_name, qty
FROM impress_sweets.s_5_5_b
ORDER BY 1
```

結果テーブル

行	date ▼	product_name ▼	qty ▼
1	2024-01-10	アジ	3
2	2024-01-11	タコ	1
3	2024-01-15	サバ	3
4	2024-01-18	キス	2
5	2024-01-20	タイ	1
6	2024-02-09	アジ	3
7	2024-02-12	ブリ	3
8	2024-02-15	キス	3
9	2024-02-19	タイ	2
10	2024-02-28	イカ	1

重複を許可して和集合を作成した

　意外性を感じてもらうため、あえて両方の結果テーブルを掲載しましたが、まったく同じになっています。1月・2月テーブルでは、例えば［product_name］フィールドの「アジ」「タイ」が重複しているので、UNION DISTINCTの結果はレコード数が減るはず、と考えたかもしれません。

　これは集合演算における重要なポイントですが、**「重複」とは「SELECT句で取得している全フィールドの内容がすべて一致する」**という意味になります。［5-5-12］と［5-5-13］のSQL文でいえば、［date］［product_name］［qty］の3つのフィールドをSELECT句で取得しているので、その3つの組み合わせがすべて同じ場合に重複とみなされます。

　再び結果テーブルを見てください。［product_name］が「アジ」のレコードは1行目と6行目にあり、［qty］も「3」と同じですが、［date］が異なります。そのため重複とはみなされず、UNION DISTINCTを使っていても、1行目と6行目が結果テーブルに残ったというわけです。

　同様に見渡しても、1レコードを構成する3フィールドが全部同一というケースは、1月・2月テーブルにはいずれも存在しません。よって、UNION DISTINCTもUNION ALLも同一の結果となりました。

　続いて、UNION DISTINCTとUNION ALLで結果が異なる例を見てみましょう。1月・2月テーブルの［date］や［qty］を気にせず、販売された商品である［product_name］のみを取得するとします。

　次ページの［5-5-14］は、UNION DISTINCTによる和集合を作成するSQL文と結果テーブルです。1月と2月に販売された、ユニークな、つまり重複を取り除いた商品リストが完成しました。

5-5-14 UNION DISTINCTの記述例②

```
SELECT product_name FROM impress_sweets.s_5_5_a
UNION DISTINCT
SELECT product_name FROM impress_sweets.s_5_5_b
ORDER BY 1
```

結果テーブル

行	product_name ▼
1	アジ
2	イカ
3	キス
4	サバ
5	タイ
6	タコ
7	ブリ

[product_name]のみを取得し、重複を許可せずに和集合を作成した

　一方、UNION ALLでは以下のSQL文［5-5-15］となります。[product_name]フィールドの重複が許され、1月テーブルの5レコード、2月テーブルの5レコード、あわせて10レコードの商品リストを取得できます。1〜2行目の「アジ」、4〜5行目の「キス」などから重複の許可が確認できます。

　和集合の作成においては、このようなUNION DISTINCTとUNION ALLの性質と、重複の条件を踏まえたうえで利用してください。

5-5-15 UNION ALLの記述例②

```
SELECT product_name FROM impress_sweets.s_5_5_a
UNION ALL
SELECT product_name FROM impress_sweets.s_5_5_b
ORDER BY 1
```

結果テーブル	行	product_name ▼
	1	アジ
	2	アジ
	3	イカ
	4	キス
	5	キス
	6	サバ
	7	タイ
	8	タイ
	9	タコ
	10	ブリ

> ［product_name］のみを取得し、重複を許可して和集合を作成した

2つのテーブルから積集合を作成する

　テーブル同士で重複するレコードだけを取り出し、積集合を作るのがINTERSECTです。構文は以下の［5-5-16］の通りで、必ずDISTINCTと組み合わせて利用します。INTERSECT ALLという使い方はありません。

(5-5-16) INTERSECTの構文

```
1    SELECT フィールド名 FROM テーブル名①
2    INTERSECT DISTINCT
3    SELECT フィールド名 FROM テーブル名②
```

　INTERSECTにおける重複も、UNIONで学んだ通り、SELECT句で取り出したすべてのフィールドが一致することを意味します。よって、次ページの［5-5-17］のSQL文では結果が表示されません。取得している3つのフィールド［date］［product_name］［qty］の値が完全に同一なレコードは存在しないためです。

一方、その下にある［5-5-18］のように［product_name］フィールドだけをINTERSECTの対象にした場合は、結果テーブルとして1月・2月の両方で販売された［product_name］のリストを取得できます。

5-5-17 INTERSECTの記述例①

```
SELECT date, product_name, qty
FROM impress_sweets.s_5_5_a
INTERSECT DISTINCT
SELECT date, product_name, qty
FROM impress_sweets.s_5_5_b
```

5-5-18 INTERSECTの記述例②

```
SELECT product_name FROM impress_sweets.s_5_5_a
INTERSECT DISTINCT
SELECT product_name FROM impress_sweets.s_5_5_b
```

結果テーブル

行	product_name ▼
1	タイ
2	キス
3	アジ

［product_name］のみを取得して積集合を作成した

2つのテーブルから差集合を作成する

ある集合（テーブル）から別の集合を引いた差集合を作るEXCEPTの構文は、以下の［5-5-19］の通りです。INTERSECTと同様、DISTINCTとのみ組み合わせて利用できます。EXCEPT ALLという使い方はありません。

(5-5-19) EXCEPTの構文

```
1    SELECT フィールド名 FROM テーブル名①
2    EXCEPT DISTINCT
3    SELECT フィールド名 FROM テーブル名②
```

以下のSQL文［5-5-20］では、1月テーブルの［product_name］のリストから、2月テーブルにも存在しているレコードを取り除くよう記述されています。結果的に、1月テーブルだけに存在する［product_name］である「タコ」「サバ」だけが取得されます。

次ページのSQL文［5-5-21］では、テーブル名を記述する順序を逆にしています。［product_name］フィールドについて、2月テーブルから1月テーブルを差し引き、2月にだけ販売された商品のリストを取得しているため、異なる結果となります。

(5-5-20) EXCEPTの記述例①

```
1    SELECT product_name FROM impress_sweets.s_5_5_a
2    EXCEPT DISTINCT
3    SELECT product_name FROM impress_sweets.s_5_5_b
```

行	product_name ▼
1	タコ
2	サバ

結果テーブル

［product_name］のみを取得し、1月にだけ
販売された商品のリストを取得した

5-5-21 EXCEPTの記述例②

```
SELECT product_name FROM impress_sweets.s_5_5_b
EXCEPT DISTINCT
SELECT product_name FROM impress_sweets.s_5_5_a
```

行	product_name ▼
1	ブリ
2	イカ

結果テーブル

［product_name］のみを取得し、2月にだけ
販売された商品のリストを取得した

テーブルをつなぐJOINやUNIONの学習は以上で終わり
ですが、本章はもう少し続きます。今度は、つないだ結
果として得られるテーブルを利用する方法について見て
いきましょう。

3つ以上のテーブルの集合演算

ここまでで2つのテーブルの集合演算を学びましたが、3つ以上のテーブルの演算も、もちろん可能です。例として、以下の［5-5-22］のような3カ月分の販売テーブルがあると仮定しましょう。1月・2月の販売テーブルは［5-5-5］からの再掲です。

5-5-22 1月・2月・3月の販売テーブル

s_5_5_a

1月販売テーブル

date	product_name	qty
2024-01-10	アジ	3
2024-01-11	タコ	1
2024-01-15	サバ	3
2024-01-18	キス	2
2024-01-20	タイ	1

s_5_5_b

2月販売テーブル

date	product_name	qty
2024-02-09	アジ	3
2024-02-12	ブリ	3
2024-02-15	キス	3
2024-02-19	タイ	2
2024-02-28	イカ	1

s_5_5_c

3月販売テーブル

date	product_name	qty
2024-03-01	アジ	1
2024-03-03	エビ	3
2024-03-16	サバ	2
2024-03-19	タイ	2
2024-03-22	タコ	1

　1月・2月・3月の販売テーブルのうち、いずれかの月に販売されたユニークな［product_name］のリストは、次ページのSQL文［5-5-23］で取得できます。SELECT句で［product_name］を取得し、1月・2月・3月を対象にUNION DISTINCTを実行して重複のない和集合を作成しています。

5-5-23 3つのテーブルから和集合を作成する

```
1   SELECT product_name FROM impress_sweets.s_5_5_a
2   UNION DISTINCT
3   SELECT product_name FROM impress_sweets.s_5_5_b
4   UNION DISTINCT
5   SELECT product_name FROM impress_sweets.s_5_5_c
```

　また、3カ月のすべての月で販売されたユニークな [product_
name] のリストは、以下のSQL文 [5-5-24] で取得できます。先ほ
どのUNIONを、積集合のINTERSECTに書き換えています。

5-5-24 3つのテーブルから積集合を作成する

```
1   SELECT product_name FROM impress_sweets.s_5_5_a
2   INTERSECT DISTINCT
3   SELECT product_name FROM impress_sweets.s_5_5_b
4   INTERSECT DISTINCT
5   SELECT product_name FROM impress_sweets.s_5_5_c
```

　3つのテーブルの演算における複雑な例として、「1月・2月には販売
されておらず、3月にはじめて販売された商品のリスト」を取得したい
とします。これは3月の集合（テーブル）から、1月・2月テーブルの
和集合を引くことで求められ、SQL文としては次ページの [5-5-25]
となります。結果は「エビ」が該当し、意図通りの結果が得られています。

(5-5-25) 和集合の結果から差集合を作成する

```
1  SELECT product_name
2  FROM impress_sweets.s_5_5_c
3  EXCEPT DISTINCT
4  (SELECT product_name
5  FROM impress_sweets.s_5_5_a
6  UNION DISTINCT
7  SELECT product_name
8  FROM impress_sweets.s_5_5_b)
```

結果テーブル

行	product_name ▼
1	エビ

> 3月テーブルから1月・2月テーブルの和集合を引いて、「1月、2月には売れておらず、3月にはじめて売れた商品」を抽出できた

上記のSQL文に注目すると、4行目から8行目までで [s_5_5_a] (1月の販売テーブル) と [s_5_5_b] (2月の販売テーブル) を対象にUNION DISTINCTを使い、和集合を作成しています。その和集合をEXCEPT DISTINCTを使って [s_5_5_c] (3月の販売テーブル) から引き、差集合を作成しました。

この演算の順序は、4〜8行目を半角カッコで囲むことで実現しています。算数の計算式と同じく、カッコの中が優先されることをあらためて覚えておきましょう。

5-6 仮想テーブルの作成

本節では、はじめて登場する概念である「仮想テーブル」を学びます。

仮想テーブルですか……。「仮想」と付くと、何だか難しそうなイメージがあります。

SQL文を実行した結果を「仮に」保存しておいて利用するイメージです。仮想テーブルを作成してしまえば、あたかも「そのようなテーブルがある」という前提でSQLを記述すればよいので、複雑なクエリをスッキリと記述できるようになります。ぜひ覚えてください。

あるSQL文の実行結果を「仮のテーブル」とみなす

　これまでに学んだSQL文では、すべてFROM句で「実体のあるテーブル」を指定してきました。本節では、実体を伴ったテーブルではなく、あるSQL文を実行した結果テーブルを「仮想のテーブル」、つまり**仮想テーブル**として、そのテーブルを対象に実行するSQLを学びます。

　なぜここで仮想テーブルについて学ぶかというと、テーブルの結合や集合演算と組み合わせて利用することが多いからです。次ページの［5-6-1］を見てください。

　1月・2月の販売テーブルは、前節までに利用してきた例と同じものです。これらに対してUNION DISTINCTを利用すると、重複のない和集合として1月または2月に販売されたユニークな商品リストを取得できます。

しかし、今はその商品リストが必要なわけではなく、ユニークな商品の数をCOUNT(*)で取得したいとしましょう。その結果を得るには、まずUNION DISTINCTのSQL文を実行し、その結果テーブルに対してCOUNT(*)のSQL文を実行すればよい、ということになります。

このとき、UNION DISTINCTの結果テーブルは「実体のあるテーブル」である必要はなく、「仮想のテーブル」でよい、ということが理解できると思います。これが仮想テーブルの基本的な考え方です。

(5-6-1) 仮想テーブルの利用イメージ

1月販売テーブル s_5_5_a

date	product_name	qty
2024-01-10	アジ	3
2024-01-11	タコ	1
2024-01-15	サバ	3
2024-01-18	キス	2
2024-01-20	タイ	1

2月販売テーブル s_5_5_b

date	product_name	qty
2024-02-09	アジ	3
2024-02-12	ブリ	3
2024-02-15	キス	3
2024-02-19	タイ	2
2024-02-28	イカ	1

product_name
アジ
タコ
サバ
キス
タイ
ブリ
イカ

UNION DISTINCT により、重複のない和集合を作成する

この結果を仮想テーブルとし、それに対してCOUNT(*) を実行すれば、[product_name] フィールドのレコード数を取得できる

なお、仮想テーブルを作成する方法には、ここで新しく学ぶ「**WITH**」句と、SECTION 2-6でBigQuery上での操作を解説した「ビュー」、そして「サブクエリ」の3つがあります。WITH句とビューは本節で、サブクエリはCHAPTER 6で詳しく学びます。

WITH句で仮想テーブルを作成する

WITH句で仮想テーブルを作成し、その仮想テーブルを利用する構文は、以下の［5-6-2］の通りです。WITH句で仮想テーブルを作成したら、その仮想テーブルがあたかも実在するかのように扱って、通常のSQL文を記述する、と考えてください。

5-6-2 WITH句の構文

```
WITH 仮想テーブルの名前  AS (
仮想テーブルを作成するSQL文)

SELECT フィールド名
FROM 仮想テーブルの名前
```

この構文を利用して、［5-6-1］で示した「1月または2月に販売されたユニークな商品の数」を取得してみましょう。次ページのSQL文［5-6-3］を見てください。

1〜4行目がWITH句で、仮想テーブルの名前は［jan_feb_sales］としました（もちろん任意で付けられます）。ASに続く半角カッコ内で、1月・2月の販売テーブルを対象に、UNION DISTINCTによって重複を許可しない和集合を取得しています。この結果が仮想テーブルとなります。

最後の6行目で、仮想テーブル［jan_feb_sales］を対象にCOUNT(*)を実行し、［unique_prod_count］としてレコード数を取得しました。利用している命令は、これまでにすべて学んだものです。WITH句で作成した仮想テーブルを対象にSQL文を記述するため、メインのクエリ（6行目）は非常にシンプルになりました。

5-6-3 仮想テーブルからレコード数を取得する

```
1    WITH jan_feb_sales AS (
2    SELECT product_name FROM impress_sweets.s_5_5_a
3    UNION DISTINCT
4    SELECT product_name FROM impress_sweets.s_5_5_b)
5
6    SELECT COUNT(*) AS unique_prod_count FROM jan_feb_sales
```

結果テーブル

行	unique_prod_count
1	7

和集合を作成したうえで
レコード数を取得できた

新しく学んだポイントをまとめると、次のようになります。仮想テーブルを利用することで、SQLで「できること」の幅が大きく広がることが想像できたでしょうか。

● WITH句ではASに続いてSQL文を記述できる
● そのSQL文の実行結果（＝仮想テーブル）に名前を付けられる
● FROM句で仮想テーブルを指定し、別のSQL文を実行できる

仮想テーブルの利用例をもう1つ挙げましょう。[5-6-1]の1月の販売テーブルから、商品の販売個数である [qty] が、テーブル全体の平均値よりも多い商品だけを取得したい、というシナリオを考えてみます。

このシナリオは、1月の販売テーブルに、販売個数の平均値を格納したフィールドを追加することで解決します。その状態を仮想テーブルとして表現したのが、次ページの [5-6-4] です。テーブル全体の平均値が [avg_qty] というカラム名で追加されていることを確認してください。この仮想テーブルがあれば、WHERE句を利用して「[avg_qty] よりも [qty] が多い」という条件を指定することで、簡単に目的のレコードだけを取り出せるはずです。

5-6-4　1月の平均販売個数を追加した仮想テーブル

date	product_name	qty	avg_qty
2024-01-10	アジ	3	2.0
2024-01-11	タコ	1	2.0
2024-01-15	サバ	3	2.0
2024-01-18	キス	2	2.0
2024-01-20	タイ	1	2.0

[qty] と [avg_qty] の
2つのフィールドから目
的の条件を指定できる

どのようにSQL文を記述すればよいか、順に考えていきましょう。まず平均販売個数は、GROUP BY句を使わずに、平均値を求めるAVG関数で取り出せます。SQL文は以下の［5-6-5］となります。

5-6-5　平均販売個数を取得する

```
SELECT AVG(qty) AS avg_qty
FROM impress_sweets.s_5_5_a
```

結果テーブル

行	avg_qty ▼
1	2.0

[avg_qty] フィールドとして
平均販売個数を取得できた

1月の販売テーブルは5レコードあり、[qty] の合計が10なので、上記の通り結果は「2.0」です。次に、この平均販売個数のみのテーブルを1月の販売テーブルと結合します。横につなぐのはJOINですが、4つのタイプのうち、どれになるでしょうか？

2つのテーブルには共通するフィールドがなく、左側（1月の販売テーブル）に右側（平均販売個数のみのテーブル）の全レコードを「総当たり」で結合するので、CROSS JOINが正解となります。

平均販売個数のみのテーブルを［total_avg_qty］という名前の仮想テーブルとして作成し、1月の販売テーブルに仮想テーブルをCROSS JOINで結合するSQL文は、以下の［5-6-6］となります。

5-6-6 平均販売個数の仮想テーブルを結合する

```
1    WITH total_avg_qty AS (
2    SELECT AVG(qty) AS avg_qty
3    FROM impress_sweets.s_5_5_a)
4
5    SELECT * FROM impress_sweets.s_5_5_a
6    CROSS JOIN total_avg_qty
```

結果テーブル

行	date ▼	product_name ▼	qty ▼	avg_qty ▼
1	2024-01-11	タコ	1	2.0
2	2024-01-20	タイ	1	2.0
3	2024-01-18	キス	2	2.0
4	2024-01-10	アジ	3	2.0
5	2024-01-15	サバ	3	2.0

> 1月の販売テーブルに平均販売個数のテーブルを総当たりで結合できた

あとは上記のSQL文の末尾に、「［avg_qty］よりも［qty］が多い」という条件を指定したWHERE句を付け加えれば完成です。以下のSQL文［5-6-7］を実行すると、目的の結果テーブルを取得できます。平均販売個数よりも売れた商品は、「2024-01-10のアジ」と「2024-01-15のサバ」でした。

5-6-7 平均販売個数よりも多く売れた商品を取得する

```
1    WITH total_avg_qty AS (
2    SELECT AVG(qty) AS avg_qty
3    FROM impress_sweets.s_5_5_a)
4
```

```
SELECT * FROM impress_sweets.s_5_5_a
CROSS JOIN total_avg_qty
WHERE qty > avg_qty
```

結果テーブル

行	date	product_name	qty	avg_qty
1	2024-01-10	アジ	3	2.0
2	2024-01-15	サバ	3	2.0

平均販売個数よりも多く
売れた商品に絞り込めた

　なお、WITH句で作成できる仮想テーブルは、1つとは限りません。以下の
構文［5-6-8］に従って、複数の仮想テーブルを作成できます。

　次ページの［5-6-9］は、2つの仮想テーブルを作成している記述例です。
1〜4行目のWITH句により、［avg_qty_1］と［avg_qty_2］と名前を付けた
2つの仮想テーブルが作成されています。前者は1月の販売テーブルにおける
［qty］の平均値、後者は同じく2月の平均値です。

　それらを3月の販売テーブル（前節の［5-5-22］を参照）にCROSS JOIN
で結合し、WHERE句を利用して3月の商品のうち、1月・2月のどちらの平
均販売個数よりも多く売れた商品のみに絞り込みました。次ページの通り、意
図した結果テーブルが取得できています。

5-6-8 WITH句の構文（複数の仮想テーブルを作成）

```
WITH 仮想テーブル①の名前 AS (
仮想テーブル①を作成するSQL文),
仮想テーブル②の名前 AS (
仮想テーブル②を作成するSQL文)
```

(5-6-9) 2つの仮想テーブルを作成する

```
1   WITH avg_qty_1 AS (
2   SELECT AVG(qty) AS avg_qty_jan
3   FROM impress_sweets.s_5_5_a),
4   avg_qty_2 AS (
5   SELECT AVG(qty) AS avg_qty_feb
6   FROM impress_sweets.s_5_5_b)
7
8   SELECT * FROM impress_sweets.s_5_5_c
9   CROSS JOIN avg_qty_1
10  CROSS JOIN avg_qty_2
11  WHERE qty > avg_qty_jan AND qty > avg_qty_feb
```

結果テーブル

行	date ▼	product_name ▼	qty ▼	avg_qty_jan ▼	avg_qty_feb ▼
1	2024-03-03	エビ	3	2.0	2.4

> 2つの仮想テーブルを利用して
> 目的のレコードを取得できた

仮想テーブルを数珠つなぎで作成する

　上記のSQL文では、仮想テーブルとして1月テーブルの販売の平均、2月テーブルの販売の平均を作成しました。そこでは1つ目と2つ目の仮想テーブルにまったく関係はありませんでした。一方、WITH句を利用した仮想テーブルの作成は、1つ目のWITH句で作成した仮想テーブル①を元にして2つ目のWITH句で仮想テーブル②を作成し、②の仮想テーブルに対してメインのSQLを実行して結果テーブルを得る、という数珠つなぎ的な使い方もできます。

　次ページのSQL文 [5-6-10] では、1行目から5行目までで、1月販売テーブルと2月販売テーブルをUNIONした仮想テーブル [jan_feb_union] を作成しています。また、6行目から8行目までで、仮想テーブル [jan_feb_ union］の仮想テーブル全体の［qty］の平均を［avg_qty］というカラム名で取得し、仮想テーブルの名前として［avg_qty_of_jan_feb］を付けています。

　そのうえで、10行目から始まるメインのクエリでは、10行目で3月販売テーブルを指定し、11行目で［avg_qty_of_jan_feb］とCROSS JOINしています。12行目のWHERE句では［avg_qty］、つまり1月、2月を通した販売の平均を上回る［qty］であったレコードの全フィールドを取得しています。

（5-6-10）仮想テーブルを数珠つなぎで作成する

```
WITH jan_feb_union AS (
SELECT * FROM impress_sweets.s_5_5_a
UNION ALL
SELECT * FROM impress_sweets.s_5_5_b
),
avg_qty_of_jan_feb AS (
SELECT AVG(qty) AS avg_qty FROM jan_feb_union
)

SELECT * FROM impress_sweets.s_5_5_c
CROSS JOIN avg_qty_of_jan_feb
WHERE qty > avg_qty
```

結果テーブル

行	date	product_name	qty	avg_qty
1	2024-03-03	エビ	3	2.2

> 1月、2月を通した平均販売数を上回る［qty］を記録した3月販売のレコードのみを抽出できた

　複雑なロジックで分析を行う必要がある場合、このようにWITH句を数珠つなぎにすることで、あたかもデータプレパレーションツールのように、ステッ

プに分けたテーブルの準備ができます。

　次の［5-6-11］はデータプレパレーションツールであるTableau Prep Builderで、［5-6-10］が実行した数珠つなぎの仮想テーブルの作成と同じことを実行したときの画面です。「数珠つなぎ」と表現している仮想テーブルの連続的な作成について、より直感的に理解できます。

5-6-11 「数珠つなぎのWITH句」の再現例

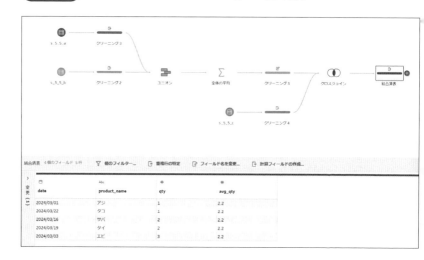

ビューで仮想テーブルを作成する

　続いて、ビューを利用した仮想テーブルの作成について解説します。SECTION 1-3のおさらいですが、ビューとはSQL文の実行結果を保存したものです。これは「仮想テーブルを保存したもの」とも表現できます。

　WITH句で作成した仮想テーブルは、BigQueryのクエリエディタ内のみに記述されており、保存された状態にありません。そのため、同じ仮想テーブルの使い回しができず、その都度、WITH句を使って記述する必要があります。今ちょっとだけ分析したいときにはピッタリですが、繰り返し使いたいケースでは最適な方法ではありません。

　一方、ビューはBigQuery上に名前を付けて保存されているため、**あたかも実体のあるテーブルのように使い回しができます**。例えば、以下の［5-6-12］のように、1月・2月の販売テーブルをUNION DISTINCTで結合した仮想テーブルが得られたとします。それをビューとして任意の名前、例えば［jan_feb_unique_products］と名前を付けて保存すれば、ほかのSQL文でも利用することが可能になります。

(5 - 6 -12)　ビューの利用イメージ

s_5_5_a

1月販売テーブル	date	product_name	qty
	2024-01-10	アジ	3
	2024-01-11	タコ	1
	2024-01-15	サバ	3
	2024-01-18	キス	2
	2024-01-20	タイ	1

s_5_5_b

2月販売テーブル	date	product_name	qty
	2024-02-09	アジ	3
	2024-02-12	ブリ	3
	2024-02-15	キス	3
	2024-02-19	タイ	2
	2024-02-28	イカ	1

product_name
アジ
タコ
サバ
キス
タイ
ブリ
イカ

UNION DISTINCTにより仮想テーブルを作成する

jan_feb_unique_products

product_name
アジ
タコ
サバ
キス
タイ
ブリ
イカ

名前を付けてBigQuery上のビューとして保存できる

　ビューの保存方法は、SECTION 2-6を参照してください。そこでも触れた通り、SQL文を実行しなくてもビューは保存できますが、結果テーブルの内容を確認してから保存することをおすすめします。
　保存したビューは、次ページの［5-6-13］のようにBigQueryのコンソール内にあるナビゲーションパネルに表示されます。ビューを作成したときに指定したデータセットの配下から参照してください。

5-6-13 保存したビュー

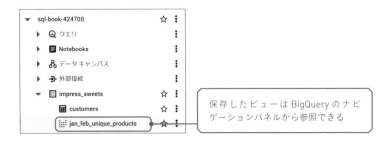

保存したビューは BigQuery のナビゲーションパネルから参照できる

[5-6-12] で示したように、1月・2月の販売テーブルをUNION DISTINCTで結合した仮想テーブルをビューとして保存し、そのビューのレコード数を取得するSQL文は以下の [5-6-14] となります。ビューはテーブルのように使い回せるので、ビュー名である [jan_feb_unique_products] をFROM句で指定すれば、あとは通常のSQL文と同じです。

5-6-14 ビューからレコード数を取得する

```
1  SELECT COUNT(*) AS count_of_products
2  FROM impress_sweets.jan_feb_unique_products
```

結果テーブル

ビューを対象にレコード数を取得できた

ビューの参照時には元のSQL文が再実行される

ビューとテーブルは、BigQuery上でのアイコンが異なること以外に、重要な違いがあります。テーブルのように見えても、ビューはあくまでも仮想のテーブルであり、その本質はSQL文の実行によって生成される結果テーブルであるということです。

　そのため、ビューを対象としたSQL文は、以下の図［5-6-15］のような流れで処理されます。まず、FROM句でビューを指定したSQL文を実行すると、ビューを作成した元のSQL文が、実体のあるテーブルを対象として再実行されます。その結果、ビュー（＝仮想テーブル）が更新され、その更新されたビューに対してSQL文を実行した結果が表示されます。図中の例ではCOUNT(*)が実行され、ビューのレコード数が返される形です。

5-6-15　ビューを対象としたSQL文の処理イメージ

FROM 句でビューを指定した SQL 文を実行する

```
SELECT COUNT(*) AS count_of_products
FROM jan_feb_unique_products
```

ビューを作成した元の SQL 文が、実体のあるテーブルに対して実行される

```
SELECT product_name FROM impress_sweets.s_5_5_a
UNION DISTINCT
SELECT product_name FROM impress_sweets.s_5_5_b
```

jan_feb_unique_products

product_name
アジ
タコ
サバ
キス
タイ
ブリ
イカ

ビュー（＝仮想テーブル）が更新される

更新されたビューに対してSQL 文が実行される

count_of_products
7

　このような「ビューを対象としたSQL文を実行すると、そのビューを作成したSQL文が再実行される」という性質は、次の動作を生む原因になります。

● ビューを作成した元のSQL文の実行に時間がかかると、ビューを対象としたSQL文の実行にも時間がかかる
● 実体のあるテーブルが更新されると、ビューを対象としたSQL文の実行結果が変化する

　上記が望ましくない場合、仮想テーブルをビューとしてではなく、実体のあるテーブルとして保存するとよいでしょう。SQL文の結果をテーブルとして保存する方法も、SECTION 2-6で解説しています。

複数のテーブルと仮想テーブルが出てきて、少しこんがらがってきました。

実は、そうした場合に有効なのがWITH句による仮想テーブルの作成です。JOINやUNIONなどを使ったクエリの対象をWITH句の仮想テーブルで作成し、本体と分離してしまえば、本体のSQL文は非常にシンプルに記述できます。

BigQueryはエラーが出てもすぐに分かるし、修正して何度でも実行できるのがいいですね。正しい結果テーブルが返るとうれしいので、次の問題もやってみます！

5-7 確認ドリル

問題 011

　[sales] テーブルと [products] テーブルを結合して、カテゴリ（product_category）別の販売金額（revenue）の合計を集計し、金額の大きい順に並べてください。販売金額を合計で集計したカラムの名称は [sum_revenue] としてください。

問題 012

　[sales] テーブルから商品ID（product_id）別の販売個数（quantity）の合計と、その合計がテーブル全体の販売個数の何%になっているかの割合（sales_share）を調べてください。[sales_share] は小数で構いません。結果テーブルは、商品ID（product_id）、販売個数の合計（sum_qty）、販売個数の割合（sales_share）の3カラムとし、[sales_share] の高い順に5レコードに絞り込んでください。

問題 013

　[sales]テーブル、[products]テーブル、[customers]テーブルを結合して、性別（gender）および商品カテゴリ（product_category）ごとの販売金額の合計を取得してください。性別（gender）は「1」の場合に「男性」、「2」の場合に「女性」、それ以外は「不明」とします。並べ替えは、性別（昇順）、販売金額の合計（降順）として、結果テーブルは、性別（customer_gender）、商品カテゴリ（product_category）、販売金額の合計（sum_revenue）の3カラムとしてください。

問題 014

[sales] テーブルを利用して、2023年7〜9月には10個以上販売されていたのに、2023年10〜12月には10個以上売れなくなってしまった商品のリストを取得してください。結果テーブルは [product_id] だけの1カラムとします

問題 015

[sales] テーブルと [products] テーブルを結合して、商品名（product_name）別に利益の大きい順に3つの商品を取り出してください。結果テーブルは、商品名（product_name）、販売個数の合計（sum_quantity）、販売金額の合計（sum_revenue）、コストの合計（sum_cost）、利益の合計（profit）の5カラムとします。

サブクエリ

本章で学ぶ「サブクエリ」は「副問い合わせ」とも呼び、仮想テーブルを柔軟に利用する方法です。SQL文を入れ子にして（ネストして）記述するので、SQLが苦手な人は、サブクエリでつまずく人も多いように思います。しかし、仮想テーブルと同様に、SQLでできることが何倍にも広がるので、ぜひついてきてください。

SECTION
6-1 サブクエリの記述と戻り値の利用

本書での学習も後半戦に入ってきました。ここでは「サブクエリ」をマスターしてもらいますが、まずは基本を理解してください。

はい！「クエリ」はSQL文のことでしたよね。サブのSQL文、ということでしょうか？

その通りです。クエリは「問い合わせ」という意味でもあるので、メイン（主）に対するサブ（副）として「副問い合わせ」とも呼ばれます。

仮想テーブルを柔軟に作成し、利用できる

SECTION 5-6では仮想テーブルについて学びましたが、仮想テーブルの作成方法には、WITH句、ビュー、サブクエリの3つがあると述べました。本節ではサブクエリについて解説します。

概念的には、次ページの図［6-1-1］のようになります。最終的な結果テーブルを返すSQL文をメインのクエリとすると、サブクエリは**メインのクエリが必要とする部分的な結果を返すSQL文**、と表現できます。

例え話をします。あるレストランで、お客さまに「フライドポテトを添えたステーキプレート」を提供するとしましょう。厨房ではメインのシェフがステーキを焼きますが、同時にサブのシェフにポテトを揚げるように指示します。このフライドポテトの調理をさせる指示が「副問い合わせ」に当たります。

そして、サブのシェフの調理が終わり、完成したフライドポテトが「戻り値」に当たります。メインのシェフは、自分が調理したステーキにフライドポテト

を添えて、ステーキプレートを提供します。このステーキプレートが、最終的な結果テーブルに当たるわけです。

6-1-1 メインのクエリとサブクエリの関係

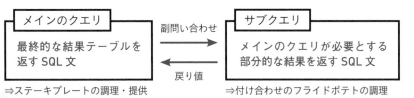

メインのクエリ		サブクエリ
最終的な結果テーブルを返す SQL 文	副問い合わせ → ← 戻り値	メインのクエリが必要とする部分的な結果を返す SQL 文

⇒ステーキプレートの調理・提供　　　⇒付け合わせのフライドポテトの調理

SQLに話を戻しましょう。SECTION 5-6で提示した［s_5_5_a］テーブルから、販売個数（qty）の全体の平均値よりも多く売れた商品を取得するSQL文として、以下の［5-6-7］（再掲）を記述しました。

```
WITH total_avg_qty AS (
SELECT AVG(qty) AS avg_qty
FROM impress_sweets.s_5_5_a)

SELECT * FROM impress_sweets.s_5_5_a
CROSS JOIN total_avg_qty
WHERE qty > avg_qty
```

このSQL文についてはSECTION 5-6で解説した通りですが、①WITH句で［qty］の平均値を格納した仮想テーブルを作成し、②1月の販売テーブルと仮想テーブルをCROSS JOINし、③結合したテーブルのレコードをWHERE句で絞り込む、という3つの手順を踏むのは、やや面倒ではあります。
　一方、サブクエリを利用すれば、①と②の手順を省略した次ページのSQL文［6-1-2］で、同じ処理を実現できます。

6-1-2 サブクエリの記述例

```
1   SELECT * FROM impress_sweets.s_5_5_a
2   WHERE qty > (SELECT AVG(qty)
3   FROM impress_sweets.s_5_5_a)
```

　何というシンプルさでしょう。上記の2行目に注目すると、WHERE句で
［qty］と比較する対象として、半角カッコで囲まれた、SELECT句から始まる
別のSQL文が指定されています。この部分こそがサブクエリです。そして、サ
ブクエリを実行した結果として「AVG(qty)」を［qty］の比較対象とすることで
目的の結果テーブルが得られます。

　このように、1つのSQL文の中で、別のSQL文を利用するのがサブクエリです。
**SQL文の中にSELECT句が複数記述されている場合には、サブクエリが使われ
ている**と考えてください。

　サブクエリには戻り値があり、上記のSQL文では「AVG(qty)」による集計値
が該当します。これは「1つの値のみ」ですが、サブクエリに記述するSQL文
によって、以下の図［6-1-3］に示した「1列n行のリスト」「m列n行の表」
の形をとります。以降で1つずつ解説しましょう。

6-1-3 サブクエリの戻り値の種類

1つの値のみ
28
0.38
東京
18254
2019-12-03

1列n行のリスト	
pref	value
青森	254
福島	584
奈良	447
愛知	112
長野	321

m列n行の表		
pref	value	has_sea
青森	254	true
福島	584	true
奈良	447	false
愛知	112	true
長野	321	false

サブクエリで「1つの値のみ」を取得する

まずは以下のテーブル［6-1-4］を対象に「1つの値のみ」を取得し、サブクエリとして利用する方法を見ていきましょう。これまで通り、SQLの動作が理解しやすいように、9レコードの小さなテーブルとなっています。

北海道、東京、千葉における令和3年から令和5年の3年間の最低賃金がまとまっており、都道府県が［pref］、年度が［year］、最低賃金が［min_wage］というフィールドにそれぞれ格納されています。テーブル名は［s_6_1_a］とします。ちなみに、データは厚生労働省が発表している本物です。

6-1-4　3年間の都道府県別最低賃金テーブル

s_6_1_a

pref	year	min_wage
東京	R3	1041
東京	R4	1072
東京	R5	1113
北海道	R3	889
北海道	R4	920
北海道	R5	960
千葉	R3	953
千葉	R4	984
千葉	R5	1026

このテーブルから「1つの値のみ」を取得するには、次の3つの方法が考えられます。いずれも、これまでに学んできたSQL文で実現できるので、一気におさらいしていきます。

● レコードを絞り込む
● 集計関数を利用する
● 絞り込みと集計関数を併用する

レコードを絞り込む方法の具体例としては、以下の［6-1-5］のSQL文が挙げられます。WHERE句を使って［pref］を「東京」に、［year］を「R3」に絞り込み、「1041」という1つの値のみを取得しています。

集計関数を利用する方法の例は、その下の［6-1-6］のようになります。MAX関数を利用し、［min_wage］の最大値である「1113」を取得しています。

絞り込みと集計関数を併用する方法では、次ページの［6-1-7］のようなSQL文が想定できます。［pref］を「東京」に絞り込み、MIN関数で［min_wage］の最小値を求めています。結果は「1041」となります。

(6-1-5) レコードを絞り込む

```
1    SELECT min_wage FROM impress_sweets.s_6_1_a
2    WHERE pref = "東京" AND year = "R3"
```

結果テーブル

東京の R3 の最低賃金という「1つの値のみ」を取得できた

(6-1-6) 集計関数を利用する

```
1    SELECT MAX(min_wage) AS max_min_wage
2    FROM impress_sweets.s_6_1_a
```

結果テーブル

テーブルの中で最大の最低賃金という「1つの値のみ」を取得できた

6-1-7 絞り込みと集計関数を併用する

```
SELECT MIN(min_wage) AS min_tokyo_min_wage
FROM impress_sweets.s_6_1_a
WHERE pref = "東京"
```

結果テーブル

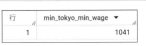

行	min_tokyo_min_wage ▼
1	1041

東京の最低賃金の最小値を
取得できた

　では、このような「1つの値のみ」をサブクエリからの戻り値として、メインのクエリで利用してみます。方法としては以下の3つがあり、順に解説していきます。

1. SELECT句で新しいフィールドを作成する
2. SELECT句でフィールド同士を計算する
3. WHERE句での絞り込みに利用する

▶ SELECT句で新しいフィールドを作成する

　1の方法では、サブクエリとして取得した「1つの値のみ」を、メインのクエリから得られる結果テーブルに新しいフィールドとして作成します。次ページのSQL文［6-1-8］の1～2行目に注目してください。

　半角カッコで囲まれた、SELECT句から始まるサブクエリが記述されています。また、取得する値として最低賃金の平均値「AVG(min_wage)」が指定され、[avg_min_wage]と別名を付けたフィールドとして結果テーブルに格納されました。

　既存のテーブルの全フィールドに新しいフィールドを追加するので、メインのクエリは「SELECT *, 追加するフィールド名」の構文となっています（SECTION 3-2を参照）。フィールドとして「1つの値」を指定すると、全レコードに同じ値が記録されるということを確認してください。

6-1-8 サブクエリの戻り値で新しいフィールドを作成する

```
1  SELECT *, (SELECT AVG(min_wage)
2  FROM impress_sweets.s_6_1_a)
3  AS avg_min_wage
4  FROM impress_sweets.s_6_1_a
```

結果テーブル

行	pref ▼	year ▼	min_wage ▼	avg_min_wage ▼
1	東京	R3	1041	995.33333333333337
2	東京	R4	1072	995.33333333333337
3	東京	R5	1113	995.33333333333337
4	北海道	R3	889	995.33333333333337
5	北海道	R4	920	995.33333333333337
6	北海道	R5	960	995.33333333333337
7	千葉	R3	953	995.33333333333337
8	千葉	R4	984	995.33333333333337
9	千葉	R5	1026	995.33333333333337

最低賃金の平均値が [avg_min_wage] フィールドとして作成された

▶SELECT句でフィールド同士を計算する

2の方法では、サブクエリとして取得した「1つの値のみ」を定数のように扱い、メインのクエリでの演算に利用します。次ページのSQL文[6-1-9]の、同じく1～2行目に注目してください。

[min_wage] からサブクエリの戻り値である「AVG(min_wage)」の結果を差し引き、都道府県ごとの最低賃金と、最低賃金の平均値との差を求めています。その結果は[diff_from_table_avg]フィールドとして、結果テーブルに格納されました。

6-1-9 サブクエリの戻り値で演算する

```
SELECT *, min_wage - (SELECT AVG(min_wage)
FROM impress_sweets.s_6_1_a)
AS diff_from_table_avg
FROM impress_sweets.s_6_1_a
```

結果テーブル

行	pref ▼	year ▼	min_wage ▼	diff_from_table_avg ▼
1	東京	R3	1041	45.666666666666629
2	東京	R4	1072	76.666666666666629
3	東京	R5	1113	117.66666666666663
4	北海道	R3	889	-106.33333333333337
5	北海道	R4	920	-75.333333333333371
6	北海道	R5	960	-35.333333333333371
7	千葉	R3	953	-42.333333333333371
8	千葉	R4	984	-11.333333333333371
9	千葉	R5	1026	30.666666666666629

各レコードの最低賃金と、テーブル全体の
最低賃金の平均値の差を取得できた

▶ WHERE句での絞り込みに利用する

3の方法では、サブクエリの戻り値を定数と見立てて、メインのクエリの
WHERE句における絞り込みの条件として組み込みます。次ページのSQL文
[6-1-10] の3〜4行目に注目してください。

WHERE句で元のテーブルの [min_wage] と、サブクエリの戻り値である
「AVG(min_wage)」を比較し、最低賃金が全体の平均値よりも高いレコードだ
けに結果テーブルを絞り込んでいます。サブクエリの戻り値を、あたかも定数
のように利用していることが理解できると思います。

(6-1-10) サブクエリの戻り値で絞り込む

```
1   SELECT *
2   FROM impress_sweets.s_6_1_a
3   WHERE min_wage > (SELECT AVG(min_wage)
4   FROM impress_sweets.s_6_1_a)
```

結果テーブル

行	pref ▼	year ▼	min_wage ▼
1	東京	R3	1041
2	東京	R4	1072
3	東京	R5	1113
4	千葉	R5	1026

最低賃金が全体の平均値よりも
高い都道府県のみに絞り込んだ

サブクエリで「1列n行」のリストを取得する

　続いて、サブクエリの戻り値の種類のうち、「1列n行のリスト」を利用する
方法を見ていきます。戻り値が「1列n行のリスト」なので、SELECT句には
フィールド名を1つだけ記述すればよく、「1つの値のみ」のように集計関数を
使って工夫する必要はありません。しかし、使い方は少々複雑です。

　例として、[6-1-4]で提示した3年間の都道府県別最低賃金テーブルを対
象に、「最低賃金が1年でも全体の平均値を上回ったことのある都道府県の、3
年間での最低賃金の平均値」を取得したいとします。「最低賃金が1年でも全
体の平均値を上回ったことのある都道府県」に該当するのは、[6-1-10]の結
果テーブルから「東京」と「千葉」であることが分かります。

　よって、その2都県に絞り込んだうえで、それぞれの3年間での最低賃金の
平均値を取得すればよい、という考えに至ります。そのためのSQL文は、次ペ
ージの[6-1-11]の通りです。3行目のWHERE句での絞り込み、あるいは3
行目をコメントアウトして、5行目のコメントを外したHAVING句による絞り
込みとして記述できるでしょう。その際、絞り込みの演算子としてINが利用
されていることが分かります。

6-1-11 WHERE句あるいはHAVING句による絞り込み

```
SELECT pref, AVG(min_wage) AS avg_min_wage_by_pref
FROM impress_sweets.s_6_1_a
WHERE pref IN ("東京", "千葉")
GROUP BY pref
-- HAVING pref IN ("東京", "千葉")
```

　しかし、上記のWHERE句およびHAVING句の条件として指定している「東京」と「千葉」は、ここでの例が小さなテーブルだから自明なだけで、実務で利用するような大きなテーブルでは不明なはずです。
　よって、「東京」と「千葉」といった特定の値ではなく、「最低賃金が1年でも全体の平均値を上回ったことのある都道府県のリスト」を取得する必要があります。それを実現するSQL文は、以下の［6-1-12］となります。

6-1-12 条件を満たす値のリストを取得する

```
SELECT DISTINCT pref
FROM impress_sweets.s_6_1_a
WHERE min_wage > (SELECT AVG(min_wage)
FROM impress_sweets.s_6_1_a)
```

結果テーブル

行	pref ▼
1	東京
2	千葉

最低賃金が1年でも全体の平均値を
上回ったことのある都道府県のリス
トを取得できた

　上記の結果テーブルの通り、「東京」と「千葉」という値が「1列n行のリスト」として取得できました。

　これをサブクエリの戻り値として利用し、「最低賃金が1年でも全体の平均値を上回ったことのある都道府県の、3年間での最低賃金の平均値」を取得するSQL文は、以下の［6-1-13］または次ページの［6-1-14］となります。

　前者はWHERE句、後者はHAVING句を利用した場合で、それぞれのIN演算子での比較対象として前掲の［6-1-12］をサブクエリとして記述しています。結果、「東京」と「千葉」の3年間での最低賃金の平均値が［avg_min_wage］フィールドとして取得できました。

　複数の構文が組み合わさっているので、少々難しいと感じたかもしれません。今、新しく学んでいることを整理すると、**IN演算子の比較対象には、サブクエリで取得した「1列n行のリスト」を利用できる**、となります。この点をしっかり覚えてください。

6-1-13 WHERE句にサブクエリを組み込む

```
1    SELECT pref, AVG(min_wage) AS avg_min_wage
2    FROM impress_sweets.s_6_1_a
3    WHERE pref IN (
4    SELECT pref
5    FROM impress_sweets.s_6_1_a
6    WHERE min_wage
7    > (SELECT AVG(min_wage) FROM impress_sweets.s_6_1_a)
8    )
9    GROUP BY pref
```

6-1-14 HAVING句にサブクエリを組み込む

```
SELECT pref, AVG(min_wage) AS avg_min_wage
FROM impress_sweets.s_6_1_a
GROUP BY pref
HAVING pref IN (
SELECT pref
FROM impress_sweets.s_6_1_a
WHERE min_wage
> (SELECT AVG(min_wage) FROM impress_sweets.s_6_1_a)
)
```

結果テーブル

行	pref ▼	avg_min_wage ▼
1	東京	1075.333333333...
2	千葉	987.6666666666...

「東京」と「千葉」という定数を利用せずに、3年間のうち一度でも最低賃金を上回った都道府県の3年間の平均賃金を取得できた

サブクエリで「m列n行の表」を取得する

　サブクエリからの戻り値として「1つのみの値」と「1列n行のリスト」を学んできましたが、利用頻度が最も高いのが、ここで学ぶ「m列n行の表」です。このサブクエリは多様な用途で使われますが、そのうち、代表的な使い方の1つである「集計の集計」を行う例を見ていきましょう。

　まず、基本的な構文として次ページの［6-1-15］を見てください。ポイントは、3行目に記述されているサブクエリが、メインのクエリである1行目のSELECT句を対象とするFROM句として記述されている点です。つまり、**サブクエリからの戻り値である「m列n行の表」を仮想テーブルと見立て、それを対象としてメインのクエリを実行する**形になっています。

6-1-15 「m列n行の表」を戻り値とするサブクエリの構文

```
1   SELECT フィールド名
2   FROM (
3   SELECT フィールド名 FROM テーブル名
4   )
```

SQL文の対象とする実体のあるテーブルの例として、次の［6-1-16］を利用します。これは令和5年10月発表の都道府県別の最低賃金と、人口（千人単位）をまとめたもので、47都道府県に相当するレコードがあります。

このテーブルから「最低賃金が900円を超える都道府県の数と、それらの最低賃金の平均値」を取得したいとしましょう。テーブル名は［s_6_1_b］とします。

6-1-16 都道府県別の推定人口・最低賃金テーブル

s_6_1_b

pref_id	pref	population	r5_min_wage
1	北海道	5092	960
2	青森	1184	898
3	岩手	1163	893
4	宮城	2264	923
5	秋田	914	897
⋮	⋮	⋮	⋮
43	熊本	1686	898
44	大分	1095	899
45	宮崎	1041	897
46	鹿児島	1547	897
47	沖縄	1416	896

もし、知りたいことが「最低賃金が900円を超える都道府県名と、それぞれ の最低賃金」なのであれば、サブクエリを利用することなしに、以下のSQL 文［6-1-17］の通りに記述できます。SELECT句で［pref］と［r5_min_ wage］の2つのフィールドを指定し、WHERE句で［r5_min_wage］が「900」 より多いという条件を指定すればいいので簡単です。

6-1-17 取得するフィールドと条件を指定する

```
SELECT pref, r5_min_wage FROM impress_sweets.s_6_1_b
WHERE r5_min_wage > 900
```

しかし、本当に取得したいのは最低賃金が900円を超えるという条件下で の「都道府県の数」と、該当する都道府県の「最低賃金の平均値」なので、 COUNT関数とAVG関数による集計が必要になります。2つの関数の対象とな るのは、上記のSQL文の結果テーブルです。

よって、それがメインのクエリの実行対象である仮想テーブルとなるよう、 FROM句のサブクエリとして［6-1-17］を記述します。そのうえで、メイン のクエリで全体のレコード数と、［r5_min_wage］の平均値を求めればよい、 ということになります。具体的なSQL文は次ページの［6-1-18］です。

なお、1行目にあるSELECT句では、「COUNT(*)」の代わりに「COUNT(pref)」 または「COUNT(DISTINCT pref)」として、都道府県の値の個数を数えても同 じ結果になります。3〜6行目のサブクエリと、1〜2行目のメインのクエリ を切り離して考えると理解しやすいと思います。

[s_6_1_b]は本書の解説上は「小さなテーブル」ですが、 47都道府県の推定人口と最低賃金という比較的大きな データを含んでいます。ぜひサポートページから取得し て、実際の動作を検証してみてください。

6-1-18 FROM句にサブクエリを組み込む

```
1   SELECT COUNT(*) AS pref_count
2   , AVG(r5_min_wage) AS avg_min_wage
3   FROM (SELECT pref
4   , r5_min_wage FROM impress_sweets.s_6_1_b
5   WHERE r5_min_wage > 900
6   )
```

結果テーブル

行	pref_count ▼	avg_min_wage ▼
1	31	969.8387096774...

最低賃金が900円を超える都道府県の数と、それらの最低賃金の平均値を取得できた

● STEP UP ●

複数のサブクエリを入れ子にする

サブクエリは複数を入れ子にすることもできます。次ページの［6-1-19］では、各都道府県の最低賃金をテーブル全体の最低賃金の平均値と比較した結果に基づき、都道府県を「平均未満都道府県」と「平均以上都道府県」にグループ化し、「各都道府県の最低賃金とテーブル全体の平均値との差の平均」を求めています。複数のサブクエリをネストできることを示すため、あえて過剰なほどに入れ子にしたサブクエリを記述しています。

このように他人が書いたSQL文を読み解くには、「内側から読み解く」のが基本です。入れ子のいちばん内側にあるクエリを読み解き、それが1つ外側にあるクエリにどのような戻り値を返しているかを考えていきます。実務で使うような複雑なSQL文を外側から読み解いていては、非常に時間がかかることがあります。この基本はぜひ覚えてください。

6-1-19 多重の入れ子にしたサブクエリ

```
1   SELECT pref_cat, AVG(diff) AS diff_from_avg
2   FROM
3   (
4     SELECT *
5     , CASE
6       WHEN diff >=0 THEN "平均以上都道府県"
7       ELSE "平均未満都道府県"
8       END AS pref_cat
9     FROM (
10      SELECT *, r5_min_wage - avg_min_wage AS diff
11      FROM(
12        SELECT pref
13        , r5_min_wage
14        ,(SELECT AVG(r5_min_wage)
15          FROM impress_sweets.s_6_1_b)
16          AS avg_min_wage
17        FROM impress_sweets.s_6_1_b
18        )
19      )
20   )
21   GROUP BY pref_cat
```

結果テーブル

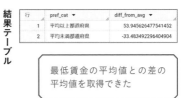

行	pref_cat ▼	diff_from_avg ▼
1	平均以上都道府県	53.945626477541452
2	平均未満都道府県	-33.483492296404904

最低賃金の平均値との差の
平均値を取得できた

上記のSQL文は、BigQueryのクエリエディタに記述したスクリーンショットとしていますが、これは「**インデント**」を理解してもらうためです。最も左から始まっている行と、3文字目、5文字目から始まっている行がありますが、それらの行のように、左から数文字分を空けて行を記述することを「インデントを入れる」といいます。

適切にインデントを入れることで、SQL文の読みやすさを向上させることができます。絶対的な決まりはないのですが、ここでは次のルールでインデントを入れています。

● 内側のクエリを始めるときは2文字分インデントする
● 同一のレベルにある命令は同じ文字数分インデントする
● 終了カッコは開始カッコがある行と同じ文字数分インデントする

では、SQL文を読み解いてみましょう。内側から順に説明します。

1. 最も内側：14〜16行目
   ⇒[6-1-16]のテーブル全体から最低賃金の平均値を取得し、[avg_min_wage] という別名で外側のクエリに「1つの値のみ」を返している。

2. 上記1の外側：12〜17行
   ⇒[6-1-16] のテーブルの [pref] [r5_min_wage]、および内側のクエリから渡された [avg_min_wage] という3カラムのテーブルを作っている。

3. 上記2の外側：10〜18行
   ⇒内側のクエリから渡されたテーブルの全フィールドに加えて、[r5_min_wage] と [avg_min_wage] の差を [diff] という名前で取得した4列47行のテーブルを作っている。

4. 上記3の外側：4〜19行
   ⇒内側のクエリから渡されたテーブルの各行について、[diff] が「0以上」であれば「平均以上都道府県」という文字列を、そうでなければ「平均未満都道府県」の文字列を格納する、[pref_cat] というフィールドを追加している。

5. 最も外側：1〜21行
   ⇒内側のクエリから渡されたテーブルを[pref_cat]でグループ化し、[diff] の平均値を計算して [diff_from_avg] というフィールドで表示している。

　結果として、[pref_cat] ごとに最低賃金の平均値との差の平均値である [diff_from_avg] を取得できています。

　これと同じ処理を、テーブル全体の平均を求めるサブクエリ以外は使わず、以下の［6-1-20］のように記述しても同じ結果が取り出せます。より少ない行数で同じ結果が導けるので、このSQL文のほうが優れているともいえるでしょう。

　ただ、サブクエリを利用したほうが、中間的な値を確認しながらSQL文を完成させていけるので、間違いが少なく、何をしているのかが分かりやすいというメリットもあります。適宜使い分けてください。

6-1-20 最も少ない入れ子にしたサブクエリ

```
1   SELECT
2   CASE
3   WHEN r5_min_wage
4   - (SELECT AVG(r5_min_wage)
5   FROM impress_sweets.s_6_1_b) >= 0
6   THEN "平均以上都道府県"
7   ELSE "平均未満都道府県"
8   END AS pref_cat
9   , AVG(r5_min_wage - (SELECT AVG(r5_min_wage)
10  FROM impress_sweets.s_6_1_b))
11  AS avg_diff
12  FROM impress_sweets.s_6_1_b
13  GROUP BY pref_cat
```

SECTION

6-2 サブクエリによる縦持ち横持ち変換

データベースには、データが縦に並んでいる「縦持ち」と、データが横に並んでいる「横持ち」という、2種類の「データの持ち方」があります。

縦持ちと横持ち？ はじめて聞きました……。どんな違いがあるんでしょうか？

意識したことがない人も多いでしょうから、例を挙げて違いを説明しますね。続いて、BigQuery上で横持ちのテーブルを縦持ちに変換したり、その逆をしたりする方法を解説しましょう。

データの持ち方の2つの種類

　本節では、サブクエリを利用したテーブル構造の変換について学びます。まず理解してほしいのが、テーブルにおける「データの持ち方」についてです。データベース上のデータの持ち方には「縦持ち」と「横持ち」と呼ばれる2つの種類があり、次ページの［6-2-1］のように表せます。

　左側にある縦持ちのテーブルは、前節の［6-1-4］として提示した3年間の都道府県別最低賃金テーブルと同じものです。そして、右側にある横持ちのテーブルも、3年間の都道府県別最低賃金テーブルです。構造が異なるだけで持っているデータとしては同じことが分かるでしょうか。

6-2-1 「縦持ち」と「横持ち」の違い

縦持ち

pref	year	min_wage
東京	R3	1041
東京	R4	1072
東京	R5	1113
北海道	R3	889
北海道	R4	920
北海道	R5	960
千葉	R3	953
千葉	R4	984
千葉	R5	1026

横持ち

pref	R3 min_wage	R4 min_wage	R5 min_wage
東京	1041	1072	1113
北海道	889	920	960
千葉	953	984	1026

例えば、このテーブルに令和6年のデータを加えるとき、縦持ちではカラム数はそのままで、レコード数が下に増えていきます。逆に、横持ちではレコード数はそのままで、カラム数が右に増えていきます。

データベースの世界では、縦持ちが一般的です。データベースはレコード数を増やすのは得意ですが、カラム数を増やすのは得意ではないためです。

しかし、アプリケーションから出力したCSVファイルや、印刷したときに見やすいように作成したExcelファイルをCSV形式に変換したファイルなどは、横持ちの構造になっている場合があります。そのようなファイルをアップロードしてBigQuery上にテーブルを作成すると、横持ちのテーブルが作成されることもあるでしょう。

縦持ちのテーブルと横持ちのテーブルの、どちらかが優れているわけではありません。ただ、次のように「SQLでやりやすいことが異なる」ということを覚えてください。

▶縦持ちのテーブル

縦持ちのテーブルは、前節でも登場した都道府県別の最低賃金の平均値を取得するなど、「集計計算がしやすい」のが特徴です。横持ちのテーブルで同様の集計をしようとすると、「(フィールド1の値＋フィールド2の値＋フィールド3の値)÷3」といった計算式の記述が必要になり、面倒です。

▶横持ちのテーブル

横持ちのテーブルは、例えば、都道府県ごとの最低賃金について「R4」（令和4年の最低賃金）の「R5」（令和5年の最低賃金）に対する伸び率を求めるような、「フィールド同士の計算がしやすい」という特徴があります。一方、縦持ちのテーブルで同じことをやろうとすると、サブクエリやSELF JOIN（SECTION 5-4を参照）を利用する必要があります。

横持ちのテーブルを縦持ちに変換する

横持ちのテーブルに対して集計作業の効率を上げたい場合や、TableauなどのBIツールで集計を行いたい場合には、横持ちのデータを縦持ちに変換することが望ましいでしょう。横持ちのテーブルを縦持ちに変換するには以下の2つの方法があり、以降で順に解説します。

● これまでに学んだSQLの構文で縦持ちに変換する
● UNPIVOT関数を利用して縦持ちに変換する

対象となるテーブルを、以下の[6-2-2]として紹介します。このテーブルは、[order_id]別に発生した売上を商品カテゴリ別に表現したものです。商品カテゴリはファッション（fashion）、雑貨（zakka）、食品（food）の3つであることが分かります。

6-2-2 横持ちのテーブル

s_6_2_a

order_id	fashion	zakka	food
123	18600	null	5800
124	null	2400	8800
125	6900	2900	11200
126	4200	3800	4500
127	null	9800	null

　この［s_6_2_a］テーブルを、［order_id］［product_cat］［revenue］とい
う3つのフィールドを持つ、縦持ちのテーブルに変換します。まずは、これま
でに学んだSQLの構文を使った方法を見ていきましょう。

　基本的な考え方は、ファッションのみ、雑貨のみ、食品のみの結果テーブル
をそれぞれサブクエリで作成し、それらをUNION ALLで「縦につなぐ」こと
です。ひとまずファッションのみの結果テーブルを取得するSQL文を記述する
と、以下の［6-2-3］となります。

　［order_id］はそのままで、新しく作成する［product_cat］フィールドに
「fashion」という固定的な文字列を格納し、［revenue］フィールドに［fashion］
の値を格納しています。結果、ファッションのみを縦持ちに変換したテーブル
が作成されました。

(6-2-3) ファッションのみを縦持ちに変換する

```
SELECT order_id
, "fashion" AS product_cat
, fashion AS revenue
FROM impress_sweets.s_6_2_a
ORDER BY order_id
```

行	order_id ▼	product_cat ▼	revenue ▼
1	123	fashion	18600
2	124	fashion	null
3	125	fashion	6900
4	126	fashion	4200
5	127	fashion	null

ファッションのみを
縦持ちのテーブルに
変換できた

　同様に、雑貨のみ、食品のみの結果テーブルをサブクエリで作成し、UNION ALLで重複を許可した和集合を作成するSQL文は以下の［6-2-4］となります。結果、5つの注文IDと3つの商品カテゴリによる、全15レコードの縦持ちのテーブルが完成しました。

(6-2-4) 縦持ちにしたテーブルから和集合を作成する

```
1    SELECT order_id
2    , "fashion" AS product_cat
3    , fashion AS revenue
4    FROM impress_sweets.s_6_2_a
5    UNION ALL
6    SELECT order_id
7    , "zakka"
8    , zakka
9    FROM impress_sweets.s_6_2_a
10   UNION ALL
11   SELECT order_id
12   , "food"
13   , food
14   FROM impress_sweets.s_6_2_a
15   ORDER BY 1, 2
```

結果テーブル

行	order_id ▼	product_cat ▼	revenue ▼
1	123	fashion	18600
2	123	food	5800
3	123	zakka	null
4	124	fashion	null
12	126	zakka	3800
13	127	fashion	null
14	127	food	null
15	127	zakka	9800

> すべての商品カテゴリを縦持ちのテーブルに変換できた

> UNION の場合、カラム名は最初の SELECT 句で指定した別名となるため、2つ目以降の SELECT 句で指定する必要はない

　このように横持ちから縦持ちに変換できれば、例えば「商品カテゴリごとの販売金額の合計値と平均値を求める」といった集計が簡単に行えます。以下の[6-2-5]は、横持ちから縦持ちへの変換と、商品カテゴリごとの販売金額の合計値・平均値の集計を一気に行うSQL文です。サブクエリが読み解きやすいようにインデントを入れています。

　6〜19行目がサブクエリで、[6-2-4]と同じSQL文になっています。このサブクエリの戻り値として得られる縦持ちのテーブル（m行n列の表）を対象に、[product_cat]でグループ化してSUM関数とAVG関数で[revenue]の合計値・平均値を取得しています。

(6-2-5) サブクエリで縦持ちに変換して集計値を取得する

```
SELECT product_cat
, SUM(revenue) AS sum_rev
, AVG(revenue) AS avg_rev
FROM
(
  SELECT order_id, "fashion" AS product_cat
  , fashion AS revenue
  FROM impress_sweets.s_6_2_a UNION ALL
  SELECT order_id, "zakka"
  , zakka
  FROM impress_sweets.s_6_2_a UNION ALL
  SELECT order_id, "food"
  , food
  FROM impress_sweets.s_6_2_a
)
GROUP BY product_cat
```

行	product_cat ▼	sum_rev ▼	avg_rev ▼
1	food	30300	7575.0
2	zakka	18900	4725.0
3	fashion	29700	9900.0

結果テーブル

縦持ちに変換したテーブルから [revenue] の合計値・平均値を取得できた

UNPIVOT関数を利用して縦持ちにする

続いて、横持ちデータを縦持ちに変換する専用の関数である、UNPIVOT関数を利用した方法を見ていきます。**UNPIVOT関数**は2021年7月に登場したもので、以下の [6-2-6] の構文で記述します。

6-2-6 UNPIVOT関数の構文

```
1  SELECT *
2  FROM 横持ちのテーブル名
3  UNPIVOT INCLUDE NULLS(指標を格納するカラム名
4  FOR 指標を分けていた基準名
5  IN (縦持ちにしたい値が格納されているカラム名※)
6  )
```
                              ※カラム名はカンマ区切りで指定

[6-2-2] で見た横持ちのテーブル（s_6_2_a）を縦持ちに変換する具体例で理解を深めましょう。UNPIVOT関数を記述したSQL文は次ページの [6-2-7] となります。

6-2-7 縦持ちのテーブルに変換する

```
SELECT *
FROM impress_sweets.s_6_2_a
UNPIVOT INCLUDE NULLS(
revenue FOR product_category IN (fashion, zakka, food)
) ❶            ❷                        ❸
```

結果テーブル

行	order_id	revenue	product_category
1	124	null	fashion
2	124	2400	zakka
3	124	8800	food
4	127	null	fashion
5	127	9800	zakka
6	127	null	food
7	126	4200	fashion
8	126	3800	zakka
9	126	4500	food
10	123	18600	fashion
11	123	null	zakka
12	123	5800	food
13	125	6900	fashion
14	125	2900	zakka
15	125	11200	food

UNPIVOT 関数を利用して、横持ちのテーブルを縦持ちに変換できた

SELECT句とFROM句は問題ないと思います。UNPIVOT関数はFROM句でテーブル名を指定した直後に記述します。元のテーブルにあった「null」を結果テーブル上のレコードとして含めたい場合、「INCLUDE NULLS」を記述します。「null」を無視したい場合、INCLUDE NULLSの代わりに「EXCLUDE NULLS」を記述します。上記では「null」を結果テーブルに含めたいので、INCLUDE NULLSを記述しています。

4行目の詳細は以下の通りです。「null」も含めて、元の横持ちのテーブルが縦持ちに変換されていることが確認できます。

❶指標列の名前を指定している部分です。元のテーブルは商品カテゴリごとの売上であったため、指標を格納する列には［revenue］という名前を付けて

います。[revenue] 列は結果テーブルに反映されていることが確認できます。

❷複数ある売上を格納した列（元のテーブルでは、fashion、zakka、food）が何を基準に分かれていたのかを記述します。今回の例では、商品カテゴリ別に売上が分かれていたので、商品カテゴリを示す [product_category] という名前を指定しています。[product_category] 列は結果テーブルに反映されていることが確認できます。

❸縦持ちに変更したい値（この場合は売上）が格納されていたカラム名の指定です。カッコの中にカンマで区切って記述します。これらの値は元のテーブルのカラム名と完全に合致している必要があります。

縦持ちのテーブルを横持ちに変換する

今度は、縦持ちのテーブルを横持ちに変換してみましょう。対象となるテーブルは次ページの ［6-2-8］ で、名前は ［s_6_2_b］ とします。

このテーブルは、2024年1〜4月にかけてWeb広告のテストをした結果を表しています。改善施策を3月に実施したので、1月と2月が実施前、3月と4月が実施後ということになります。テーブルには4つのフィールドがあり、[ad_id] は広告の識別ID、[phase] は改善施策の実施前後、[month] は月、[bounce_rate] は直帰率のことです。広告「A」は直帰率が改善、「B」はやや悪化したことが見てとれますが、「before」と「after」の変化率は、このテーブルの状態から直接は取り出せません。

そこで、テーブルを縦持ちから横持ちに変換し、フィールド同士の計算で変化率を求めてみましょう。完成した横持ちのテーブルをイメージすると、[ad_id]、[before] の直帰率、[after] の直帰率という3カラムを持つテーブルを戻り値として返すサブクエリがあれば、変化率を簡単に計算できそうです。

6-2-8 縦持ちのテーブル

s_6_2_b

ad_id	phase	month	bounce_rate
A	before	2024-01-01	0.69
A	before	2024-02-01	0.67
A	after	2024-03-01	0.63
A	after	2024-04-01	0.61
B	before	2024-01-01	0.5
B	before	2024-02-01	0.53
B	after	2024-03-01	0.56
B	after	2024-04-01	0.54

　縦持ちのテーブルを横持ちに変換する場合も、これまでに学んだSQLの構文を使った方法と、専用の関数を利用した方法の2種類があります。まずは、これまでに学んだSQLの構文での方法を見ていきます。

　サブクエリとするSQL文では、SELECT句で3つのフィールドを作成します。[ad_id] はそのままで、[before_index] に改善施策実施前の直帰率、[after_index] に改善施策実施後の直帰率を格納します。

　SQL文は以下の [6-2-9] の通りです。IF句を利用して特定の [phase] に該当したときだけ値を取得することにより、[before_index] と [after_index] を作成しています。結果テーブルの一部に「null」が残っていますが、[ad_id] ごとにグループ化し、集計関数でまとめてしまえば消えます。

6-2-9 横持ちに変換したテーブルを取得する

```sql
SELECT ad_id
, IF (phase = "before", bounce_rate, null)
AS before_index
, IF (phase = "after", bounce_rate, null)
AS after_index
FROM impress_sweets.s_6_2_b
```

行	ad_id ▼	before_index ▼	after_index ▼
1	A	0.69	null
2	A	0.67	null
3	A	null	0.63
4	A	null	0.61
5	B	0.5	null
6	B	0.53	null
7	B	null	0.56
8	B	null	0.54

結果テーブル

> 3つのフィールドを持つ横持ちの
> テーブルに変換できた

　最終的に、元のテーブルを縦持ちから横持ちに変換しつつ、広告IDごとに改善施策実施前後の直帰率の変化率を求めるSQL文は、以下の[6-2-10]となります。こちらもインデントを入れています。

　8〜13行目がサブクエリで、[6-2-9]のSQL文が記述されています。その外側にあるメインのクエリで[ad_id]によるグループ化を行い、4行目でフィールド同士の計算をした結果、直帰率の変化率が[change_in_point]フィールドとして求められています。結果テーブルでは、広告「A」は直帰率が6ポイント下がり（改善し）、広告「B」は3ポイント上がった（悪化した）ことが確認できました。

　なお、グループ化した[ad_id]から唯一の値を取り出すために集計が必要です。元データでは[before][after]ともに2レコードあるため、AVG関数を利用して平均を取得しています。

6-2-10 施策前後での直帰率の変化率

```
1   SELECT ad_id
2   , AVG(before_index) AS before_index
3   , AVG(after_index) AS after_index
4   , (AVG(after_index) - AVG(before_index)) * 100
5   AS change_in_point
6   FROM
7   (
8       SELECT ad_id
```

```
  , IF (phase = "before", bounce_rate, null)
  AS before_index
  , IF (phase = "after", bounce_rate, null)
  AS after_index
  FROM impress_sweets.s_6_2_b
)
GROUP BY ad_id
```

結果テーブル

行	ad_id ▼	before_avg ▼	after_avg ▼	change_in_point ▼
1	A	0.679999999999...	0.62	-5.99999999999...
2	B	0.515	0.55	3.500000000000...

> テーブルの横持ち
> 変換で集計値の差
> 異を取得できた

PIVOT関数を利用して横持ちにする

続いて、専用の関数を利用した方法です。縦持ちデータを横持ちに変換する
のはPIVOT関数で、UNPIVOT関数と同じく2021年7月に登場しました。以下
の［6-2-11］の構文で記述します。

(6-2-11) PIVOT関数の構文

```
SELECT *
FROM 縦持ちのテーブル名
PIVOT(指標と集計方法
FOR 指標を列に分ける基準の値が格納されているカラム名
IN (指標を列に分ける基準の値※)
)
```
                                        ※値はカンマ区切りで指定

[6-2-8] で見た縦持ちのテーブル（s_6_2_b）を横持ちに変換する具体例で理解を深めましょう。PIVOT関数を記述したSQL文は以下の［6-2-12］となります。

6-2-12 横持ちのテーブルに変換する

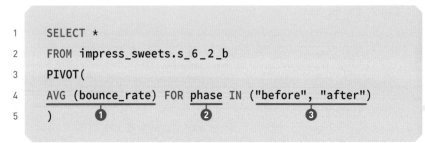

```
1  SELECT *
2  FROM impress_sweets.s_6_2_b
3  PIVOT(
4  AVG (bounce_rate) FOR phase IN ("before", "after")
5  )
```
❶ ❷ ❸

結果テーブル

行	ad_id	month	before	after
1	A	2024-01-01	0.69	null
2	A	2024-02-01	0.67	null
3	A	2024-03-01	null	0.63
4	A	2024-04-01	null	0.61
5	B	2024-01-01	0.5	null
6	B	2024-02-01	0.53	null
7	B	2024-03-01	null	0.56
8	B	2024-04-01	null	0.54

> PIVOT 関数を利用して、縦持ちのテーブルを横持ちに変換できた

UNPIVOT関数の場合と同様に、SELECT句とFROM句は問題ないと思います。PIVOT関数はFROM句でテーブル名を指定した直後に記述します。4行目の詳細は以下の通りで、結果テーブルでは「null」も含めて縦持ちのテーブルが横持ちに変換されていることが確認できます。

❶ どの指標をどのような集計方法で横持ちにするかの指定です。元データは広告A、Bともに [before] のレコードが2つ、[after] のレコードが2つあるため、ここでの集計は [bounce_rare] を平均した値を取得しています。

❷ 指標列を作成するにあたり、どのフィールドを利用するかを指定しています。この例では [before] で1つのカラム、[after] で別のカラムを作成したいので [before] [after] という値を格納している [phase] 列を指定しています。

❸[phase] 列の実際の値です。「before」と「after」で列を作成したいので、それらを指定しています。

ただし、上記の結果テーブルでは [ad_id] ごとの [before] と [after] の [bounce_rate] が集計されていません。その理由は、元のテーブルに [month] カラムが存在するためです。

直帰率を集計するには、以下のSQL文［6-2-13］のように [s_6_2_b] テーブルから [month] カラムを除外した仮想テーブルをFROM句に記述したうえで、横持ちへの変換を行う必要があります。これで[ad_id]ごとの[before] [after] の直帰率を集計できました。

6-2-13 横持ちのテーブルに変換し、直帰率を集計する

```
SELECT *
FROM (SELECT ad_id, phase, bounce_rate
FROM impress_sweets.s_6_2_b)
PIVOT(
AVG (bounce_rate) FOR phase IN ("before", "after")
)
```

結果テーブル

行	ad_id ▼	before ▼	after ▼
1	A	0.679999999999...	0.62
2	B	0.515	0.55

[month] カラムを除外することで [bounce_rate] を集計できた

ここまでで、縦持ち・横持ち変換の解説は終了です。次からは、サブクエリの応用による業務での実践例を見ていきます。

SECTION

6-3 サブクエリの実践例

本節では3つの実践例を用いて、サブクエリの応用を学んでいきましょう。

注文履歴をユーザー単位のテーブルに変換する

本節ではサブクエリの応用として、次に挙げる3つの実践例を紹介します。

- 注文履歴をユーザー単位のテーブルに変換する
- 特定商品の有無別に平均注文金額を比較する
- 作業記録とカレンダーから土日の作業日を調べる

実践例の1つ目は、以下の [6-3-1] のように注文履歴がまとまったテーブル（[s_6_3_a] テーブル）を対象にします。現実世界の販売を記録するデータベースも、このような体裁になっていることが一般的です。

6-3-1 注文履歴テーブル

s_6_3_a

user_id	order_id	order_date	item_cat	revenue
ABC	123	2024-3-5	ファッション	10000
ABC	124	2024-4-10	ファッション	12000
ABC	124	2024-4-10	雑貨	3900
ABC	125	2024-5-12	グルメ	5800
STU	126	2024-5-13	グルメ	8600
STU	127	2024-5-27	ファッション	3900
STU	127	2024-5-27	雑貨	6600
XYZ	128	2024-6-1	ファッション	2900
XYZ	128	2024-6-1	ファッション	6900
XYZ	129	2024-6-19	雑貨	38000

　[user_id] フィールドにユニークな値が3種類あることから、顧客は3人いると分かります。また、[order_id] によって注文が区別されていること、同一の注文でも複数の商品カテゴリ（item_cat）で購入されていればレコードが分かれることも理解できます。

　この全部で10レコードのテーブルを元に、1ユーザーに対して1レコードとなるテーブルを作成し、ユーザーの特性に応じたカテゴライズをしたいとします。実務において、こうしたユーザーごとのデータを得たいケースとしては、次の2つが考えられるでしょう。

● 特性に応じたアプローチができるよう、ユーザーのカテゴリに対してメールマガジンの内容を変えて配信したい
●「このユーザーは休眠するか？」「このユーザーは優良顧客になるか？」など、機械学習でユーザー単位での予測を行いたい

　基本的な進め方は [user_id] でグループ化し、集計によって値を1つにまとめるという流れになります。最終的な結果テーブルにおいて、どのようなフィールドと値を取得したいのかを整理すると、以下のようになります。番号は左から数えた列番号です。

1. [user_id]
　　⇒ユーザーを識別するID。
2. [first_purchase_date]
　　⇒初回購入日。1ユーザーが複数の購入日（order_date）を持っている場合、
　　　最も小さい日付を取得して求める。
3. [orders]
　　⇒購入回数。ユニークな [order_id] の個数をカウントすることで求める。
4. [sum_revenue]
　　⇒購入金額合計。ユーザーごとの購入金額を合計して求める。
5. [fashion]
　　⇒「ファッション」カテゴリの購入金額合計。

6. ［zakka］
⇒「雑貨」カテゴリの購入金額合計。

7. ［gourmet_revenue］
⇒「グルメ」カテゴリの購入金額合計。

8. ［user_cat］
⇒ユーザーを4つのカテゴリに分類。特定カテゴリの購入金額が、そのユーザーの購入金額合計の50%以上を占める場合は「ファッションユーザー」「雑貨ユーザー」「グルメユーザー」のいずれか、どのカテゴリも50%より少ない場合は「バランスユーザー」の文字列を格納。

　上記のフィールドを持つ結果テーブルを得るSQL文は、以下の［6-3-2］となります。12～23行目にあるインデント部分が、注文履歴テーブルを1ユーザー1レコードに変換しつつ集計しているサブクエリです。初回購入日は13行目、購入回数は14行目、カテゴリごとの購入金額合計は16～21行目で求められています。

　あとは外側にあるメインのクエリで、ユーザーをカテゴライズするCASE文（2～10行目）を記述すれば完成です。結果テーブルを見ると、ユーザーごとの分析に役立つ情報が得られていることが分かると思います。

　なお、この例ではサブクエリを使わなくても同じ結果を得られますが、クエリ全体がスッキリするので、あえて使っています。

6-3-2 1ユーザー1レコードにしてカテゴライズする

```
1   SELECT *
2   , CASE
3   WHEN (fashion / sum_revenue) >= 0.5
4   THEN "ファッションユーザー"
5   WHEN (zakka / sum_revenue) >= 0.5
6   THEN "雑貨ユーザー"
7   WHEN (gourmet_revenue / sum_revenue) >= 0.5
```

```
THEN "グルメユーザー"
ELSE "バランスユーザー"
END AS user_cat
FROM (
  SELECT user_id
  , MIN(order_date) AS first_purchase_date
  , COUNT(DISTINCT order_id) AS orders
  , SUM(revenue) AS sum_revenue
  , SUM(IF(item_cat="ファッション", revenue, 0))
  AS fashion
  , SUM(IF(item_cat="雑貨", revenue, 0))
  AS zakka
  , SUM(IF(item_cat="グルメ", revenue, 0))
  AS gourmet_revenue
  FROM impress_sweets.s_6_3_a
  GROUP BY user_id
)
```

結果テーブル

行	user_id	first_purchase_date	orders	sum_revenue	fashion_revenue	zakka_revenue	gourmet_revenue	user_cat ▼
1	ABC	2024-03-05	3	31700	22000	3900	5800	ファッションユーザー
2	STU	2024-05-13	2	19100	3900	6600	8600	バランスユーザー
3	XYZ	2024-06-01	2	47800	9800	38000	0	雑貨ユーザー

> 1ユーザー1レコードに変換し、ユーザーの
> 購入履歴に応じたカテゴライズができた

特定商品の有無別に平均注文金額を比較する

実践例の2つ目は、ECサイトのように1回の注文（ユニークな[order_id]）で複数の商品（item）が注文できるシステムから出力した、次ページの[6-3-3]のような販売実績テーブルを対象にします。このテーブルの名前は[s_6_3_b]とします。

6-3-3　販売実績テーブル

s_6_3_b

order_id	item	revenue
123	A	1200
123	B	2200
124	A	1200
124	D	1200
124	E	2000
125	C	1500
125	E	2000
126	B	2200
126	C	1500

　このテーブルを見て、『商品「A」が含まれている注文は、「A」を含まない注文よりも販売金額合計が高いのではないか？』という仮説が浮かんだとします。その仮説をSQLで検証してみましょう。

　考え方の順序としては次の通りです。

1. 注文された［item］がAだった場合には「1」というフラグを立てる
2. ［order_id］でグループ化して、［revenue］を合計するとともに、「A」を含むかどうかのフラグを集計する
3. 「A」を含むかどうかのフラグでグループ化して、［revenue］の平均を取得する

　その結果、「Aを含む注文」の［revenue］の平均が大きければ仮説は正しいとします。SQL文も、上記の考え方に沿って記述しましょう。次ページの［6-3-4］が考え方1に対応している部分です。各レコードに対してIF文を使い、［item］が「A」ならば「1」、「A」でなければ「0」というフラグを立てています。

6-3-4 特定商品を含む注文にフラグを立てる

```
SELECT *
, IF (item = "A", 1, 0) AS item_a_flag
FROM impress_sweets.s_6_3_b
ORDER BY 1, 2
```

結果テーブル（一部）

行	order_id ▼	item ▼	revenue ▼	item_a_flag ▼
1	123	A	1200	1
2	123	B	2200	0
3	124	A	1200	1
4	124	D	1200	0
5	124	E	2000	0
6	125	C	1500	0

商品「A」を含む
注文にフラグ「1」
が格納された

　結果テーブルの通り、[order_id] が「123」と「124」の注文に商品「A」
が含まれていたことが分かりました。そして、これをサブクエリとして[order_
id] でのグループ化を行うSQL文は、以下の［6-3-5］となります。

　[item_a_flag] フィールドが、商品「A」を含んだ注文かどうかのフラグに
なっています。ポイントはSQL文の2行目と3行目です。

　2行目では、SUM関数で各注文の販売金額合計を集計しています。結果テ
ーブルを見ると、[revenue] が [item] 単位ではなく [order_id] 単位にな
っていることが分かります。3行目では、レコード単位で付与されていた商品
「A」を含んだ注文かどうかのフラグをMAX関数で集計しています。結果、フ
ラグが [order_id] 単位にまとまりました。

6-3-5 特定商品を含むフラグを注文ごとに集計する

```
SELECT order_id
, SUM(revenue) AS sum_rev
, MAX(item_a_flag) AS item_a_flag
```

```
4    FROM
5    (
6      SELECT *
7      , IF (item = "A", 1, 0) AS item_a_flag
8      FROM impress_sweets.s_6_3_b
9    )
10   GROUP BY order_id
11   ORDER BY 1
```

結果テーブル

行	order_id ▼	sum_rev ▼	item_a_flag ▼
1	123	3400	1
2	124	4400	1
3	125	3500	0
4	126	3700	0

注文ごとに販売金額合計と商品「A」を含むフラグがまとまった

　余談ですが、上記では商品「A」を含むレコードに「1」、そうでなければ「0」のフラグを立てました。一方、フラグとして「true」「false」というブール値を使うこともでき、そのほうが直感的だと感じる人もいるでしょう。ブール値をMAX関数で集計する場合、グループに1つでも「true」があれば集計値は「true」、1つも「true」がなければ「false」となります。

　最後に、[item_a_flag] フィールドを利用してグループ化を行い、[sum_rev] の平均値を取得するメインのクエリを外側に記述します。次ページのSQL文［6-3-6］を実行すると、「Aを含む注文」「Aを含まない注文」の2レコードに対して、販売金額合計の平均値が［avg_revenue_per_order_id］フィールドに格納されます。

　結果、商品「A」が含まれている注文は、含まれていない注文よりも販売金額が高く、仮説は正しかったと検証できました。

6-3-6 特定商品の有無別に平均注文金額を取得する

```
SELECT
IF (item_a_flag = 1, "Aを含む注文", "Aを含まない注文")
AS order_cat
, AVG(sum_rev) AS avg_revenue_per_order_id
FROM
(
  SELECT order_id
  , SUM(revenue) AS sum_rev
  , MAX(item_a_flag) AS item_a_flag
  FROM
  (
    SELECT *
    , IF (item = "A", 1, 0) AS item_a_flag
    FROM impress_sweets.s_6_3_b
  )
  GROUP BY order_id
)
GROUP BY order_cat
```

結果テーブル

行	order_cat ▼	avg_revenue_per_order_id ▼
1	Aを含む注文	3900.0
2	Aを含まない注文	3600.0

商品「A」を含む注文と
含まない注文で平均注文
金額を比較できた

作業記録とカレンダーから土日の作業日を調べる

実践例の3つ目は、カレンダーのテーブルを利用したテクニックです。次ペ
ージの [6-3-7] の左側にある作業記録テーブルは、5部屋ある集合住宅で
内装作業を行う職人が、どの部屋でいつから作業を始め（start_date）、いつ

までに終わらせたのか（end_date）を示しています。

右側にあるのは、職人が作業した月のカレンダーのテーブルです。これら2つのテーブルから「職人が6月中に土日も働いた日はあるか？」「あるとすれば、それは6月何日か？」をSQLで調べていきます。テーブル名は作業記録テーブルを ［s_6_3_c］、カレンダーテーブルを ［s_6_3_d］ としましょう。

(6-3-7) 作業記録テーブルとカレンダーテーブル

s_6_3_c

作業記録テーブル	room	start_date	end_date
	101	2024-06-02	2024-06-07
	102	2024-06-10	2024-06-14
	103	2024-06-17	2024-06-20
	104	2024-06-24	2024-06-26
	105	2024-06-27	2024-06-29

s_6_3_d

カレンダーテーブル	date	day_of_week
	2024-06-01	Saturday
	2024-06-02	Sunday
	2024-06-03	Monday
	⋮	⋮
	2024-06-28	Friday
	2024-06-29	Saturday
	2024-06-30	Sunday

まず、いったん2つのテーブルを横につなぎます。以下の ［6-3-8］ は、カレンダーを左側、作業記録を右側としてCROSS JOINするSQL文です。総当たりで結合するため、作業記録の5レコード、カレンダーの30レコードを掛け合わせた150レコードの結果テーブルが返されます。カレンダー側の日付である ［date］ を第一優先、作業記録側の ［start_date］ を第二優先で、どちらも昇順でソートしました。

(6-3-8) 作業記録・カレンダーテーブルを交差結合する

```
1   SELECT * FROM impress_sweets.s_6_3_d
2   CROSS JOIN impress_sweets.s_6_3_c
3   ORDER BY date, start_date
```

結果テーブル（一部）

行	date	day_of_week	room	start_date	end_date
1	2024-06-01	Saturday	101	2024-06-02	2024-06-07
2	2024-06-01	Saturday	102	2024-06-10	2024-06-14
3	2024-06-01	Saturday	103	2024-06-17	2024-06-20
4	2024-06-01	Saturday	104	2024-06-24	2024-06-26
5	2024-06-01	Saturday	105	2024-06-27	2024-06-29
6	2024-06-02	Sunday	101	2024-06-02	2024-06-07
7	2024-06-02	Sunday	102	2024-06-10	2024-06-14
8	2024-06-02	Sunday	103	2024-06-17	2024-06-20

ページあたりの表示件数: 50 ▼ 1 – 50 /150

カレンダーと作業記録を総当たりで結合した

　結果を見ると、1行目は［date］（日付）が6月1日、［start_date］（作業開始日）が6月2日、［end_date］（作業終了日）が6月7日となっています。日付が作業開始日・終了日の間にないため、6月1日は101号室の作業はしていなかったことが分かります。同様に、2行目から5行目の各部屋での作業も、日付が作業開始日と終了日の間にないため、6月1日は休みだったことがことが分かります。一方、6行目は日付が6月2日、作業開始日が6月2日、作業終了日が6月7日です。日付が作業開始日と終了日の間にあるので、職人が作業していたことを表しています。

　つまり、［date］の日付が［start_date］と［end_date］の間なら作業日、そうでなければ休業日となります。このルールで各レコードにフラグを立てていきましょう。

　具体的には、次ページの［6-3-9］のように記述します。WITH句を利用して「work_record」という仮想テーブルを作り、そのテーブルに［working_flag］というフラグを格納するフィールドを作成します。

　フラグを立てる条件は「［date］が［start_date］と［end_date］の間にある」です。もうWITH句の結果を確認する必要はないので、［6-3-8］の3行目にあったORDER BY句は削除しています。

6-3-9 作業記録に含まれる日付にフラグを立てる

```
1  WITH work_record AS (
2  SELECT * FROM impress_sweets.s_6_2_d
3  CROSS JOIN impress_sweets.s_6_2_c
4  )
5
6  SELECT *
7  , IF (date BETWEEN start_date AND end_date, 1, 0)
8  AS working_flag FROM work_record
9  ORDER BY date, start_date
```

結果テーブル（一部）

行	date	day_of_week	room	start_date	end_date	working_flag
1	2024-06-01	Saturday	101	2024-06-02	2024-06-07	0
2	2024-06-01	Saturday	102	2024-06-10	2024-06-14	0
3	2024-06-01	Saturday	103	2024-06-17	2024-06-20	0
4	2024-06-01	Saturday	104	2024-06-24	2024-06-26	0
5	2024-06-01	Saturday	105	2024-06-27	2024-06-29	0
	2024-06-02	Sunday		2024-06-02	2024-06-07	
10	202...		105	2024-06-27		0
11	2024-06-03	Monday	101	2024-06-02	2024-06-07	1
12	2024-06-03	Monday	102	2024-06-10	2024-06-14	0
13	2024-06-03	Monday	103	2024-06-17	2024-06-20	0
14	2024-06-03	Monday	104	2024-06-24	2024-06-26	0
15	2024-06-03	Monday	105	2024-06-27	2024-06-29	0
16	2024-06-04	Tuesday	101	2024-06-02	2024-06-07	1

作業日を表すフラグが格納された

　次に、日付と曜日でグループ化を行い、[working_flag]をMAX関数で集計します。[working_flag]フィールドの値は働いていれば「1」、働いていなければ「0」なので、働いていた日には「1」が記録されることになります。SQL文は次ページの［6-3-10］となり、日付と曜日でグループ化を行うので結果テーブルは30レコードになります。6月は30日までだからです。

(6-3-10) 作業日を表すフラグを日付・曜日ごとに集計する

```
WITH work_record AS (
SELECT * FROM impress_sweets.s_6_3_d
CROSS JOIN impress_sweets.s_6_3_c
)


SELECT date, day_of_week
, MAX(working_flag) AS working_flag
FROM (
SELECT *
, IF (date BETWEEN start_date AND end_date, 1, 0)
AS working_flag
FROM work_record
)
GROUP BY date, day_of_week
ORDER BY date
```

結果テーブル（一部）

行	date ▼	day_of_week ▼	working_flag ▼
1	2024-06-01	Saturday	0
2	2024-06-02	Sunday	0
3	2024-06-03	Monday	1
4	2024-06-04	Tuesday	1
		Monday	1
11	2024-06-11	Tuesday	1
12	2024-06-12	Wednesday	1
13	2024-06-13	Thursday	1
14	2024-06-14	Friday	1

日付ごとに作業日を表す
フラグがまとまった

　この結果テーブルに対して『土日で、かつ［working_flag］が1である』
という条件を加えたのが次ページの［6-3-11］のSQL文です。16〜17行目の
HAVING句に注目してください。結果、土日に作業をしていた日が2日あるこ
とが分かり、勤怠管理などの実務に役立てられると思います。

この分析は、作業記録テーブルだけでは実現できません。そのため、自分でカレンダーテーブルを用意して、CROSS JOINとサブクエリを利用して分析した、というところがポイントになっています。

6-3-11 土日の作業日を取得する

```
1    WITH work_record AS (
2    SELECT * FROM impress_sweets.s_6_3_d
3    CROSS JOIN impress_sweets.s_6_3_c
4    )
5
6    SELECT date, day_of_week
7    , MAX(working_flag) AS working_flag
8    FROM (
9    SELECT *
10   , IF (date BETWEEN start_date AND end_date, 1, 0)
11   AS working_flag
12   FROM work_record
13   )
14   GROUP BY date, day_of_week
15   HAVING day_of_week
16   IN ("Saturday", "Sunday") AND working_flag = 1
17   ORDER BY date
```

結果テーブル

行	date ▼	day_of_week ▼	working_flag ▼
1	2024-06-02	Sunday	1
2	2024-06-29	Saturday	1

土日に働いた日が分かった

　[6-3-11] ではWITH句、CROSS JOIN、サブクエリ、集計関数、IF文、BETWEEN演算子、IN演算子など、これまでに学んださまざまなSQLの構文が使われていることが分かります。こうした構文を組み合わせて利用することで、今回のお題のような複雑な分析ニーズに応えられるようになります。

● STEP UP ●

一定期間の連続した日付を一度に作成する関数

　本書のサポートページ（P.010を参照）にアクセスし、[s_6_3_d] のカレンダーを作成するSQL文のWITH句を見て、少し驚いた人もいるかもしれません。該当のWITH句は以下の [6-3-12] の通りとなっています。

(6-3-12) カレンダーを作成するWITH句

```
1  WITH s_6_3_d AS (SELECT *
2  FROM UNNEST(GENERATE_DATE_ARRAY("2024-06-01",
3   "2024-06-30", INTERVAL 1 DAY)) AS date
4  )
```

　すでに学んだ知識で2024年6月のカレンダーを作成するには、次ページのSQL文 [6-3-13] のように30日分の日付をUNION ALLで「縦につなぐ」方法がありました。もちろん、その方法でも作成可能ですが、相当な手間がかかります。また、もしもっと長い期間、例えば1年分の日付のカレンダーが必要となったら、現実的ではありません。

6-3-13 UNION ALLでカレンダーを作成する

```
1   WITH s_6_3_d AS (
2   SELECT DATE("2024-06-01") AS date UNION ALL
3   SELECT DATE("2024-06-02") UNION ALL
      ⋮（中略）
31  SELECT DATE("2024-06-30")
32  )
```

そこで、［6-3-12］で使われている2つの関数を利用します。1つは
GENERATE_DATE_ARRAY関数です。以下のSQL文［6-3-14］のよ
うな記述で、2024年6月1日から6月30日までの日付30個を含む配列を
作ることができます。

なお、配列とはBigQueryが利用できるデータ型の1つです。配列を
使うと、1レコードに同じデータ型の値を複数格納できます。

6-3-14 6月1日〜30日の日付を含む配列を作成する

```
1   GENERATE_DATE_ARRAY("2024-06-01", "2024-06-30",
2   INTERVAL 1 DAY)
```

もう1つは、配列に格納された値に対してアクセスを可能にする
UNNEST関数です。配列はGA4がBigQueryにエクスポートするテーブ
ルでも利用されているので、UNNEST関数の説明と同時に、SECTION
9-2で解説します。

● STEP UP ●

結果テーブルをグラフで表現する

　筆者は、記述したSQL文から思い通りの結果テーブルが返ってきた瞬間に、大きな喜びを感じます。また、その結果テーブルによって自分が立てた仮説が証明された瞬間にも、大きな感動があるものです。

　しかし、時に物足りなく感じるのが、SQL文の実行結果はあくまでも「1つの値」、もしくは「テーブル」（表）だということです。ビジュアル面でのアピール力は、決して高くありません。

　そこで、Googleが提供する無料のBIツール「Looker Studio」で、結果テーブルをビジュアルで表現してみることをおすすめします。Looker Studioとの連携手順についてはSECTION 2-6で解説したので、ここでは具体的なビジュアライズの例を紹介しましょう。

　以下の［6-3-15］は、演習用の［sales］［customers］［products］テーブルを結合し、販売金額の上位5位までの商品についてプレミアム会員（is_premium = true）と一般会員（is_premium = false）の販売金額を取得したテーブルを元に、Looker Studioで可視化したものです。

(6-3-15) プレミアム会員と一般会員の販売金額のグラフ

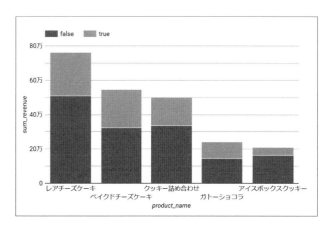

　また、以下の［6-3-16］は、グラフの元になった結果テーブルを取得するためのSQL文です。結果テーブルとグラフを見比べてみると、グラフとして可視化することで、情報の受け手が「何が起きているのか？」を理解するのに要する時間を短くでき、認知的負荷を下げられることが実感できるのではないかと思います。

(6-3-16) 商品別の販売金額を会員種別ごとに取得する

```
1   WITH master AS (
2   SELECT pr.product_name, cu.is_premium, sa.revenue
3   FROM impress_sweets.sales AS sa
4   LEFT JOIN impress_sweets.products AS pr
5   USING (product_id)
6   LEFT JOIN impress_sweets.customers AS cu
7   ON sa.user_id = cu.customer_id
8   )
9
10  SELECT product_name, is_premium
11  , SUM(revenue) AS sum_revenue
12  FROM master
13  GROUP BY product_name, is_premium
14  HAVING product_name IN (
15  SELECT product_name FROM master
16  GROUP BY product_name
17  ORDER BY SUM(revenue) DESC
18  LIMIT 5
19  )
```

SECTION

6-4 確認ドリル

問題 016

　[sales] テーブルには、15種類の商品ID（product_id）が販売された記録が格納されています。商品ID（product_id）別に平均単価（avg_unit_price）を計算し、これを①とします。さらに、①について平均したものを②とし、[avg_unit_price_by_product] とします。そのうえで、[sales] テーブルにおける商品ID別の平均単価①が②より大きい商品IDに絞り込み、以下の5カラムの結果テーブルを取得してください。並べ替えは①の大きい順とし、最低1カ所でサブクエリを利用してください。

1. 商品ID（product_id）
2. 販売個数合計（sum_quantity）
3. 販売金額合計（sum_revenue）
4. 商品ID別の平均単価（avg_unit_price）　⇒①
5. 商品ID別の平均単価の平均（avg_unit_price_by_product）　⇒②

問題 017

　[customers] テーブルから、4人以上のプレミアム顧客（is_premium = true）がいる都道府県における、最も高齢の顧客の情報を全カラム取り出してください。結果テーブルは、7カラム1レコードになります。SQL文には必ずサブクエリを含めてください。

問題 018

　[web_log] テーブルから、「セッションの総数」(session) と「ページビュー数の合計」(sum_pageviews) を取得してください。セッションは、ユニークな [user_pseudo_id] と [ga_session_number] の組み合わせと定義します。ページビューは、[event_name] が "page_view"に等しいレコードの個数です。結果テーブルは、2フィールド1レコードになります。SQL文には必ずサブクエリを含めてください。

問題 019

　[sales]テーブルには[is_proper]フィールドがあり、「true」は定価での販売「false」は割引価格での販売であることを示しています。定価での販売金額合計から、割引価格での販売金額合計を差し引いた値を求めてください。SQL文には必ずサブクエリを含めてください。

問題 020

　[sales] テーブルから、商品ID (product_id) が「1」の商品について、割引販売 (is_proper = false) を行ったことによって、販売金額がいくら減少したかを調べてください。つまり、商品1で割引販売が行われた注文について割引を行わず、もし定価での販売が実現できたならば、販売金額 (revenue) がいくら増加するか、です。結果は、1カラム1レコードの「1つの値」になります。カラム名は [sum_lost_revenue] としてください。SQL文には必ずサブクエリを含めてください。

CHAPTER 7

さまざまな 関数

これまでの章で、「ビジネスデータの分析」のために必要なSQLの命令と基本的な関数をいくつか学びました。本章と次章のCHAPTER 8では、さらに多くの関数について学びます。まずは本章で、数値の切り捨てや切り上げ、文字列の連結や抽出、日付の丸めや2つの日付の間隔の取得などを行う関数を見ていきましょう。

7-1 数値を扱う関数

SQLで使える、さまざまな関数の学習を始めましょう。

関数はExcelなどでも使うので、なじみがありますね。

すべてを暗記する必要はありませんが、「どのような関数が存在するのか？」を知っていることは重要です。

数値を丸めるFLOOR/CEIL/ROUND関数

まずは「数値の丸め」にまつわる関数から見ていきましょう。Excelでもよく利用するので、特になじみ深い関数群だと思います。以下の表［7-1-1］にまとめたように、切り捨てには**FLOOR関数**、切り上げには**CEIL関数**、四捨五入には**ROUND関数**を使います。

7-1-1 数値の丸めに利用する関数

構文	処理
FLOOR(フィールド名)	該当フィールドの値以下の最大の整数値を返す
CEIL(フィールド名) CEILING(フィールド名)	該当フィールドの値以上の最小の整数値を返す
ROUND(フィールド名, 桁数)	該当フィールドの値を指定した桁数で丸める ●桁数は省略可能（一の位で丸める） ●中間の値（一の位に丸める場合の「.5」や十の位に丸める場合の「5」）の場合は「0」から遠ざかるように丸める ●桁数が正の場合は小数部、負の場合は整数部を丸める

　さっそくSQL文を記述してみましょう。以下の［7-1-2］では、関数ごとの処理の違いが一覧できるように、3つの関数を一度に記述しました。

　結果テーブルを見ると、それぞれの関数で数値を丸めていることが分かると思います。戻り値のデータ型はいずれも「FLOAT64」型なので、小数点以下が残っています。

7-1-2 さまざまな数値を丸める

```
WITH master AS (
SELECT 12345.6789 AS number
UNION ALL
SELECT 98765.4321
UNION ALL
SELECT -12345.6789
UNION ALL
SELECT -98765.4321
)
SELECT
FLOOR(number) AS floor_number
, CEIL(number) AS ceil_number
, ROUND(number) AS round_number
, ROUND(number, 2) AS round_number2
, ROUND(number, -2) AS round_number3
FROM master
```

結果テーブル

行	floor_number ▼	ceil_number ▼	round_number ▼	round_number2 ▼	round_number3 ▼
1	12345.0	12346.0	12346.0	12345.68	12300.0
2	98765.0	98766.0	98765.0	98765.43	98800.0
3	-12346.0	-12345.0	-12346.0	-12345.68	-12300.0
4	-98766.0	-98765.0	-98765.0	-98765.43	-98800.0

FLOOR/CEIL/ROUND 関数で数値を丸めた

FLOOR関数、CEIL関数、ROUND関数は、それぞれ数値を丸める方向が異なります。特にイメージしにくいのが、丸めたい数値がマイナス（負）の場合です。その疑問に答える図を以下の［7-1-3］で示します。

切り捨てのFLOOR関数は「より小さい」方向、切り上げのCEIL関数は「より大きい」方向、四捨五入のROUND関数は「近い整数」に丸められていることが分かるでしょうか。［7-1-2］にはマイナスの数値を丸めた結果も含まれているので、あらためて確認してください。

7-1-3 **FLOOR/CEIL/ROUND関数で数値を丸める方向**

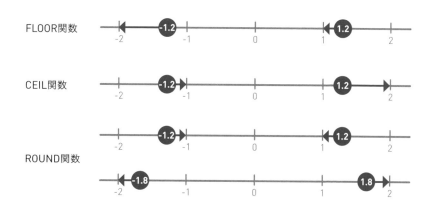

絶対値を求めるABS関数

ビジネスデータの分析において、絶対値が必要とされるシーンはそう多くはありません。しかし、平均との差異について「乖離の幅」だけが必要であって、上回っているか、下回っているかは問わない場合、絶対値で戻り値を取得するようなケースが考えられます。

SQLで絶対値を求めるには、**ABS関数**を使います。ABSは「絶対の」という意味を表す英語の「absolute」（アブソリュート）からきています。

例えば、SECTION 6-1の［6-1-17］で提示した、[pref] フィールドに都道府県名、[r5_min_wage] フィールドに令和5年の都道府県別最低賃金が格

納された［s_6_1_b］テーブルを元に、都道府県別の最低賃金を全国平均の最低賃金と比較し、その差が大きい順に並べたいとします。SQL文は以下の［7-1-4］の通りです。

内側のサブクエリで、元のテーブルの［pref］と［r5_min_wage］に全都道府県の最低賃金を平均で集計した［avg_min_wage］フィールドを加えた仮想テーブルを作成しています。そのうえで、4行目にあるメインのクエリのABS関数で、平均の最低賃金と、各都道府県の最低賃金の差の絶対値を［abs_diff_from_avg］フィールドに格納し、すべてのレコードを［abs_diff_from_avg］フィールドの降順に並べ替えています。また、先ほど学んだ四捨五入のROUND関数もさっそく利用しています。

次ページの結果テーブルを見ると、東京や神奈川といった最低賃金から大きいほうに乖離している都道府県に交ざって、岩手、徳島といった小さいほうに乖離している都道府県も上位に入り、意図通りのデータが得られていることが確認できます。

(7-1-4) 差の絶対値を求めて並べ替える

```
SELECT pref, r5_min_wage
, ROUND(avg_min_wage) AS avg_min_wage
, ROUND(r5_min_wage - avg_min_wage) AS diff_from_avg
, ABS(ROUND(r5_min_wage - avg_min_wage))
AS abs_diff_from_avg
FROM (
  SELECT pref, r5_min_wage,
    (SELECT AVG(r5_min_wage)
    FROM impress_sweets.s_6_1_b) AS avg_min_wage
  FROM impress_sweets.s_6_1_b
)
ORDER BY abs_diff_from_avg DESC
```

結果テーブル（一部）

行	pref	r5_min_wage ▼	avg_min_wage ▼	diff_from_avg ▼	abs_diff_from_avg ▼
1	東京	1113	945.0	168.0	168.0
2	神奈川	1112	945.0	167.0	167.0
3	大阪	1064	945.0	119.0	119.0
4	埼玉	1028	945.0	83.0	83.0
5	愛知	1027	945.0	82.0	82.0
6	千葉	1026	945.0	81.0	81.0
7	京都	1008	945.0	63.0	63.0
8	兵庫	1001	945.0	56.0	56.0
9	岩手	893	945.0	-52.0	52.0
10	徳島	896	945.0	-49.0	49.0

ABS関数により、差の絶対値に
基づく順序で並べ替えできた

割り算の余りを求めるMOD関数

MOD（モッド）関数は、割り算の余りを求める関数です。例えば「10」を「3」で割ったときの余り「1」が取得できます。この関数がどのようなときに使われるのか、疑問に思うかもしれません。

確かに、あまり頻繁には利用しませんが、筆者の場合は「サンプリング」するときに利用します。例えば、会員番号やGoogleアナリティクスがブラウザーを識別するIDである「cid」のように、時系列で順番に、あるいはランダムに採番されているフィールドを対象に「レコード数を○分の1にしたい」と考えるときに利用します。

今、データをざっくりと半分にしたいとしましょう。会員番号を「2」で割った余りを「0」または「1」で絞り込めば、偶数か奇数かで会員番号を分別して、ほぼ半分のレコードに絞り込めます。

同じように、レコード数をおよそ5分の1に絞り込みたいときは、会員番号を「5」で割って『余りが「0」に等しい』という条件で絞り込めば、会員番号が「5」で割り切れる数字のユーザーだけに絞り込まれます（余りは「0」～「4」の数値であれば5分の1になります）。

次ページのSQL文［7-1-5］では、演習用の［customers］テーブルに対して『会員番号を「7」で割って余りが「0」になる』という条件で絞り込ん

でいます。もともと497レコードあったテーブルが67レコードと、およそ7分の1になるので、みなさんも試してみてください。

7-1-5 レコード数をおよそ1/7に絞り込む

```
SELECT * FROM impress_sweets.customers
WHERE MOD(customer_id, 7) = 0
```

乱数を発生させるRAND関数

RAND関数は、擬似乱数を発生させる関数です。この「擬似」とは、数学的な厳密さで発生させた乱数ではないという意味です。ただし、通常のマーケティングなどの業務における分析には、規則性のないランダムな値として活用できます。戻り値は「0」以上「1」未満のFLOAT64型となります。

以下のSQL文[7-1-6]を実行するたびに「RAND()」の結果は異なる値を返し、「LIMIT 10」で絞り込むユーザーが変わります。演習用テーブルを対象としているので、みなさんも試してもらうと、ユーザーがランダムに選ばれた10人に絞り込まれるはずです。

なお、ランダムに取得したデータを残しておきたい場合は、結果テーブルをビューではなく、テーブルとして保存する必要があります。

7-1-6 全レコードからランダムに10件を取得する

```
SELECT customer_name, RAND() AS randam_number
FROM impress_sweets.customers
ORDER BY randam_number
LIMIT 10
```

データ型を変換するCAST関数

本節で学んだ数値に対する関数は、戻り値のデータ型がFLOAT64型となるものがほとんどでした。ただ、FLOAT64型のデータは小数点以下が0であっても小数部が残るため、結果テーブルでの値の表現が冗長だったり、見にくかったりすることがあります。

例を見てみましょう。以下のSQL文［7-1-7］は、「5.2」という値をROUND関数で四捨五入し、整数に変換しています。結果は5ですが、戻り値がFLOAT64型のデータとなるため、結果テーブルに格納されるのは「5.0」という小数部がある値となります。

7-1-7　四捨五入する

```
1   SELECT ROUND(5.2) AS value
```

小数点以下の「0」を表示させないようにするには、戻り値のデータ型をFLOAT64型から、整数型である「INT64」型に変換する必要があります。そのときに利用するのが**CAST関数**です。

例えば、「5.2」を四捨五入した値をINT64型のデータとして取得したい場合は、次ページのSQL文［7-1-8］のように記述します。CAST関数の引数として、変換する対象とASに続いてデータ型を指定する形です。変換対象にはフィールド名も指定できます。

みなさんも実行してみてください。結果テーブルに「5」が返され、小数点以下が取り除かれて整数となるはずです。

7-1-8 四捨五入してデータ型を変換する

```
1   SELECT CAST(ROUND(5.2) AS INT64) AS integer
```

CAST関数は、FLOAT64型からINT64型だけでなく、ほかのデータ型への変換にも利用できます。以下のSQL文 [7-1-9] で動作を確認してください。このSQL文の中で変換しているデータは、次ページの表 [7-1-10] に一覧としてまとめています。

注意点としては、数値ではない「東京」などの文字列をINT64型に変換したり、「20240707」といった日付の体裁が整っていない値（BigQueryでは「二千二十四万七百七」という整数と解釈されます）をDATE型に変換したりすることはできません。

7-1-9 さまざまな値のデータ型を変換する

```
1    SELECT
2    CAST(ROUND(5.2) AS INT64) AS value1
3    , CAST(5 AS FLOAT64) AS value2
4    , CAST(5.2 AS STRING) AS value3
5    , CAST(5.2 AS INT64) AS value4
6    , CAST("5.23" AS FLOAT64) AS value5
7    , CAST(TRUE AS STRING) AS value6
8    , CAST("FALSE" AS BOOL) AS value7
9    , CAST(DATE("2024-07-07") AS STRING) AS value8
10   , CAST("2024-07-07" AS DATE) AS value9
```

結果テーブル

行	value1	value2	value3	value4	value5	value6	value7	value8 ▼	value9 ▼
1	5	5.0	5.2	5	5.23	true	false	2024-07-07	2024-07-07

CAST 関数により各種データ型に変換できた

7-1-10　データ型の変換内容

行数	変換前のデータ型	変換後のデータ型
2行目	FLOAT64	INT64
3行目	INT64	FLOAT64
4行目	FLOAT64	STRING
5行目	FLOAT64	INT64
6行目	STRING	FLOAT64
7行目	BOOL	STRING
8行目	STRING	BOOL
9行目	DATE	STRING
10行目	STRING	DATE

結果テーブルの各フィールドのデータ型は、結果テーブル上部の［ジョブ情報］から［一時テーブル］に進むと確認できます（SECTION 2-6を参照）。

ECTION

7-2 文字列を扱う関数

本節では文字列を扱う関数を学んでいきましょう。

数値のように足したり掛けたりではなく、文字列を見やすいように加工したいことが確かにありますね。

そうですね。Excelでもおなじみですが、文字列と文字列を連結したり、文字列中の一部だけを取り出したりといった処理を、SQLの関数で実行してみましょう。

文字列やフィールドの値を連結するCONCAT関数

文字列同士を連結するには、**CONCAT関数**を使います。CONCATは「連結する」という意味の「concatenate」に由来しています。

引数としては、連結する文字列を「,」でつないで記述し、固定文字列は「'」または「"」で囲みます。引数にはフィールド名も指定可能です。

例えば、演習用の［customers］テーブルの［name］フィールドには顧客名が格納されていますが、その値の末尾に「様」を追加するSQL文は以下の［7-2-1］のようになります。

7-2-1 文字列を追加する

```
SELECT CONCAT(customer_name, "様") AS atesaki
FROM impress_sweets.customers
```

結果テーブル（一部）

行	atesaki ▾
1	石塚 拓様
2	長坂 賢介様
3	野中 裕之様
4	高松 龍様

> CONCAT関数により顧客名の末尾に「様」が追加された

　また、フィールドの値同士の連結も可能です。基本的には文字列型のフィールドが連結の対象ですが、文字列型以外のフィールドはBigQueryが自動的に「文字列だとみなして」連結してくれる場合があります。

　以下のSQL文 [7-2-2] では、[web_log] テーブルにある文字列型の [user_pseudo_id] フィールドと数値型の [ga_session_number] を、間に固定文字列「-」（ハイフン）を入れてCONCAT関数で連結し、「セッションのID」の性質を持つ文字列を作成しています。

（7-2-2）文字列型と数値型のデータを連結する

```
1   SELECT CONCAT(user_pseudo_id, "-", ga_session_number)
2   AS session_id
3   FROM impress_sweets.web_log
```

結果テーブル（一部）

行	session_id ▾
1	1001161116-1513662400-5
2	1001161116-1513662400-4
3	1001161116-1513662400-4
4	1001161116-1513662400-2
5	1001161116-1513662400-1

> 文字列型の [user_pseudo_id] と整数型の [ga_session_number] を連結できた

文字列の一部を取り出すSUBSTR関数

　文字列から一部を取り出すには、**SUBSTR関数**を使います。この関数名は英語で「部分文字列」を表す「substring」（サブストリング）から来ています

まったく同一の機能でSUBSTRING関数も使えますが、ここではSUBSTR関数として説明します。

3つの引数があるため、まずは構文を以下の［7-2-3］で示します。

7-2-3) SUBSTR関数の構文

> SUBSTR(対象文字列, 位置, 文字数)

1つ目の引数［対象文字列］には固定文字列のほか、フィールド名も指定できます。2つ目の引数［位置］に指定した場所から、3つ目の引数［文字数］で指定した文字数分を取り出します。［文字数］は省略が可能で、省略した場合は［位置］から末尾までの文字列を取得します。

以下の表［7-2-4］では、［対象文字列］として「本日は晴天なり」を記述し、［位置］と［文字数］を変化させた場合に取得される戻り値の例をまとめました。［位置］にマイナスの値を記述すると、文字列の右側から数えた場所を指定することができます。

実際の記述例としては、次ページのSQL文［7-2-5］となります。表と同じ戻り値が結果テーブルで得られていることが分かると思います。

7-2-4) SUBSTR関数の記述例

記述例	戻り値
SUBSTR("本日は晴天なり", 1, 2)	本日
SUBSTR("本日は晴天なり", 4, 2)	晴天
SUBSTR("本日は晴天なり", 4)	晴天なり
SUBSTR("本日は晴天なり", -4, 2)	晴天
SUBSTR("本日は晴天なり", -4)	晴天なり

7-2-5 文字列の一部を取り出す

```
1   WITH master AS (
2   SELECT "本日は晴天なり" AS string
3   )
4
5   SELECT SUBSTR(string, 1, 2) AS from1_2letters
6   , SUBSTR(string, 4, 2) AS from4_2letters
7   , SUBSTR(string, 4) AS from4_all_letters
8   , SUBSTR(string, -4, 2) AS from_reverse4_2letters
9   , SUBSTR(string, -4) AS from_reverse4_all_letters
10  FROM master
```

結果テーブル

行	from1_2letters	from4_2letters	from4_all_letters	from_reverse4_2letters	from_reverse4_all_letters
1	本日	晴天	晴天なり	晴天	晴天なり

> SUBSTR 関数で文字列の一部を取得できた

　なお、SUBSTR関数は文字列の好きな位置から部分文字列を取得できましたが、取得開始位置が左端の場合には**LEFT**関数が、右端の場合には**RIGHT**関数が利用できます。それぞれの記述例と戻り値は、以下の表 [7-2-6] の通りです。

7-2-6 LEFT/RIGHT関数の記述例

記述例	戻り値
LEFT("本日は晴天なり", 3)	本日は
RIGHT("本日は晴天なり", 3)	天なり

特定文字列の出現位置を取得するINSTR関数

SUBSTR関数と組み合わせて利用することの多い、INSTR関数も覚えておきましょう。文字列の中での、特定文字列の出現位置を整数で返す関数です。ExcelのFIND関数と似た働きをし、構文は以下の［7-2-7］になります。

(7-2-7) INSTR関数の構文

INSTR(対象文字列, 検索文字列, 検索開始位置, 出現回数)

対象文字列の中に検索文字列が見つからなかった場合は「0」が返ります。引数のうち［検索開始位置］と［出現回数］はオプションです。省略すると1文字目から検索し、最初に見つかった位置を返します。記述例と戻り値をまとめると、以下の表［7-2-8］のようになります。SQL文の記述例は、次ページの［7-2-9］を参照してください。

(7-2-8) INSTR関数の記述例

記述例	戻り値
INSTR("本日は晴天晴天なり" , "晴天")	4
INSTR("本日は晴天晴天なり" , "晴天", 5)	6
INSTR("本日は晴天晴天なり", "日", 3)	0
INSTR("本日は晴天晴天なり", "晴天", 1, 2)	6
INSTR("本日は晴天晴天なり", "晴天", 4, 2)	6
INSTR("本日は晴天晴天なり", "晴天", 5, 2)	0
INSTR("本日は晴天晴天なり", "晴天",1, 3)	0
INSTR("本日は晴天なり晴天", "晴天", 1, 2)	8

(7-2-9) 特定文字列の出現位置を取得する

```
1  SELECT INSTR("本日は晴天晴天なり", "晴天") AS result1
2  , INSTR("本日は晴天晴天なり", "晴天", 5) AS result2
3  , INSTR("本日は晴天晴天なり", "日", 3) AS result3
4  , INSTR("本日は晴天晴天なり", "晴天", 1, 2) AS result4
5  , INSTR("本日は晴天晴天なり", "晴天", 4, 2) AS result5
6  , INSTR("本日は晴天晴天なり", "晴天", 5, 2) AS result6
7  , INSTR("本日は晴天晴天なり", "晴天", 1, 3) AS result7
8  , INSTR("本日は晴天なり晴天", "晴天", 1, 2) AS result8
```

結果テーブル

行	result1	result2	result3	result4	result5	result6	result7	result8
1	4	6	0	6	6	0	0	8

INSTR 関数により文字列の出現位置を取得できた

「0」は「存在しない」を示すため、特定の文字列が含まれているかどうかの識別にも利用できる

SUBSTR関数とINSTR関数を組み合わせる具体例を見てみましょう。以下の［7-2-10］にあるSQL文と結果テーブルを見てください。WITH句で作成した仮想テーブルにあるURLから、第一ディレクトリ名である「company」と「column」という文字列を取り出しています。

8行目にSUBSTR関数があり、その引数として9〜10行目でINSTR関数が記述されています。やや読み解くのが難しいかもしれませんが、みなさんも実行してみて、ほかのURLでも試してみてください。

(7-2-10) URLから一部の文字列を取り出す

```
1  WITH master AS (
2  SELECT "www.principle-c.com/company/index.html" AS url
```

```
UNION ALL
SELECT "www.principle-c.com/column/seo/index.html"
)

SELECT *,
SUBSTR(URL,
INSTR(URL, "/") + 1,
INSTR(URL, "/", 1, 2) - INSTR(URL, "/", 1, 1) -1)
AS directory_name
FROM master
```

結果テーブル

行	url ▼	directory_name ▼
1	www.principle-c.com/company/index.html	company
2	www.principle-c.com/column/seo/index.html	column

SUBSTR 関数と INSTR 関数により、
文字列の一部を取得できた

　なお、INSTR関数の簡易版として**STRPOS関数**があります。STRPOS関数で
は、INSTR関数の引数である［検索開始位置］と［出現回数］を指定できないので、
出現回数が1回だけの条件で、対象文字の中の先頭から特定文字を検索すると
きに利用してください。構文は以下の［7-2-11］、記述例は次ページの表［7-
2-12］の通りです。

7-2-11 STRPOS関数の構文

STRPOS(対象文字列, 検索文字列)

（7-2-12）STRPOS関数の記述例

記述例	戻り値
STRPOS("本日は晴天なり", "日")	2
STRPOS("本日は晴天なり", "山")	0
STRPOS("本日は晴天なり", "なり")	6
STRPOS("本日は晴天なり", "なる")	0

特定の文字列を置換するREPLACE関数

　文字列中の特定の文字列を別の文字列で置き換えるのが、REPLACE関数です。構文は以下の ［7-2-13］の通りです。

（7-2-13）REPLACE関数の構文

```
1   REPLACE(対象文字列, 検索文字列, 置換後の文字列)
```

　引数［対象文字列］に含まれる［検索文字列］を探し、それを［置換後の文字列］に置換した文字列が戻り値となります。［対象文字列］に［検索文字列］が含まれていない場合は、何も起きずに元の文字列（対象文字列）が返されます。
　次ページのSQL文［7-2-14］では、2行目と4行目にある文字列の一部を、8〜10行目のREPLACE関数で置換しています。「本日は晴天なり」の「晴」が「曇」に、「principle-c.com/company/」の「principle-c.com」が「sample.jp」に置換されていることが分かります。
　同時に、対象文字列に検索文字列が含まれない場合、対象文字列がそのまま返されることも理解できるかと思います。

7-2-14 特定の文字列を置換する

```
WITH master AS (
SELECT "本日は晴天なり" AS string
UNION ALL
SELECT "principle-c.com/compamy/"
)

SELECT string AS original
, REPLACE(string, "晴", "曇") AS sei_to_don
, REPLACE(string, "principle-c.com", "sample.jp")
AS principle_to_sample
FROM master
```

結果テーブル

行	original ▼	sei_to_don ▼	principle_to_sample ▼
1	本日は晴天なり	本日は曇天なり	本日は晴天なり
2	principle-c.com/compamy/	principle-c.com/compamy/	sample.jp/compamy/

REPLACE 関数により文字列の一部を置換できた

文字列の長さを取得するLENGTH関数

LENGTH関数は、文字列の長さを取得します。取り出しや置換といった文字列の加工とは異なり、長さを数値として取得する関数です。

単体で使うことはあまりないかもしれませんが、REPLACE関数と組み合わせた面白い活用法を紹介しましょう。例えば、セミナーのアンケート結果が[s_7_2_a] テーブルにあり、自由回答の感想が [text] フィールドに格納されているとします。このフィールド内の文字列から「満足」という言葉が何回出現するかを調べてみます。

REPLACE関数を利用して、対象文字列の「満足」という単語を「""」で置換すると、「満足」をすべて消去できます。元の文字列の長さから「満足」を消去したあとの長さを差し引くと、「満足」を消去したことで削減された文字数が分かります。文字列に「満足」が1つもなければ長さは変わりませんが、2つあったのであれば4文字削減されているでしょう。

つまり、差分は「満足」の2文字×出現回数となるので、「満足」の文字数「2」で割れば出現回数が求められるわけです。以下のSQL文［7-2-15］を参照して、実際の方法を確認してください。

アンケートの回答などで、特定の単語が何回出現したかを調べたいことは、ままあります。LENGTH関数とREPLACE関数を使ったこの方法であれば、簡単に調べることができます。

(7-2-15) 文字列の長さと出現回数を取得する

```
1   SELECT text
2   , LENGTH(text) AS text_length
3   , LENGTH(text) - LENGTH(REPLACE(text, "満足", ""))
4   AS length_diff
5   , (LENGTH(text) - LENGTH(REPLACE(text, "満足", "")))/2
6   AS manzoku_no_kosuu
7   FROM impress_sweets.s_7_2_a
```

結果テーブル

行	text ▼	text_length	length_diff	manzoku_no_kosuu
1	大変満足の行くセミナーでした。ありがとうございます。	26	2	1.0
2	満足感が半端ない。この満足を味わえるのだったら有料でも良いです。	32	4	2.0

LENGTH 関数と REPLACE 関数により、
文字列の長さと出現回数を取得できた

SECTION

7-3 正規表現を利用する関数

> 前節で学んだ関数と同様に、本節でも文字列を対象にしますが、本節では、より柔軟な扱いが可能な「正規表現」を利用する関数について学びましょう。

> 正規表現は聞いたことがあります。でも、使ったことはありません……。

> 非常にパワフルな機能です。例えば「Tから始まる文字列」「連続する8桁の数字」など、パターンで文字列を扱うことができます。

特定のパターンに合致する文字列を抽出できる

「正規表現」とは、**「メタ文字」と呼ばれる記号を使って、文字列の中にある特定のパターンを表現するための記述方法**のことです。正規表現を利用することで、ある文字列から任意のパターンに合致する文字列の有無を判定したり、抽出したりすることができます。

例えば、前節で学んだINSTR関数では、対象文字列の中の「/」の出現位置を調べる場合、「/」を固有の文字として取り扱いました。一方、正規表現を使った関数では、文字列のパターンを処理の対象とするため、より柔軟に文字列を取り扱うことができます。

正規表現を理解するための、ごく簡単な例を1つ紹介しましょう。正規表現で使えるメタ文字として「^」（ハット）があり、「次の文字で始まる」ことを意味します。「^T」と記述すると「Tで始まる」という意味になるのですが、次ページの文字列のうち「^T」に合致するのはどれでしょうか？

● TOKYO
● CHIBA
● KYOTO
● TOCHIGI

　合致するのは「TOKYO」「TOCHIGI」です。「KYOTO」にも「T」が含まれていますが、「T」で始まってはいないので合致しません。「^T」という、たった2文字を記述するだけで、「Tで始まる」どのような文字列も探すことができるわけです。

　ここではSQLで正規表現を利用できる関数として、3つの関数を学びます。順に見ていきましょう。

正規表現を利用できる関数名の冒頭に付く「REGEXP」は「Regular Expression」の略で、「正規表現」という意味です。

文字列の有無を判定するREGEXP_CONTAINS関数

　REGEXP_CONTAINS関数は、対象とする文字列に正規表現で指定したパターンの文字列が含まれているかどうかを判定します。CONTAINSは「含む」という意味なので、分かりやすいでしょう。含まれていれば「true」が返されます。構文は以下の［7-3-1］の通りです。

（ 7-3-1 ） REGEXP_CONTAINS関数の構文

```
1    REGEXP_CONTAINS(対象文字列, 正規表現)
```

利用例として、Webサイトのユーザー投稿を想定してみましょう。投稿内容は追ってサイト上で公開するため、「電話番号を記述してはいけない」という規定を設けています。その規定に違反している投稿がないかをチェックしたいとします。電話番号の疑いがある文字列のパターンとしては、次の2点が考えられるでしょう。

● 8つ以上連続した数字
● 4桁の数字と「-」と4桁の数字が連続した文字列

投稿は[s_7_3_a]テーブルの[post]フィールドに格納されているとすると、REGEXP_CONTAINS関数を記述したSQL文と結果テーブルは以下の［7-3-2］のようになります。

7-3-2 特定のパターンに合致する文字列を判定する

```
SELECT post
, REGEXP_CONTAINS(post, r"\d{8}\d*|\d{4}-\d{4}")
AS phone_number_violation
FROM impress_sweets.s_7_3_a
```

結果テーブル

行	post ▼	phone_number_violation ▼
1	この映画、最高だった。888888！	false
2	この映画のファンは、09012345678までショートMください。03-1234-1234でもOK	true
3	パンフレットをプレゼントするので33-9999-1111まで連くください	true

電話番号の疑いがある文字列を含む投稿を判定できた

REGEXP_CONTAINS関数は、SQL文の2行目にあります。第1引数には対象のフィールド名、第2引数には「r"\d{8}\d*|\d{4}-\d{4}"」と記述しています。**「r」は正規表現であることを示す目印**です。

正規表現を読み解いてみましょう。まず、中央にある「|」（パイプ）は「または」を表すメタ文字です。よって、正規表現全体を「\d{8}\d*」または「\d{4}-\d{4}」と分解できます。

「\d{8}\d*」のうち「\d」は任意の数字を表し、「{8}」は「直前の文字が8回連続している」という意味になります。その後ろの「\d*」は「0回以上の数字の繰り返し」です。したがって「\d{8}\d*」は「最低8個連続した数字で、さらに数字が続いてもよい」となります。

同様に「\d{4}-\d{4}」を読み解くと、『4回連続した数字と「-」と4回連続した数字』となります。

結果テーブルを見ると、レコードの1行目は数字の「8」が連続していますが、6個なので「false」と判定されました。2～3行目は正規表現に合致する文字列が含まれているので「true」が返されています。

合致する文字列を返すREGEXP_EXTRACT関数

REGEXP_EXTRACT関数は、対象とする文字列に正規表現で指定したパターンの文字列が含まれている場合、合致した文字列を1つ返します。構文は以下の［7-3-3］となります。引数のうち［検索開始位置］と［出現回数］はオプションで、省略が可能です。

(7-3-3) REGEXP_EXTRACT関数の構文

```
1   REGEXP_EXTRACT(対象文字列, 正規表現, 検索開始位置, 出現回数)
```

正規表現に合致する文字列が2つ以上あるとき、オプションを指定しない場合は、最初に合致する文字列が取得できます。オプションの［検索開始位置］は、対象文字列を先頭から検索せず、特定の位置以降で検索する場合に指定します。同じくオプションの［出現回数］は、正規表現に合致する表現が複数存在するとき、その何個目を取得するかを指定します。

　先ほどのユーザー投稿の例を続け、投稿内容のどの部分が規定違反に当たるのかを確認してみましょう。以下の［7-3-4］の通りにSQL文を記述すると、電話番号と疑われる文字列を取得できます。

　SQL文では2行目と4行目にREGEXP_EXTRACT関数を記述しており、2行目はオプションなし、4行目はオプションありとしています。結果テーブルを見ると、［violating_number1］フィールドでは合致した最初の文字列、［violating_number2］では2個目に合致した文字列が返されていることが分かります。

(7-3-4) 特定のパターンに合致した文字列を取得する

```
SELECT post
, REGEXP_EXTRACT(post, r"\d{8}\d*|\d{4}-\d{4}")
AS violating_number1
, REGEXP_EXTRACT(post, r"\d{8}\d*|\d{4}-\d{4}", 1, 2)
AS violating_number2
FROM impress_sweets.s_7_3_a
```

結果テーブル

行	post	violating_number1	violating_number2
1	この映画、最高だった。888888！	null	null
2	この映画のファンは、09012345678までショートMください。03-1234-1234でもOK	09012345678	1234-1234
3	パンフレットをプレゼントするので33-9999-1111まで連絡ください	9999-1111	null

> 電話番号の疑いがある文字列を取得できた

合致する文字列を置換するREGEXP_REPLACE関数

　REGEXP_REPLACE関数は、対象とする文字列に正規表現で指定したパターンの文字列が含まれている場合、任意の文字列に置換します。構文は次ページの［7-3-5］となります。

7-3-5 REGEXP_REPLACE関数の構文

1　REGEXP_REPLACE(対象文字列, 正規表現, 置換後の文字列)

　先ほどのユーザー投稿の例で、今度は規約違反の投稿内容のうち、電話番号と疑われる部分を伏せ字にしたいとしましょう。以下のSQL文[7-3-6]では、該当部分を「--------」で置換しています。

　REGEXP_REPLACE関数は、正規表現に合致する文字列をすべて置換します。結果テーブルの2レコード目を見ると、最初の文字列「09012345678」だけでなく、2番目の文字列「1234-1234」も「--------」に置換されていることが分かります。

7-3-6 特定のパターンに合致した文字列を置換する

```
1  SELECT post
2  , REGEXP_REPLACE(post, r"\d{8}\d*|\d{4}-\d{4}"
3  , "--------")
4  AS replaced_number
5  FROM impress_sweets.s_7_3_a
```

結果テーブル

行	post ▼	replaced_number ▼
1	この映画、最高だった。888888！	この映画、最高だった。888888！
2	この映画のファンは、09012345678までショートMください。03-1234-1234でもOK	この映画のファンは、--------までショートMください。03---------でもOK
3	パンフレットをプレゼントするので33-9999-1111まで来てください	パンフレットをプレゼントするので33---------まで来てください

電話番号の疑いがある文字列を
別の文字列に置換できた

● STEP UP ●

正規表現を使ったテクニック

正規表現を利用して多様な文字列をまとめる実践例を2つ紹介します。

▶都道府県を地域にまとめる

[prefecture] フィールドに格納されている都道府県名を「東北」「関東」などの地域にまとめたいとします。このとき、正規表現を使わないと、47都道府県に対してWHEN句を記述する必要があります。

一方、REGEXP_CONTAIN関数を使うと、以下のSQL文 [7-3-7] の通りに記述できます。「|」でつながれた複数の県が「北東北」にまとめられていることが確認できます。

7-3-7) 正規表現で都道府県を地域にまとめる

```
1    SELECT pref,
2    CASE
3    WHEN REGEXP_CONTAINS(pref, r"青森|岩手|秋田")
4    IS TRUE THEN "北東北"
5    ELSE "その他"
6    END AS region
7    FROM impress_sweets.s_6_1_b
8    ORDER BY pref_id
```

結果テーブル（一部）

行	pref ▼	region ▼
1	北海道	その他
2	青森	北東北
3	岩手	北東北
4	宮城	その他
5	秋田	北東北

北東北3県を「北東北」としてまとめられた

▶ 多様なパターンのURIを1つにまとめる

サイト訪問者が同じWebページを表示していても、リクエストURIは意外と揺らぐものです。そのため、直帰率などを適切に計算することが難しいケースがあります。

以下の［7-3-8］にあるSQL文と結果テーブルを見てください。結果テーブルの［uri］フィールドには4つのリクエストURIがありますが、ユーザーが見ているWebページはすべて同一です。そこで、REGEXP_REPLACE関数により、すべてを「/」にまとめた値を［united_uri］フィールドとして取得しました。

（7-3-8）正規表現でリクエストURIをまとめる

```
1  SELECT *
2  , REGEXP_REPLACE(uri, r"^/(index\.html)?\??.*"
3  , "/")
4  AS united_uri
5  FROM impress_sweets.s_7_3_b
```

結果テーブル

行	uri ▼	united_uri ▼
1	/	/
2	/?utm_source=google	/
3	/index.html	/
4	/index.html?utm_source=yahoo	/

不統一なリクエスト URI を「/」としてまとめられた

SECTION

7-4　日付・時刻を扱う関数

続いて見ていくのは、日付・時刻を扱う関数です。日付・時刻というと単純に思えますが、実はかなりの種類があります。

どのようなことができるのですか？

実務では、現在の日付・時刻を取得して最終購入日からの経過日数を求めたり、2つの日付の間の日数を求めたりする用途が想定できます。

現在の日付・時刻を取得する関数

BigQueryには、「今、この瞬間」の日付・時刻を取得する関数として、「CURRENT」と付く4つの関数が用意されています。以下の表［7-4-1］にまとめたように、これらは扱うデータ型によって使い分けます。

7-4-1　日付・時刻の取得に利用する関数

関数	データ型	戻り値の例
CURRENT_DATE	DATE型	2024-06-02
CURRENT_DATETIME	DATETIME型	2024-06-02T23:57:12.120174
CURRENT_TIME	TIME型	23:57:12.120174
CURRENT_TIMESTAMP	TIMESTAMP型	2024-06-02 23:57:12.120174 UTC

まず、よく利用される**CURRENT_DATE関数**と**CURRENT_DATETIME関数**
を使って、現在の日付・時刻を取得してみましょう。以下のSQL文［7-4-2］
をみなさんの環境で実行してみてください。

これらの関数の戻り値は「UTC」（協定世界時）のため、日本での日付・時
刻を取得するには「CURRENT_DATE("Asia/Tokyo")」のようにタイムゾーン
表記を付与する必要があります。日本時間はUTCからプラス9時間となるため、
「CURRENT_DATE("+9")」でも同じ結果が得られます。

7-4-2 日本の日付・時刻を取得する

```
1    SELECT
2    CURRENT_DATE("Asia/Tokyo") AS today
3    , CURRENT_DATE("+9") AS today2
4    , CURRENT_DATETIME("Asia/Tokyo") AS now
5    , CURRENT_DATETIME("+9") AS now2
```

結果テーブル

行	today ▼	today2 ▼	now ▼	now2 ▼
1	2024-05-02	2024-05-02	2024-05-02T10:32:24.593096	2024-05-02T10:32:24.593096

日本の現在の日付・時刻を取得できた

［7-4-1］の「データ型」で登場した「DATETIME型」と「TIMESTAMP型」
は、年月日と時分秒で構成されているという類似点があります。一方、それら
2つのデータ型、ひいては格納する値の使い分けについては、次の通りに整理
できます。

まず、TIMESTAMP型として格納する値としては、一般的に「世界で1つだ
けの時刻」を記録します。そのため、時差に影響されない唯一の時間を計る「も
のさし」として、前述のUTCが使われます。例えば、あるイベントの発生時刻
がUTCで2024年6月2日23時57分12秒と表現されていれば、それは唯一無二
の時刻となります。

　一方、DATETIME型は人間が日常感覚として理解しやすい時間体系で時刻を格納します。例えば、UTCで記録された唯一の時刻である2024年6月2日23時57分12秒は、日本（というタイムゾーン）では2024年6月3日8時57分12秒という朝の時刻ですが、米国カリフォルニア州では2024年6月2日15時57分12秒という夕方の時刻になります。「何時頃、どのような商品が売れるのだろう？」といった分析をするときに、商品が売れた時刻がTIMESTAMP型で記録されていた場合、時差を加味してDATETIMEに変換すると、人々の生活時間帯に調整することができます。

　TIMESTAMP型からDATE型やDATETIME型への変換については、本節の「DATE型やDATETIME型のオブジェクトを作成する関数」で解説しています。

日付・時刻に一定の値を加える関数

　「本日から3週間後」「現在時刻から6時間後」など、日付や日付時刻に一定の値を加えたいときに使うのが、**DATE_ADD関数**と**DATETIME_ADD関数**です。関数はそれぞれ［7-4-3］と［7-4-4］となります。

7-4-3　DATE_ADD関数の構文

```
DATE_ADD(DATE型の値, INTERVAL 加える整数 デイトパート)
```

7-4-4　DATETIME_ADD関数の構文

```
DATETIME_ADD(DATETIME型の値, INTERVAL 加える整数 パート)
```

　引数の［加える数値］の直前にある「INTERVAL」は定型句です。［デイトパート］と［パート］には、数値を加える対象のキーワードを指定します。「日」

を加えるなら「DAY」、「時」を加えるなら「HOUR」といった具合です。指定できるキーワードは次の通りです。

● デイトパート
　⇒ YEAR / QUARTER / MONTH / WEEK / DAY
● パート
　⇒ YEAR / QUARTER / MONTH / WEEK / DAY / HOUR / MINUTE / SECOND / MILLISECOND / MICROSECOND

　例えば、本日から3週間後（21日後と同じ意味）、現在時刻から6時間後を取得するには、以下のSQL文［7-4-5］のように記述します。

（7-4-5）　**3週間後の日付と6時間後の時間を取得する**

```
1   SELECT
2   CURRENT_DATE("+9") AS today
3   , DATE_ADD(CURRENT_DATE("+9"), INTERVAL 3 WEEK)
4   AS three_weeks_later
5   , CURRENT_DATETIME("+9") AS now
6   , DATETIME_ADD(CURRENT_DATETIME("+9"), INTERVAL 6 HOUR)
7   AS six_hours_later
```

行	today ▼	three_weeks_later ▼	now ▼	six_hours_later ▼
1	2024-05-02	2024-05-23	2024-05-02T10:35:08.501686	2024-05-02T16:35:08.501686

3週間後の日付と6時間後の時間を取得できた

　ここで覚えておきたい点が2つあります。1つは「1カ月後」の戻り値です。次ページの［7-4-6］のSQL文を実行してください。「1月1日」の1カ月後は「2月1日」、「2月1日」の1カ月後は「3月1日」と返ってきています。つ

まり、月の日数が何日あっても、月初の日付を返しています。

　一方、月末に近い日付の1カ月後を取得するときには注意が必要です。「2月28日」の1カ月後は「3月28日」、「2月29日」の1カ月後は「3月29日」と、月末ではない日付が返ってきています。さらに、「5月31日」の1カ月後は6月の末日である「6月30日」が返ってきているので問題ありませんが、「6月30日」の1カ月後は「7月31日」ではなく「7月30日」が返ってきています。

　このような揺らぎがあるため、デイトパートに「MONTH」を利用するときには注意が必要です。「QUARTER」を使う場合も同様に注意してください。

7-4-6 1カ月後の日付を取得する

```sql
SELECT
DATE_ADD(DATE("2024-01-01"), INTERVAL 1 MONTH)
AS a_month_from_1_1
, DATE_ADD(DATE("2024-02-01"), INTERVAL 1 MONTH)
AS a_month_from_2_1
, DATE_ADD(DATE("2024-02-28"), INTERVAL 1 MONTH)
AS a_month_from_2_28
, DATE_ADD(DATE("2024-02-29"), INTERVAL 1 MONTH)
AS a_month_from_2_29
, DATE_ADD(DATE("2024-05-31"), INTERVAL 1 MONTH)
AS a_month_from_5_31
, DATE_ADD(DATE("2024-06-30"), INTERVAL 1 MONTH)
AS a_month_from_6_30
```

結果テーブル

行	a_month_from_1_1	a_month_from_2_1	a_month_from_2_28	a_month_from_2_29	a_month_from_5_31	a_month_from_6_30
1	2024-02-01	2024-03-01	2024-03-28	2024-03-29	2024-06-30	2024-07-30

月末に近い日付を取得する際、前の月の日数によって値が変わる

もう1つは「INTERVAL」の後ろの数値についてです。これにはマイナスの整数も指定できます。日付・時刻から一定の値を引くにはDATE_SUB関数やDATETIME_SUB関数を利用する方法もありますが、以下のSQL文［7-4-7］のように「INTERVAL」のあとにマイナスの整数を指定すれば、これらの関数は必要はありません。ただし、「INTERVAL」のあとに正の数字を指定する場合と同様に、月末に近い日付を取得するときの揺らぎには注意が必要です。

［7-4-7］ INTERVALにマイナスの数値を設定する

```
1    SELECT
2    DATE_ADD(DATE("2024-01-01"), INTERVAL -1 MONTH)
3    AS a_month_before_1_1
4    , DATE_ADD(DATE("2024-02-01"), INTERVAL -3 WEEK)
5    AS three_weeks_before_2_1
6    , DATE_ADD(DATE("2024-02-28"), INTERVAL -5 DAY)
7    AS five_days_before_2_28
```

結果テーブル

行	a_month_before_1_1	three_weeks_before_2_1	five_days_before_2_28
1	2023-12-01	2024-01-11	2024-02-23

1カ月前、3週間前、5日前の日付を取得できた

DATE型やDATETIME型のオブジェクトを作成する関数

定数のように、特定の日付・時刻の値が必要なことがあります。例えば、令和元年は2019年5月1日から始まりました。その日付を定数として取得しようとして、次ページの［7-4-8］のようにWITH句を使って記述しました。しかし、DATE_ADD関数の第1引数［DATE型の値］のデータ型がSTRING型になりエラーとなってしまいました。

7-4-8　データ型の間違いによるエラー

```
1   WITH master AS (
2     SELECT "2019-05-01" AS reiwa_1st
3   )
4
5   SELECT reiwa_1st
6   ,DATE_ADD(reiwa_1st, INTERVAL 2 DAY) AS third_day_of_reiwa
7   FROM master
```

『「reiwa_1st」は
日付ではない』
というエラーが
表示されている

このようなときに使うのが**DATE関数**です。エラーは「2019-05-01」が文字
列として認識されていることが原因なので、以下のSQL文［7-4-9］のように、
DATE関数を使ってデータ型をDATE型として認識させるとエラーは解消します。

同様に、文字列をDATETIME型として認識させるには、**DATETME関数**を利
用します。認識されているデータ型は、結果テーブルのスキーマを見ることで
確認できます。

この例においても、データベースでは「データ型」が重
要だということが理解できます。

7-4-9　文字列をDATE型として認識させる

```
WITH master AS (SELECT DATE "2019-05-01" AS reiwa_1st)

SELECT reiwa_1st
, DATE_ADD(reiwa_1st, INTERVAL 3 DAY)
AS third_day_of_reiwa
FROM master
```

そのほか、DATE関数とDATETIME関数を使ったオブジェクトの作成方法も
覚えておきましょう。次ページの表［7-4-10］のようにDATETIME型のオ

ブジェクトをDATE型に、[7-4-11] の表のようにDATE型のオブジェクトを DATETIME型オブジェクトに変換することも可能です。それぞれの表の3行目 に例示した通り、いずれの場合でもTIMESTAMP型のデータについて、時差調 整ができることもあわせて理解してください。

(7-4-10) DATE型のオブジェクトを作成する記述例

記述例	戻り値
DATE(2024,7,12)	2024-07-12
DATE(DATETIME("2024-07-12 17:00:00"))	
DATE(TIMESTAMP("2024-07-12 17:00:00"), "+9")	2024-07-13

(7-4-11) DATETIME型のオブジェクトを作成する記述例

記述例	戻り値
DATETIME(2024,7,12,15,0,0)	2024-07-12 T17:00:00
DATETIME(DATE("2024-07-12"), TIME(17, 0, 0))	
DATETIME(TIMESTAMP("2024-07-12 17:00:00"), "+9")	2024-07-13 T02:00:00

日付・時刻の差分を取得する関数

2つの日付・時刻の差分は、**DATE_DIFF関数**と**DATETIME_DIFF関数**で取 得できます。それぞれの構文は [7-4-12] と [7-4-13] の通りです。

(7-4-12) DATE_DIFF関数の構文

```
1    DATE_DIFF(DATE型の新しい日付, DATE型の古い日付, デイトパート)
```

7-4-13 DATETIME_DIFF関数の構文

> DATETIME_DIFF(DATETIME型の新しい日時，
> DATETIME型の古い日時，パート)

　［デイトパート］と［パート］に利用できるキーワードは、DATE_ADD関数やDATETIME_ADD関数と同じです。例えば、差分の日数は「DAY」、時間は「HOUR」と指定します。以下のSQL文［7-4-14］では、2024年7月19日が令和になってから何日経過したのか、2024年7月19日 17:00:00が令和になってから何時間経過したのかを取得します。また、DATE関数とDATETIME関数で、文字列をDATE型の日付とDATETIME型の日時に変換しています。

7-4-14 2つの日付・時刻から経過日数・時間を取得する

```
SELECT DATE_DIFF(DATE "2024-07-19",
DATE "2019-05-01", DAY)
AS reiwa_days
, DATETIME_DIFF(DATETIME "2024-07-19 17:00:00",
DATETIME "2019-05-01 00:00:00", HOUR)
AS reiwa_hours
```

行	reiwa_days ▼	reiwa_hours ▼
1	1906	45761

2つの日時から「日」と「時」の差分を取得できた

日付・時刻を丸める関数

日付や時刻は「秒→分→時→日→月→四半期→年」という階層構造になっているので、細かい単位をより大きい単位に丸められます。例えば「2024年7月12日 15:21:42」を徐々に丸めると、次のようになります。

- ●分　　　⇒2024年7月12日 15:21:00
- ●時　　　⇒2024年7月12日 15:00:00
- ●日　　　⇒2024年7月12日
- ●月　　　⇒2024年7月1日
- ●四半期　⇒2024年第3四半期
- ●年　　　⇒2024年

上記をDATE型の値に対して行うのが**DATE_TRUNC**関数、DATETIME型の値に対して行うのが**DATETIME_TRUNC**関数です。TRUNCは「truncate」（切り詰める、切り捨てる）に由来します。構文はそれぞれ以下の［7-4-15］と［7-4-16］となります。

7-4-15 DATE_TRUNC関数の構文

```
1    DATE_TRUNC(DATE型の値, デイトパート)
```

7-4-16 DATETIME_TRUNC関数の構文

```
1    DATETIME_TRUNC(DATETIME型の値, パート)
```

　[デイトパート]と[パート]に利用できるキーワードは、DATE_ADD関数やDATETIME_ADD関数と同じです。

　これらの関数を利用して、日単位や時間単位などの細かい粒度で記録された販売データを、月単位や年単位に丸めるニーズは非常に高く、頻繁に利用します。例えば、以下の[7-4-17]のような販売日時テーブルが存在し、日時ごとの販売個数が記録されていたとします。

　このテーブル名を[s_7_4_a]として「月ごとの販売個数」を集計するSQL文は、その下の[7-4-18]となります。[order_time]フィールドの粒度がどんなに細かくても、希望する粒度（ここでは「月」）で丸めて集計することが可能です。

（7-4-17）販売日時テーブル

s_7_4_a

order_time	qty
2024-01-11 20:18:12	6
2024-01-18 05:11:10	2
2024-01-25 17:07:12	4
2024-02-02 09:00:05	9
2024-02-25 10:47:59	5
2024-02-28 22:48:06	6

（7-4-18）秒単位を月単位に丸める

```
SELECT
DATETIME_TRUNC(order_time, MONTH) AS year_month
, SUM(qty) AS sum_qty
FROM impress_sweets.s_7_4_a
GROUP BY year_month
ORDER BY 1
```

行	year_month ▼	sum_qty ▼
1	2024-01-01T00:00:00	12
2	2024-02-01T00:00:00	20

結果テーブル

「秒単位」のデータを「月単位」でまとめて集計できた

　もし、上記の結果テーブルの［year_month］フィールドの「00:00:00」が気になる場合、SECTION 7-1のSTEP UPで触れたCAST関数を使い、DATE型に型変換をするとよいでしょう。そのときのSQL文と結果テーブルを以下の［7-4-19］に掲載します。

7-4-19　CAST関数でDATE型に変換する

```
1   SELECT CAST(DATETIME_TRUNC(order_time, MONTH)
2   AS DATE) AS year_month
3   , SUM(qty) AS sum_qty
4   FROM impress_sweets.s_7_4_a
5   GROUP BY year_month
6   ORDER BY 1
```

行	year_month ▼	sum_qty ▼
1	2024-01-01	12
2	2024-02-01	20

結果テーブル

CAST関数を利用してDATE型に変換できた

日付・時刻の一部の値を抽出するEXTRACT関数

　日付は「年」「四半期」「月」「日」などの値を、日付時刻はそれらに加えて「時」「分」「秒」などの値を持ちます。また、「曜日」の属性や別の観点では「年の中で何週目か？」「年の中で何日目か？」といった属性も持っています。

　そのような日付や日付時刻を構成する値や属性の一部を抽出する関数が、EXTRACT関数です。英語の「extract」は「抽出する」という意味の動詞です構文は次ページの［7-4-20］と［7-4-21］となります。

7-4-20 EXTRACT関数の構文（DATE型）

```
EXTRACT(デイトパート FROM DATE型の値)
```

7-4-21 EXTRACT関数の構文（DATETIME型）

```
EXTRACT(パート FROM DATETIME型の値)
```

「FROM」は固定文字列です。デイトパート、パートとしてDATE_ADD関数、DATETIME_ADD関数などで利用できた種類に加え、「DAYOFYEAR」や「DAYOFWEEK」が利用できるのも、この関数の特徴です。EXTRACT関数の戻り値はすべて整数型です。

以下はマイクロ秒単位のDATETIME型の値に対して、EXTRACT関数で「YEAR」を指定しているところです。この「YEAR」の部分を変えて、さまざまなデイトパートやパートを指定したときに、どのような値が返ってくるのかを確認すると、その下の一覧のようになります。

```
EXTRACT(YEAR FROM DATETIME("2024-05-03 20:10:15.123456"))
```

- ● YEAR ⇒ 年の整数、2024
- ● QUARTER ⇒ 四半期の整数、2（1月〜3月が「1」、10月〜12月が「4」）
- ● MONTH ⇒ 月の整数、5
- ● WEEK ⇒ 年の中の何週目かを表す整数、17
- ● DAYOFYEAR ⇒ 年の中の何日目かを表す整数、124
- ● DAY ⇒ 日の整数、3
- ● DAYOFWEEK ⇒ 曜日の整数、6（日曜日が「1」、土曜日が「7」）

- HOUR ⇒時間の整数、20
- MINUTE ⇒分の整数、10
- SECOND ⇒秒の整数、15
- MINUTESECOND ⇒1000分の1秒を表す整数、123
- MICROSECOND ⇒100万分の1秒を表す整数、123456

次に、より実務に近い具体例で見ていきましょう。以下の［7-4-22］は日別の販売個数がまとまった販売日付テーブルで、2024年1月1日〜7日、2024年2月1日〜7日の日付（order_date）で14レコードが格納されています。

このテーブル名を［s_7_4_b］とし、EXTRACT関数を使って日付の属性としての「日」を抽出して「日別の販売個数」を求めてみたいと思います。SQL文と結果テーブルは次ページの［7-4-23］の通りで、元のテーブルの半数となる7レコードになりました。これは、異なる月でも同じ日付が「日」の属性でグループ化されたためです。例えば、1月1日と2月1日は同じ「1」でグループ化されます。「1カ月のうち、月初の販売個数が少ないのではないか？」など、月をまたがって検証したいときに非常に便利です。

(7-4-22) 販売日付テーブル

s_7_4_b

order_date	qty
2024-01-01	6
2024-01-02	2
2024-01-03	4
2024-01-04	6
2024-01-05	2
2024-01-06	8
2024-01-07	6
2024-02-01	5
2024-02-02	9
2024-02-03	5
2024-02-04	6
2024-02-05	2
2024-02-06	4
2024-02-07	6

(7-4-23) 「日」の属性で販売個数を集計する

```
SELECT EXTRACT(DAY FROM order_date) AS day
, SUM(qty) AS sum_qty
FROM impress_sweets.s_7_4_b
GROUP BY day
ORDER BY 1
```

結果テーブル

行	day ▼	sum_qty ▼
1	1	11
2	2	11
3	3	9
4	4	12
5	5	4
6	6	12
7	7	12

「月」を問わず、「日」ごとに
販売個数を集計できた

UNIX時を通常のカレンダーの日付に変更する関数

　コンピューターの世界には、日付（厳密にはタイムスタンプ）を表現するうえで、一般の日付の表し方とは異なった体系があります。その体系が**UNIX時**（ユニックス）と呼ばれるものです。

　UNIX時は、本節でも何度か登場したUTC（協定世界時）の1970年1月1日0時0分0秒からの経過時間で表現されます。例えば、1971年1月1日0時0分0秒は、1970年0時0分0秒のちょうど1年後なので、秒数でカウントすると365日×24時間×60分×60秒＝31536000と表現できます。

　また、「31536000」を1000分の1秒（ミリ秒）の単位で表現すれば、ゼロが末尾に3つ付いた「31536000000」として、100万分の1秒（マイクロ秒）の単位で表現すれば、末尾にさらにゼロが3つ付いた「31536000000000」と表現できます。

コンピューターの世界でUNIX時がよく使われるのは、整数で表現されることから扱いやすいためです。普段はあまり目にすることがないかもしれませんが、SECTION 9-2で詳しく取り上げる、GA4がBigQueryにエクスポートするテーブルにある［event_timestamp］カラムでは、以下の［7-4-24］のようにイベントの発生した時刻がUNIX時のマイクロ秒で記録されています。

7-4-24 UNIX時で記録された時刻の例①

行	event_date	event_timestamp	event_name	event_params.key	event_params.value.string_value
1	20240501	1714538028320021	first_visit	date_published	2023-04-18
				session_engaged	0
				ga_session_number	null
				page_title	Looker Studioにサンキーチャ…
				batch_page_id	null
				ga_session_id	null
				batch_ordering_id	null
				request_uri	/making_sankey_chart_from_g…

> イベントの発生時刻が UNIX 時の
> マイクロ秒で記録されている

また、演習用の［web_log］テーブルには、GA4の［event_timestamp］カラムを模した同名のカラムがあります。このカラムに格納されたデータも、以下の［7-4-25］で示すようにUNIX時のタイムスタンプで記録されています。

7-4-25 UNIX時で記録された時刻の例②

行	event_timestamp ▼	event_name ▼	user_pseudo_id ▼
1	1610089404002827	page_view	1501343134-1544761950
2	1610417618978204	page_view	1008235823-1545703200
3	1610417631256591	page_view	1008235823-1545703200
4	1610417658752394	page_view	1008235823-1545703200

> ［event_timestamp］カラムは、UNIX 時の
> タイムスタンプで記録してある

　コンピューターに都合のよい表現方法であるUNIX時ですが、人間が直感的に解釈することはできません。そこで、UNIX時で表現された値をUTCに変換するのが、TIMESTAMP_SECONDS関数、TIMESTAMP_MILLIS関数、TIMESTAMP_MICROS関数です。構文は以下の［7-4-26］［7-4-27］［7-4-28］の通りとなります。

7-4-26 TIMESTAMP_SECONDS関数の構文

```
TIMESTAMP_SECONDS(秒単位で記録されたUNIX時の整数)
```

7-4-27 TIMESTAMP_MILLIS関数の構文

```
TIMESTAMP_MILLIS(ミリ秒単位で記録されたUNIX時の整数)
```

7-4-28 TIMESTAMP_MICROS関数の構文

```
TIMESTAMP_MICROS(マイクロ秒単位で記録されたUNIX時の整数)
```

　これら3つの関数の戻り値は、いずれもタイムスタンプ型で「YYYY-MM-DD HH:MM:SS.xxxxxx UTC」となります（xxxxxxの部分は秒未満の値を引数として渡した場合に表示されます）。末尾に「UTC」と明示されている通り、戻り値はUTCで表現されています。

　したがって、この戻り値を日本時間で表すには、本節ですでに述べたDATE関数やDATETIME関数を利用して9時間を足す必要があります。次ページのSQL文［7-4-29］では、マイクロ秒で表現されたUNIX時

「1714668891946058」を日本時間の日付、および日付時刻に変換して取得しています。

7-4-29 マイクロ秒のUNIX時を日付・時刻に変換する

```
1  SELECT
2  DATE(TIMESTAMP_MICROS(1714668891946058), "+9")
3  AS japan_date
4  , DATETIME(TIMESTAMP_MICROS(1714668891946058), "+9")
5  AS japan_datetime
```

結果テーブル

行	japan_date ▼	japan_datetime ▼
1	2024-05-03	2024-05-03T01:54:51.946058

UNIX時を日本時間に
変換できた

日付・時刻の表示形式を変更する関数

例えば「2024/7/18」という日付を、月を最初にして「7/18/2024」や「July 18, 2024」と表示したいこともあります。BigQueryには、元のデータ型を変えずに、DATE型やDATETIME型のまま、その表示形式を柔軟に変える関数が用意されています。それが**FORMAT_DATE関数**と**FORMAT_DATETIME関数**で構文は［7-4-30］と［7-4-31］の通りです。

7-4-30 FORMAT_DATE関数の構文

```
1  FORMAT_DATE(表示形式を指定するキーワード, DATE型の値)
```

(7-4-31) FORMAT_DATETIME関数の構文

> FORMAT_DATETIME(表示形式を指定するキーワード,
>
> DATETIME型の値)

　引数の［表示形式を指定するキーワード］のうち、利用頻度の高いものをまとめたのが以下の表［7-4-32］です。

(7-4-32) 日付・時刻の表示形式を指定するキーワード

キーワード	表示形式	戻り値の例
%A	完全な曜日名	Monday
%a	省略された曜日名	Mon
%B	完全な月の名前	January
%b	省略された月の名前	Jan
%c	日付および時刻の表記※	Thu Jan 18 05:11:10 2024
%d	10進数として表示される月内の日付	09（一桁台の場合は先頭に「0」）
%e	10進数として表示される月内の日付	9（一桁台の場合は先頭にスペース）
%F	「%Y-%m-%d」形式の日付	2024-07-13
%H	10進数として表示される時間※	09
%M	10進数として表示される分※	55
%m	10進数として表示される月	07
%S	10進数として表示される秒※	21
%T, %X	「%H:%M:%S」形式の時刻※	05:11:10
%Y	10進数として表示される世紀を含む年	2024

※FORMAT_DATE関数では利用不可

実際の記述例については、以下のSQL文［7-4-33］を参照してください。［7-4-17］として提示した販売日時テーブル（s_7_4_a）を対象に、［order_time］フィールドをさまざまな表示形式に変更しています。

7-4-33 日付・時刻の表示形式を指定する

```sql
1   SELECT order_time AS original
2   , FORMAT_DATETIME("%A", order_time) AS upper_A
3   , FORMAT_DATETIME("%a", order_time) AS lower_a
4   , FORMAT_DATETIME("%B", order_time) AS upper_B
5   , FORMAT_DATETIME("%b", order_time) AS lower_b
6   , FORMAT_DATETIME("%D", order_time) AS upper_D
7   , FORMAT_DATETIME("%c", order_time) AS lower_c
8   , FORMAT_DATETIME("%F", order_time) AS upper_F
9   , FORMAT_DATETIME("%T", order_time) AS upper_T
10  FROM impress_sweets.s_7_4_a
```

結果テーブル（一部）

行	original	upper_A	lower_a	upper_B	lower_b	upper_D	lower_c	upper_F	upper_T
1	2024-01-18T05:11:10	Thursday	Thu	January	Jan	01/18/24	Thu Jan 18 05:11:10 2024	2024-01-18	05:11:10
2	2024-01-25T17:07:12	Thursday	Thu	January	Jan	01/25/24	Thu Jan 25 17:07:12 2024	2024-01-25	17:07:12
3	2024-02-25T10:47:59	Sunday	Sun	February	Feb	02/25/24	Sun Feb 25 10:47:59 2024	2024-02-25	10:47:59

日付時刻型のデータをさまざまな表示形式に変更できた

［7-4-32］で紹介したキーワードには、①複数の表示形式を同時に利用できる、②スペース、「-」（ハイフン）、「,」（カンマ）などの記号を含められるという性質もあります。例えば「%F %T」とすると、「YYYY-MM-DD」と「HH:MM:SS」の表示形式をスペースで連結できます。

　実際に「%F」と「%T」を、間にアンダースコアを3つ入れてつないだ表示形式として実現したのが、以下のSQL文［7-4-34］です。結果テーブルとあわせて確認してください。

（7-4-34）日付と時刻をアンダースコアでつなぐ

```
SELECT order_time AS original
, FORMAT_DATETIME("%F___%T", order_time)
AS upper_F___upper_T
FROM impress_sweets.s_7_4_a
LIMIT 3
```

結果テーブル

行	original ▼	upper_F__upper_T ▼
1	2024-01-18T05:11:10	2024-01-18___05:11:10
2	2024-01-25T17:07:12	2024-01-25___17:07:12
3	2024-02-25T10:47:59	2024-02-25___10:47:59

日付と時刻を3つの
アンダースコアでつ
なげられた

　なお、FORMAT_DATE関数やFORMAT_DATETIME関数の結果はSTRING型で返されるので、DATE型やDATETIME型への変換は、CAST関数を利用してください（SECTION 7-1を参照）。

文字列で表記された値を日付型や日付時刻型に変換する

　本来、日付型や日付時刻型として利用したいデータが文字列型で記録されてしまった、ということはままあります。例えば「2024/01/01」は人間が見ると日付であり、その値を含むCSVファイルをBigQueryのテーブルとして作成した場合には、日付型として認識してほしいところです。

　しかし、実際には「2024/01/01」を日付型としてBigQueryのテーブルとして取り込もうとすると、エラーになります。BigQueryは「2024-01-01」のように、ハイフンで数値をつないだ形でないと日付型として認識しないためです。

　そのような場合、まず文字列としてBigQueryでテーブルを作成し、日

付型や日付時刻型に変換する必要があります。そこで利用できるのが、PARSE_DATE関数とPARSE_DATETIME関数です。「parse」は英語で「解析する」という意味です。構文は以下の［9-4-35］［9-4-36］の通りで、戻り値はそれぞれ日付型、日付時刻型になります。

7-4-35 PARSE_DATE関数の構文

```
1  PARSE_DATE(フォーマット文字列, STRING型のフィールド)
```

7-4-36 PARSE_DATETIME関数の構文

```
1  PARSE_DATETIME(フォーマット文字列, STRING型のフィールド)
```

フォーマット文字列は文字列型のフィールドのどこに、どのような形で年月日時分秒が含まれているかを指示する引数です。「2024/01/01」という形で記録されている値を対象とする場合には、PARSE_DATE関数のフォーマット文字列は以下の通りとなります。

"%Y/%m/%d"

また、例えば、元の文字列型のフィールドが「2024/01#01 12:34.56」であって、それを日付時刻型に変換したい場合のPARSE_DATETIME関数のフォーマット文字列は以下の通りです。

"%Y/%m#%d %H:%M.%S"

算術演算子でも「日」の足し引きが可能

DATE型のフィールドの値への「日」の足し引きには、算術演算子を利用することもできます。例えば、2024年11月1日に「7日」を足したり引いたりするSQL文は、以下の［7-4-37］となります。見ての通り、直感的に記述できるので、おすすめの方法です。

また、この算術演算子による「日」の足し引きは、CURRENT_DATE関数やDATE_TRUNC関数に対する戻り値としての日付に対しても利用できます。［7-4-38］は、それが検証できるSQL文です。

7-4-37 算術演算子で「日」を足し引きする

```
1  SELECT DATE("2024-11-01") + 7 AS plus_7_days
2  , DATE("2024-11-01") - 7 AS minus_7_days
```

7-4-38 関数の戻り値に対して「日」を足し引きする

```
1  SELECT CURRENT_DATE("Asia/Tokyo") AS today
2  , CURRENT_DATE("Asia/Tokyo") + 7 AS plus_7_days
3  , CURRENT_DATE("Asia/Tokyo") - 7 AS minus_7_days
4  , DATE_TRUNC(DATE("2024-11-15"), MONTH) + 7
5  AS plus_7_from_trancated_date
6  , DATE_TRUNC(DATE("2024-11-15"), MONTH) - 7
7  AS minus_7_from_trancated_date
```

SECTION

⁷⁻5 統計集計関数

本章もこれで最後です。ここでは統計集計関数として、分散や標準偏差を求める関数を学んでいきます。

関数も、もうお腹いっぱいですね。仕上げのつもりで学習します！

まだ次章で「ウィンドウ関数」を学びますが、SQLで一般的に覚えるべき関数は、これで完了ですね。

分散、標準偏差、相関係数をSQLで取得できる

統計集計関数とは、統計学的な指標の取得に便利な関数です。以下に挙げた分析の目的により、利用する関数が異なります。

● 分散を求める　　　　　　　⇒VAR_POP関数／VAR_SAMP関数
● 標準偏差を求める　　　　　⇒STDDEV_POP関数／STDDEV_SAMP関数
● 2変数の相関係数を求める　⇒CORR関数

「VAR」と「STDDEV」の後ろに続く「POP」と「SAMP」は、分散や標準偏差を求める対象とするデータが「全数」か「標本」（サンプル）かの違いで使い分けます。統計学的に表現すると、「VAR_POP」は分散、「VAR_SAMP」は不偏分散、「STDDEV_POP」は分散に基づく標準偏差、「STDDEV_SAMP」は不偏分散に基づく標準偏差です。

標本のサイズ（＝レコード数）が多いときは、どちらの関数で計算してもほとんど同じ戻り値が得られるので、どちらを使うか気にする必要はありませんが、データサイズが小さい場合には慎重に選択しましょう。

分散を求めるVAR_POP/VAR_SAMP関数

　VAR_POP関数とVAR_SAMP関数は、それぞれ分散と不偏分散を求める関数です。分散とはデータのばらつき度合いを示す指標で、値が大きいほどばらつきが大きいと判断できます。

　ここでは、データが「全数」のときを想定し、VAR_POP関数の利用例を紹介しますが、対象のデータが「標本」（サンプル）の場合はVAR_SAMP関数を利用してください。指定する引数はどちらも同じです。

　以下のSQL文［7-5-1］は、SECTION 6-1の［6-1-4］で提示した東京、千葉、北海道の3年間の最低賃金テーブル（［s_6_1_a］テーブル）を対象に、令和3年から5年の3年間の最低賃金の分散を求めています。結果テーブルを見ると、令和3年、4年の分散は同じ、令和5年になると分散の値が大きくなっていることから、令和5年には該当の都道府県の最低賃金のばらつき度合いが大きくなっていることが確認できます。

7-5-1 分散を求める

```
SELECT year, VAR_POP(min_wage) AS variance
FROM impress_sweets.s_6_1_a
GROUP BY year
```

結果テーブル

行	year ▼	variance ▼
1	R3	3882.666666666...
2	R4	3882.666666666...
3	R5	3926.0

VAR_POP 関数により分散が求められた

標準偏差を求めるSTDDEV_POP/STDDEV_SAMP関数

STDDEV_POP関数は分散に基づく標準偏差、**STDDEV_SAMP**関数は不偏分散に基づく標準偏差を求める関数です。標準偏差は英語で「standard deviation」なので、関数名の由来といえます。

対象のデータが「全数」の場合はSTDDEV_POP関数、「標本」（サンプル）の場合はSTDDEV_SAMP関数を利用してください。指定する引数はどちらも同じです。

なお、標準偏差は分散の平方根で求めます。各レコードの値と平均の差の2乗を平均して求める分散には単位がないのに対し、標準偏差は平方根をとることで、元のデータの単位にそろえることが可能です。つまり、元のデータが年収であれば標準偏差の単位は「円」、テストの点数であれば「点」と表現できます。

STDDEV_POP関数の具体的な記述方法は、以下のSQL文［7-5-2］の通りです。先ほどの例と同じテーブルを対象に、令和3年から令和5年の3年間の各年の最低賃金の標準偏差を求めています。分散が示していたのと同様の結果が確認できます。

（7-5-2） **標準偏差を求める**

```
1   SELECT year, STDDEV_POP(min_wage) AS standard_deviation
2   FROM impress_sweets.s_6_1_a
3   GROUP BY year
```

結果テーブル

行	year ▼	standard_deviation ▼
1	R3	62.311047709588919
2	R4	62.311047709588919
3	R5	62.657800791282163

STDDEV_POP 関数により標準偏差が求められた

2変数の相関係数を求めるCORR関数

CORR関数は、2変数の相関係数を求めるために利用します。2変数とは「身長と体重」「数学と英語のテストの点」「気温とビールの販売量」「セッションとコンバージョン」など、2種類の指標を指します。

片方が大きくなるともう一方も大きくなる関係を「正の相関がある」、片方が大きくなるともう一方が小さくなる関係を「負の相関がある」といい、それらの相関の方向と強さを表すのが相関係数です。

相関係数は「-1」から「1」までの値をとり、マイナスが負の相関、プラスが正の相関を表し、絶対値の大きさが相関の強さを表します。「0」付近は相関がない、もしくは非常に小さいことを示します。

例えば、時給が一定のアルバイト店員が働いた「時間と報酬」のように、散布図にすると完全に直線状にデータがプロットされる場合、2変数は完全相関する（この場合は正の完全相関）といいます。この相関係数を取得する関数がCORR関数です。相関を表す英語の「correlation」が由来と思われます。

具体的な利用例として、令和5年の都道府県別推定人口（千人単位）と最低賃金が記録された以下のテーブル［7-5-3］を対象にします。これはSECTION 6-1の［6-1-17］で［s_6_1_b］テーブルとして紹介したものです。

(7-5-3) 都道府県別の推定人口・最低賃金テーブル

s_6_1_b

pref_id	pref	population	r5_min_wage
1	北海道	5092	960
2	青森	1184	898
3	岩手	1163	893
4	宮城	2264	923
5	秋田	914	897
⋮	⋮	⋮	⋮
43	熊本	1686	898
44	大分	1095	899
45	宮崎	1041	897
46	鹿児島	1547	897
47	沖縄	1416	896

※SECTION 6-1［6-1-17］より再掲

　2つの変数、この例では推定人口と最低賃金の相関係数をCORR関数で求めてみましょう。人口が多い都道府県ほど最低賃金が高い傾向にあれば「1」に近い値が、逆に人口が多い都道府県ほど最低賃金が低い傾向にあれば「-1」に近い値が、無関係であれば「0」に近い相関係数となるはずです。

　SQL文と結果テーブルは、以下の［7-5-4］の通りとなります。相関係数が「0.895」もあるので、都道府県別の推定人口と最低賃金は、かなりの程度で相関しているといえるでしょう。そのようなことがCORR関数で一発で取得できるところが、この関数の醍醐味です。

　なお、散布図を用いると、どの程度の相関があるのかを直観的に理解できて便利です。以下の［7-5-5］は、元のデータをLooker Studioで散布図としてビジュアライズしています。

7-5-4 　2変数の相関係数を求める

```
1    SELECT CORR(population, r5_min_wage) AS correlation
2    FROM impress_sweets.s_6_1_b
```

結果テーブル

行	correlation ▼
1	0.895361864379…

CORR関数により相関
係数が求められた

7-5-5 　Looker Studioで作成した散布図

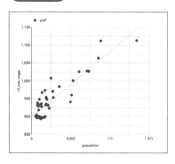

縦軸を最低賃金、横軸を推定
人口として散布図を作成した

● STEP UP ●

偏差値を求める計算式

本節で学んだ標準偏差は、受験の指標となる偏差値の計算に用いられるので、なじみのある人も多いでしょう。偏差値を求める計算式は以下の通りです。

（得点 − 平均点 ） / 標準偏差 × 10 ＋ 50

今、8人分のテスト「a」「b」の点数が記録されている [s_7_5_c] テーブルがあるとします。両方のテストともに平均点は「4.0」です。上記の計算式に基づき、各人の得点の偏差値を求めるSQL文は以下の [7-5-6] の通りです。同じ5点を取った人でも、「a」のテストなら偏差値「54」、「b」のテストなら偏差値「60」ということになります。

(7-5-6) 2つのテストでの偏差値を求める

```
1   WITH agg AS (SELECT
2     AVG(score_a) AS avg_a
3     , AVG(score_b) AS avg_b
4     , STDDEV_POP(score_a) AS stddev_a
5     , STDDEV_POP(score_b) AS stddev_b
6     FROM impress_sweets.s_7_5_c
7   )
8
9   SELECT name, score_a
10  , ROUND((score_a - avg_a) / stddev_a * 10 + 50)
11  AS hensachi_a
```

```
12    , score_b
13    , ROUND((score_b - avg_b) / stddev_b * 10 + 50)
14    AS hensachi_b
15    FROM impress_sweets.s_7_5_c
16    CROSS JOIN agg
```

結果テーブル

行	name	score_a	hensachi_a	score_b	hensachi_b
1	Aさん	1	37.0	3	40.0
2	Bさん	1	37.0	3	40.0
3	Cさん	3	46.0	3	40.0
4	Dさん	3	46.0	3	40.0
5	Eさん	5	54.0	5	60.0
6	Fさん	5	54.0	5	60.0
7	Gさん	7	63.0	5	60.0
8	Hさん	7	63.0	5	60.0

> 計算式により偏差値が求められた

　この例は8レコードしかないので臨場感に欠けますが、大人数が受験
するテストのように、点数が正規分布に近い形で分布する場合、偏差値
「60」以上は全体の約16%、偏差値「70」以上は全体の約2.5%しかい
ないので、偏差値により、その点数を取った人が全体で上位何%くらい
なのかの目安になります。

ちなみに、標準偏差が示すデータの散らばり度合いは、
A/Bテストで「どちらのパターンが勝者なのか？」「決定
的に差があるといってよいのか？」を判断するときにも
参照すべき指標です。

7- 6 確認ドリル

問題 021

[sales] テーブルを対象に、商品ID（product_id）ごとの販売金額（revenue）を合計して [sum_revenue] というフィールド名で取得してください。[sum_revenue] は百の位で四捨五入し、千円単位に丸めて整数にしてください。結果テーブルは [sum_revenue] の大きい順に5レコードに絞り込みます。

問題 022

[customers] テーブルから、50歳以上の顧客には名前（customer_name）の末尾に「さま」を、そうでない場合には「さん」を付けて、誕生日（birthday）とともにリストにしてください。年齢は、2023年12月31日時点での満年齢とし、誕生日が「null」の人は除外します。

結果テーブルは、敬称付きの名前（name_with_keisho）と年齢（age）と、誕生日（birthday）の3カラムとしてください。正しく敬称が付けられているかどうかを確認するために、名前に「米田」もしくは「鬼木」を含む顧客に絞り込んでください。

問題 023

[web_log] テーブルから年月別のページビュー数を取得し、ページビュー数が多い順にトップ3の年月（year_month）と、同月のページビュー数（pageviews）を取り出してください。

[year_month] はイベント発生時刻である [event_timestamp] フィールドから取得し、日本時間で表示してください。ただし、同フィールドはUNIX時のマイクロ秒で記録されていることに注意してください。また、ページビュー数は [event_name] が"page_view"に一致したレコードの個数です。

問題 024

[customers] テーブルの [customer_name] フィールドには、姓と名が半角スペース区切りで格納されています。姓が「○川」（川の前に1文字存在し「川」で終わる）、名が「○○子」（子の前に2文字存在し、「子」で終わる）に該当する女性について、フルネーム（name）、姓名の名（first_name）の2カラムを取得してください。正規表現を使わなくても記述できますが、できれば正規表現にチャレンジしてください。

問題 025

[sales] テーブルを利用して、ユーザー（user_id）ごとに初回購入日から30日以内に発生した注文について、売上金額（revenue）の合計が多い順に3人に絞り込んで表示してください。注文が発生した時刻は [date_time] カラムに記録されています。

対象とするのは、初回購入日から30日以内に複数回注文したユーザーに限定してください。結果テーブルは、ユーザー（user_id）、注文回数（orders）数量合計（sum_qty）、売上合計（sum_rev）の4カラムとしてください。

ウィンドウ関数

「SQLについて新しいことを学ぶ」という観点では、実質的な最終章です。本章で学ぶ「ウィンドウ関数」は、CHAPTER 4で身につけた集計関数、CHAPTER 7で見てきた数値や文字列、日付・時刻を扱う関数よりも少々複雑ではありますが、SQLでの分析力を飛躍的に高めてくれます。柔軟で強力な機能をマスターしてください。

8-1 ウィンドウ関数とは

それでは「ウィンドウ関数」について学んでいきましょう。別名「分析関数」「OLAP関数」とも呼びます。

関数はたくさん学んできましたが、もっとほかのことができるのでしょうか？

例えば、販売金額について各月のベスト3の商品や、ランディングページ別の直帰率を取り出せます。分析の幅が大きく広がりますよ。

複数のレコードの値を保持しながら集計できる

「ウィンドウ関数」とは、任意のフィールドでグループを作り、グループの元のデータを保持しながら集計を行う関数です。ウィンドウ関数において、グループ化する範囲のことを「パーティション」と呼びます。**パーティションに含まれる複数のレコードが持つ値を単純に1つの値として集計せず、各レコードの値を保持しながら各種の計算ができる**ことが特徴です。

集計関数とウィンドウ関数の違いを見るために、次ページの2つの図［8-1-1］と［8-1-2］を示します。いずれもMAX関数によって最大値を求める例です。MAX関数は集計関数としてすでに解説していますが、ウィンドウ関数（集計分析関数）として利用することもできます。

［8-1-1］は、集計関数としてのMAX関数の処理です。[user_id]でグループ化して「MAX(qty)」で集計すると、各レコードの値は集計され、1つの最大値にまとめられてユニークな[user_id]の数だけが結果テーブルに残ります。

このとき、各レコードが保持していた[qty]の値の情報は完全に消失し、

結果テーブルには反映されません。例えば［user_id］が2種類なら、2レコードになります。

　［8-1-2］は、ウィンドウ関数としてのMAX関数の処理です。「MAX(qty)」によって、［user_id］を基準としてパーティションを区切る（グループ化する）ように指定しています。

　すると、［user_id］が「A」の［qty］の値について、各レコードの「5」「7」「3」は保持されたまま、最大値である「7」が結果テーブルの1〜3行目すべてに記録されます。［user_id］が「B」についても同様に処理されて、元のテーブルと結果テーブルのレコード数は変わりません。

8-1-1　集計関数としてのMAX関数の処理

8-1-2　ウィンドウ関数としてのMAX関数の処理

　上記が「パーティションに含まれる複数のレコードが持つ値を単純に1つの値として集計せず、各レコードの値を保持しながら各種の計算ができる」という、ウィンドウ関数の最も基本的な特徴についての図解です。

続いて、「パーティションに含まれる複数のレコードの値を保持しながら計算できる」というウィンドウ関数の特徴が、どう有効に働くのかを例で紹介しましょう。以下の［8-1-3］は、代表的なウィンドウ関数であるRANK関数の処理を図示したものです。

RANK関数のパーティションとして［user_id］を指定して「ユーザーごと」という範囲を定めたうえで、［qty］の大きい順にランク（順位）を取得し、結果テーブルの［rank］フィールドに格納しています。［user_id］というパーティションの中で、元レコードである［revenue］の個別の値に基づくランクが取得できることが分かります。

8-1-3　RANK関数の処理

user_id	qty	revenue
A	5	2000
A	7	3500
A	3	900
B	2	800
B	4	2000

ウィンドウ関数
RANK(qty)

user_id	qty	revenue	rank
A	5	2000	2
A	7	3500	1
A	3	900	3
B	2	800	2
B	4	2000	1

元のレコードの値を残しながらランクを取得できる

このような、通常の演算や関数では実現できない処理を可能にするのが、ウィンドウ関数です。ウィンドウ関数には多くの種類がありますが、本書では次ページの表［8-1-4］に掲載した利用頻度の高い11種類の関数に絞って解説していきます。また、ウィンドウ関数は処理の内容によって、大きく3つの種類に分かれます。種類についても同じ表を参照してください。

表内の「処理」の列は、すべて「任意に設定したパーティション内の」を文頭に追加して解釈してください。つまり、**RANK関数の「ランクを取得する」は、「任意に設定したパーティション内の」ランクを取得する**という意味です。

8-1-4 代表的なウィンドウ関数と処理・種類

関数	処理	種類
RANK	ランクを取得する	番号付け関数
ROW_NUMBER	行番号を取得する	
NTILE	均等な数に分割する	
FIRST_VALUE	最初の値を取得する	ナビゲーション関数
LAST_VALUE	最後の値を取得する	
NTH_VALUE	任意の順番の値を取得する	
LEAD	直後の値を取得する	
LAG	直前の値を取得する	
PERCENTILE_CONT	五数要約の指標を取得する	
SUM	累計を取得する	集計分析関数
AVG	移動平均を取得する	

　ウィンドウ関数は「分析関数」とも呼ばれる通り、SQLを駆使したビジネスデータの分析に欠かせない機能です。どのような利用シーンがあるのか、番号付け関数、ナビゲーション関数、集計分析関数の3つの種類について、それぞれの典型例を次にまとめます。

　ただ、実際には幅広い利用シーンがあるので、本章の確認ドリルにチャレンジしたり、次章の「実データを対象とした活用例」でもどのように使われるのかを確認したりしてください。

▶ **番号付け関数**

● ランキングによる人気商品分析

　　⇒ 人気商品の分析は販売金額の多寡で行うことが多いですが、RANK関数を利用すると、顧客一人一人の商品別購入金額ランキングによって人気商品を分析できます。

●ゴールデン導線分析

⇒ROW_NUMBER関数を利用すると、「あるユーザーがページAにランディングし、次にページB→ページCと遷移したあとにコンバージョンした」といった分析ができます。

▶ **ナビゲーション関数**

●CRM分析

⇒FIRST_VALUE関数を利用すると、「初回注文の購入金額が、その顧客が行った複数回の注文の中で最大額だった場合、そうでない顧客に比べてLTVの増加ペースが早いのではないか？」といった詳細な顧客分析ができます。

●Web解析

⇒LEAD関数を使うと、Webサイトのログデータにおいてヒットのタイムスタンプしか記録されていない状態から、前後の差分によるページ滞在時間を取得できます。

▶ **集計分析関数**

●累計の取得

⇒SUM関数を集計分析関数として利用すると、累計を取得できます。

●移動平均の取得

⇒AVG関数を集計分析関数として利用すると、移動平均を取得できます。

これまでの関数でもいろいろな分析ができましたが、ウィンドウ関数を使うと断然できることが増えますね。

 はい。通常はBIツールを利用しないとできないような、非常に実践的な分析が可能です。ウィンドウ関数が使えると、分析者としてのレベルが上がるといえます。

ウィンドウ関数の基本構文と各句の意味

　ウィンドウ関数の構文を見ていきます。これまでに学んだ関数に比べると複雑ですが、以下の［8-1-5］を基本構文として覚えてください。

8-1-5　ウィンドウ関数の基本構文

```
関数名 OVER (
PARTITION BY パーティションとして定義するフィールド名
ORDER BY パーティション内での並べ替えの基準とするフィールド名
WINDOWフレーム
)
```

　関数名に続く「**OVER**」は必須です。関数の種類によっては「**PARTITION BY**」「**ORDER BY**」とそれに続く指定、および「**WINDOWフレーム**」は「必須」「省略が可能」、あるいは「使えない」ことがあります。

　それぞれの句の詳細は次の通りです。

▶ OVER

　OVER句は、ウィンドウ関数の利用を宣言する句なので、必ず記述します。**どのウィンドウ関数を使うときでも指定する決まり文句**と考えてください。OVERの後ろは半角カッコ「()」で囲み、OVER句で指定する内容を記述します。

▶ PARTITION BY

　PARTITION BY句は、パーティションとして定義するフィールド名を指定します。省略するとテーブル全体をパーティションとして扱います。例えば、RANK関数について考えてみましょう。次ページの［8-1-6］のようなテーブルがあったとします。パーティションを［user_id］で設定し、［revenue］の降順でランクを付けると［8-1-7］の通りとなります。

　ユーザーAにとっては注文番号が1、6、3の順でランクが付き、ユーザーB にとっては4、2、5の順となります。一方、パーティションを [store] で設 定すると、以下の [8-1-8] の通りとなります。

(8-1-6) パーティション設定前のテーブル

s_8_1_a

order_id	user_id	store	revenue
1	A	real_shop	3000
2	B	e_commerce	2000
3	A	e_commerce	1000
4	B	e_commerce	3500
5	B	real_shop	1800
6	A	real_shop	2750

(8-1-7) パーティションを [user_id] に設定

order_id	user_id	store	revenue	rank_in_user
1	A	real_shop	3000	1
6	A	real_shop	2750	2
3	A	e_commerce	1000	3
4	B	e_commerce	3500	1
2	B	e_commerce	2000	2
5	B	real_shop	1800	3

(8-1-8) パーティションを [store] に設定

order_id	user_id	store	revenue	rank_in_store
4	B	e_commerce	3500	1
2	B	e_commerce	2000	2
3	A	e_commerce	1000	3
1	A	real_shop	3000	1
6	A	real_shop	2750	2
5	B	real_shop	1800	3

　同じデータであっても、パーティションに設定するフィールドによってランクという結果は変わることが分かります。ちなみに、PARTITION BY句を省略してテーブル全体をパーティションとすると、以下の［8-1-9］の結果になります。

8-1-9　パーティションをテーブル全体に設定

order_id	user_id	store	revenue	rank_in_table
4	B	e_commerce	3500	1
1	A	real_shop	3000	2
6	A	real_shop	2750	3
2	B	e_commerce	2000	4
3	A	e_commerce	1000	5
5	B	real_shop	1800	6

▶ ORDER BY

　ORDER BY句は、パーティション内での並べ替えを行うときに指定します。基準とするフィールド名に続いて、昇順とする「ASC」、降順とする「DESC」のいずれかを記述してください。ASCはデフォルトとなるため省略が可能です。
　［8-1-7］は［user_id］をパーティションとし、[revenue]の降順（DESC）をORDER BY句で指定しているため、[user_id]ごとに金額が高い順に1、2、3とランクが付いています。DESCを削除して昇順とすると、以下の［8-1-10］のように金額が低い順にランクが付与されます。

8-1-10　パーティション内の並べ替えによる処理の違い

販売金額の昇順

order_id	user_id	store	revenue	rank_in_user
3	A	e_commerce	1000	1
6	A	real_shop	2750	2
1	A	real_shop	3000	3
5	B	real_shop	1800	1
2	B	e_commerce	2000	2
4	B	e_commerce	3500	3

▶WINDOWフレーム

　WINDOWフレーム句は、PARTITION BY句で定義したパーティション内で、さらに「どのレコードを使うか？」を「フレーム」として指定します。

　AVG関数を使って移動平均を求める例で、WINDOWフレーム句の理解を深めていきましょう。以下の［8-1-11］を見てください。このテーブルではPARTITION BY句を省略し、対象をテーブル全体としています。そこからORDER BY句で［year_month］の昇順を指定し、「当月の値」「1カ月前の値」「2カ月前の値」を対象とした3カ月の移動平均を取得しようとしています。

(8-1-11) 移動平均を求めるテーブル

行番号	year_month	revenue	3カ月移動平均
1	2024-01	2000	A
2	2024-02	3000	B
3	2024-03	4000	C
4	2024-04	4000	D
5	2024-05	6000	E
6	2024-06	3000	F

　このとき、［3カ月移動平均］フィールドの「A」〜「F」には、どのような値が入るかを考えてみましょう。

●A：2000

　⇒過去のレコードがないため、行番号1の値である「2000」が入ります。

●B：2500

　⇒当月の値（行番号2の「3000」）と、1カ月前の値（行番号1の「2000」）の平均値「2500」（3000＋2000 / 2）が入ります。

●C：3000

　⇒当月の値（行番号3の「4000」）、1カ月前の値（行番号2の「3000」）、2カ月前の値（行番号1の「2000」）の平均値「3000」（4000＋3000＋2000 / 3）が入ります。

●D：3666.666…

⇒当月の値（行番号4の「4000」）、1カ月前の値（行番号3の「4000」）、
2カ月前の値（行番号2の「3000」）の平均値「3666.666…」（4000＋
4000＋3000 / 3）が入ります。

「E」「F」も同様に、当月（自分のレコード）の値、1カ月前（1つ前のレコード）
の値、2カ月前（2つ前のレコード）の値の3つが計算対象となります。つまり、
移動平均を求める場合、AVG関数はパーティション内のすべてのレコードの値
を使わず、一部のみを使うことになります。

このようにパーティション内の全部のレコードを使わない場合、どのレコー
ドを利用するかを指定する必要があり、その役割を担うのがWINDOWフレー
ム句です。ここで指定するレコードは「フレーム」と呼びます。

フレームの上限・下限は、具体的には以下の［8-1-12］に示した「**ROWS**
BETWEEN」句の構文に従って記述します。「ROWS」に続き、BETWEENと
ANDの2つの演算子で上限と下限のレコードを指定する形です。

8-1-12 ROWS BETWEEN句の構文

```
ROWS BETWEEN
パーティション内で利用するレコード（フレーム）の上限
AND
パーティション内で利用するレコード（フレーム）の下限
```

上記の構文において、［パーティション内で利用するレコード（フレーム）
の上限］および［下限］を指定するキーワードには、次ページのようなものが
あります。パーティション内のレコードの上限・下限（上端・下端）や、現在
の行から○行分上まで・下までを指定する方法です。

UNBOUNDED＝際限なく、PRECEDING＝前に続く、FOLLOWING＝後に
続くというように、英語での意味を考えると分かりやすいでしょう。

- ●UNBOUNDED PRECEDING　　⇒パーティションの上限
- ●○ PRECEDING　　　　　　⇒現在の行から○行だけ上
- ●CURRENT ROW　　　　　　⇒現在の行
- ●○ FOLLOWING　　　　　　⇒現在の行から○行だけ下
- ●UNBOUNDED FOLLOWING　　⇒パーティションの下限

　ここで先ほどの［8-1-11］のテーブルに戻り、行番号3の「C」の値に注目してみましょう。フレームの上限・下限を指定するキーワードがどの行を指すのかを表すと、以下のようになります。

- ●UNBOUNDED PRECEDING　　⇒行番号1
- ● 2 PRECEDING　　　　　　⇒行番号1
- ●CURRENT ROW　　　　　　⇒行番号3
- ● 2 FOLLOWING　　　　　　⇒行番号5
- ●UNBOUNDED FOLLOWING　　⇒行番号6

　よって、当月を含む直近3カ月間の移動平均を求めるのであれば、「2 PRECEDING」と「CURRENT ROW」をROWS BETWEEN句の構文に当てはめて以下のSQL文［8-1-13］のように記述します。これをAVG関数のWINDOWフレーム句として指定すれば、意図通りの値を取得可能です。

(8-1-13) 前の2行～現在の行を表すROWS BETWEEN句

```
1    ROWS BETWEEN 2 PRECEDING AND CURRENT ROW
```

　なお、WINDOWフレーム句は省略可能です。省略した場合、フレームの上限から現在のレコードまで、つまり「UNBOUNDED PRECEDING AND CURRENT ROW」を指定したことになります。

　加えて、WINDOWフレーム句には、ROWSのほかに「RANGE」を利用した指定方法もあります。本書では理解しやすいROWSによる指定をメインに解説しますが、RANGEについても本節の末尾にあるSTEP UPで補足しています。あわせて参照してください。

> ウィンドウ関数の「集計しつつ元のレコードを保持する」という特徴が、何となく分かってきました。

> パーティションを設定したあとは、「そのパーティションを1つのテーブルだと考えたとき、その中のどのレコードを使って集計するか？」を想像すると、意図通りに関数を記述できると思います。

指定できる「ウィンドウ」は関数によって異なる

　ウィンドウ関数の構文にあるOVER句の中で、PARTITION BY、ORDER BY、およびWINDOWフレームで指定した内容を「ウィンドウ」と呼びます。このウィンドウは、すべてのウィンドウ関数で同じように指定できるわけではなく、利用する関数によって違いがあります。

　詳細は以降で関数ごとに解説しますが、代表的なウィンドウ関数について、どのような違いがあるかを次ページの表［8-1-14］にまとめました。おおまかなイメージを捉えておいてください。

8-1-14 ウィンドウ関数とウィンドウの対比

関数	PARTITION BY	ORDER BY	WINDOWフレーム
RANK	オプション	必須	利用不可
ROW_NUMBER		オプション	
NTILE		必須	
FIRST_VALUE	オプション	必須	オプション
LAST_VALUE			
NTH_VALUE			
LEAD			利用不可
LAG			
PERCENTILE_CONT			
SUM	オプション	オプション	オプション
AVG			

必須だったりオプションだったり、利用不可のものもあったりするので混乱してきます……。

今はおおまかなイメージで大丈夫です。詳しい使い方は、番号付け関数（RANK～NTILE）は次節、ナビゲーション関数（FIRST_VALUE～PERCENTILE_CONT）はSECTION 8-3、集計関数（SUM、AVG）はSECTION 8-4で解説します。

ウィンドウ関数の結果に対する絞り込み

　ウィンドウ関数の結果に対する絞り込みを行いたい場合、WHERE句は機能しません。例えば、以下の［8-1-15］は［s_8_1_a］テーブルから、［8-1-7］の結果を得るためのSQL文です。このSQL文に対し、RANK関数が取得した［rank_in_user］が「1」に等しいという絞り込みを適用し、「ユーザー別の最も高額だった注文の情報」を取得したいとします。

(8-1-15) [user_id] ごとにランクを取得する

```
SELECT *
, RANK() OVER (PARTITION BY user_id
ORDER BY revenue DESC) AS rank_in_user
FROM impress_sweets.s_8_1_a
```

結果テーブル

行	order_id ▼	user_id ▼	store ▼	revenue ▼	rank_in_user ▼
1	1	A	real_shop	3000	1
2	6	A	real_shop	2750	2
3	3	A	e_commerce	1000	3
4	4	B	e_commerce	3500	1
5	2	B	e_commerce	2000	2
6	5	B	real_shop	1800	3

> ［user_id］別に購入金額が高額だった
> 順にランクを付けられた

　このとき、次ページの［8-1-16］のようにWHERE句を追加したくなりますが、エラーとなり機能しません。エラーメッセージは「Unrecognized name: rank_in_user at [4:7]」で、内容は「［rank_in_user］というフィールドを認識できない」というものです。WHERE句よりもウィンドウ関数があとに実行されるため、WHERE句の中ではウィンドウ関数が返す値でフィルタできないのです。

8-1-16 WHERE句を追加したエラーの例

```
1   SELECT *
2   , RANK() OVER (PARTITION BY user_id ORDER BY revenue DESC) AS rank_in_user
3   FROM impress_sweets.s_8_1_a
4   WHERE rank_in_user = 1
```

ウィンドウ関数は WHERE 句よりあとに実行されるためエラーとなる

　解決方法は2つあります。1つは、すでに学習したサブクエリを利用する方法です。以下のSQL文 [8-1-17] の通り、外側にクエリを付け足せばWHERE句で絞り込むことが可能です。もう1つは、SQL文 [8-1-18] の5行目にある、QUALIFY句を利用する方法です。QUALIFY句はウィンドウ関数に対する絞り込みに利用できます。

8-1-17 サブクエリを利用して値を絞り込む

```
1   SELECT * FROM (
2   SELECT *
3   , RANK() OVER (PARTITION BY user_id ORDER BY revenue DESC) AS rank_in_user
4   FROM impress_sweets.s_8_1_a
5   ) WHERE rank_in_user = 1
```

サブクエリを利用することで、エラーにならずに値を取得できる

8-1-18 QUALIFY句を利用して値を絞り込む

```
1   SELECT *
2   , RANK() OVER (PARTITION BY user_id
3   ORDER BY revenue DESC) AS rank_in_user
4   FROM impress_sweets.s_8_1_a
5   QUALIFY rank_in_user = 1
```

結果テーブル

行	order_id ▼	user_id ▼	store ▼	revenue ▼	rank_in_user ▼
1	1	A	real_shop	3000	1
2	4	B	e_commerce	3500	1

QUALIFY句はウィンドウ関数よりもあとに
実行されるため、値を絞り込むことができた

　なお、結果テーブルのフィールドとしてウィンドウ関数の結果を含める必要がない場合、QUALIFY句に直接ウィンドウ関数を記述することもできます。例えば、以下のSQL文［8-1-19］はQUALIFY句に、RANK関数が返す値に基づく絞り込みを記述しています。このようなQUALIFY句の利用方法も覚えておくとよいでしょう。

8-1-19 QUALIFY句にウィンドウ関数を記述する

```
SELECT *
FROM impress_sweets.s_8_1_a
QUALIFY RANK() OVER (PARTITION BY user_id
ORDER BY revenue DESC) = 1
```

結果テーブル

行	order_id ▼	user_id ▼	store ▼	revenue ▼
1	1	A	real_shop	3000
2	4	B	e_commerce	3500

実行結果にウィンドウ関数を含めなくてもよい場合は、
QUALIFY句にウィンドウ関数を記述できる

● STEP UP ●

WINDOWフレーム句のROWSとRANGEの違い

WINDOWフレーム句の指定方法には、本書で主に解説するROWS以外にも、RANGEを利用した方法があることを本節で述べました。

ROWSがOVER句のORDER BYで指定されたフレーム内の「行」を基準に関数を動作させるのに対して、RANGEはORDER BYで与えられたフレーム内の「値」を基準に関数を動作させます。

つまり、WINDOWフレーム句で「1 PRECEDING AND CURRENT ROW」が指定されていた場合も、ROWSでは文字通り「1行前と自分の行」がフレームとなるのに対し、RANGEでは「1つ前の値と自分の値」がフレームとなります。そのため、RANGEでフレームを指定する場合は、ORDER BYが数値で指定されている必要があります。

以下の［8-1-20］で示したSQL文と結果テーブルを見てください。仮想テーブルの2カラム目［order_number］が1、3、4となっており、2がなく連続していないことが動作の違いになります。

8-1-20 ROWSとRANGEで移動平均を求める

```
1   WITH master AS (
2   SELECT "2024-06-01" AS date, 1 AS order_number
3   , 1 AS qty UNION ALL
4   SELECT "2024-06-02", 3, 2 UNION ALL
5   SELECT "2024-06-03", 4, 3)
6
7   SELECT *
8   , AVG(qty) OVER (ORDER BY order_number
9   ROWS BETWEEN 1 PRECEDING AND CURRENT ROW)
```

```
10      AS window_by_rows
11      , AVG(qty) OVER (ORDER BY order_number
12      RANGE BETWEEN 1 PRECEDING AND CURRENT ROW)
13      AS window_by_range
14      FROM master
15      ORDER BY date
```

結果テーブル

行	date ▼	order_number	qty ▼	window_by_rows	window_by_range
1	2024-06-01	1	1	1.0	1.0
2	2024-06-02	3	2	1.5	2.0
3	2024-06-03	4	3	2.5	2.5

AVG 関数の WINDOW フレーム句を、ROWS と RANGE で指定した場合の値を比較している

　[window_by_rows]フィールドは、SQL文の9行目の指定により、1レコード前と自分の行を指定した移動平均となっています。1レコード目は直前のレコードがないので「1.0」、2レコード目は（1＋2）÷2＝「1.5」、3レコード目は（2＋3）÷2＝「2.5」が計算内容です。

　対して[window_by_range]フィールドは、SQL文の12行目の指定で『自分自身のレコードと、自分のレコードの[order_number]に対して1つ値が小さいレコード』の移動平均が計算されます。1レコード目は直前の日がないので「1.0」、2レコード目は自分自身の[order_number]が3なので、[order_number]が3のレコードと、2のレコードの[qty]の移動平均を求めます。

　ところが、[order_number]が2のレコードがないので、自分自身のレコードしか移動計算の対象にならず「2.0」、3レコード目は[order_number]が自身の4と、3のレコードを移動平均の対象とするので（2＋3÷2＝）「2.5」となります。

SECTION

8-2 ランキング・行番号の取得

ウィンドウ関数のうち「番号付け関数」を使った分析について、具体例とともに見ていきましょう。

どんな分析を想定していますか？

本節では、人気商品のランキングや、Webサイトにおける閲覧者のページ導線について分析してみます。

RANK関数による人気商品分析

　テーブル全体での商品別の販売金額ランキングは、商品IDでグループ化し、SUM関数で販売金額を合計する単純な集計関数で取得できます。その結果仮に商品ID「1」がランキング1位だったとしましょう。

　このとき、全体として商品ID「1」が最も多く購入されたことは分かりますがどの顧客も商品ID「1」を最も多く購入したかは、定かではありません。ごく一部の顧客が大量購入しただけで、ほかの顧客はそれほど商品ID「1」を購入していない可能性もあるからです。

　一方、顧客ごとに「商品別の購入金額ランキング」を作り、どの商品が最も多くの顧客にとっての1位だったのかが分かれば、本当の人気商品が分かるでしょう。このような分析をしたいときに使うのが、ウィンドウ関数（番号付け関数）の1つである**RANK関数**です。

　次ページの［8-2-1］は、上記の方法に従った人気商品の分析イメージです。顧客が100人いて、商品が「ケーキ」「クッキー」「ゼリー」の3種類あったとしましょう。それぞれの顧客について、購入金額が大きい順のランキングで1位の商品を抽出したとします。この結果からは、最も多くの顧客（58人）で

ランキング1位を取った商品が「ケーキ」であり、本当の人気商品が「ケーキ」であることが分かります。

(8-2-1) 顧客にとっての販売ランキング1位商品と顧客数

商品	顧客数（人）
ケーキ	58
クッキー	26
ゼリー	16

　それでは、RANK関数の使い方を見ていきましょう。まずは以下の[8-2-2]に示した構文を確認してください。

　RANK関数は、指定したパーティション内を並べ替えの基準・順序に従って「1、2、3、…」と値を付与します。1人の顧客が商品「A」「B」「C」「D」を、それぞれ「4000円」「2000円」「2000円」「1000円」と購入した場合のように、同一の値が存在する場合は「1、2、2、4」のようにランクをスキップします。

(8-2-2) RANK関数の構文

```
RANK() OVER (
PARTITION BY パーティションとして定義するフィールド名
ORDER BY パーティション内での並べ替えの基準とするフィールド名
)
```

関数名のあとの（）	何も記述しない
PARTITION BY句	オプション：省略時はテーブル全体が対象
ORDER BY句	必須
WINDOWフレーム句	利用不可
戻り値のデータ型	整数型

続いて、RANK関数を使い、[8-2-1]と同様の結果テーブルを得るための
SQL文を考えてみましょう。以下の[8-2-3]には、RANK関数が7行目に記
述されています。本節以降のSQL文はすべて演習用テーブルを対象としている
ので、みなさんもBigQueryで実行してみてください。

WITH句では[sales]テーブルの顧客（user_id）ごとに、商品（product_
id）別の購入金額（revenue）をSUM関数で集計しています。

また、今は顧客ごとにランキングを表示したいので、8行目のPARTITION
BY句では[user_id]を指定しています。加えて、販売（購入）金額の大きい
順に並べてランクを付与したいので、9行目のORDER BY句で仮想テーブルの
[sum_rev]フィールドを指定し、オプションは「DESC」としました。

(8-2-3) 顧客別に商品ごとの販売金額ランキングを求める

```
1   WITH master AS (
2   SELECT user_id, product_id, SUM(revenue) AS sum_rev
3   FROM impress_sweets.sales
4   GROUP BY user_id, product_id
5   )
6   SELECT user_id, product_id, sum_rev
7   , RANK() OVER (
8   PARTITION BY user_id
9   ORDER BY sum_rev DESC
10  ) AS revenue_rank
11  FROM master
12  ORDER BY 1, 3 DESC
```

結果テーブル（一部）

行	user_id	product_id	sum_rev	revenue_rank
1	10059	1	4800	1
2	10059	2	2200	2
3	10059	14	1600	3
4	10060	14	1600	1
5	10060	9	960	2
6	10070	1	1600	1
7	10161	2	2200	1
8	10161	14	1600	2

> [revenue_rank] フィールドで、[user_id] ごとの商品別購入金額のランキングを取得できた

[8-2-3] のSQL文の最終行のORDER BY句で指定している通り、結果テーブルは [user_id] の昇順、[sum_rev] の降順で並べ替えてあります。レコードの1〜3行目で取得できている [user_id] が「10059」の顧客であれば、[product_id] が「1」の商品の購入金額が1位となり、商品ID「2」が2位、商品ID「14」が3位という具合です。

ここに、さらに外側のクエリを足したのが以下のSQL文 [8-2-4] です（WITH句は [8-2-3] と同じなので省略）。外側というのは、具体的には1〜4行目、12行目〜14行目を指しています。

顧客にとって購入金額が1位（[revenue_rank] が「1」）の商品だけに絞り込み、[revenue_rank] と [product_id] でグループ化を行ったうえで顧客数、つまり、何人の顧客がその商品のランクを1位としたのかを「COUNT(DISTINCT user_id)」で取得しています。

結果、[product_id] が「1」の商品をランキング1位とした（最も多額に購入した）顧客が143人、「2」を1位とした顧客が92人、「15」を1位とした顧客が76人…と続き、人気商品を分析できました。

8-2-4 ランキング1位の商品の顧客数を求める

```
SELECT revenue_rank
, product_id
, COUNT(DISTINCT user_id) AS no_of_customer
FROM (
SELECT user_id, product_id, sum_rev
```

```
6    , RANK() OVER (
7    PARTITION BY user_id
8    ORDER BY sum_rev DESC
9    ) AS revenue_rank
10   FROM master
11   QUALIFY revenue_rank = 1
12   )
13   GROUP BY revenue_rank, product_id
14   ORDER BY 3 DESC
```

結果テーブル

行	revenue_rank ▼	product_id ▼	no_of_customer ▼
1	1	1	143
2	1	2	92
3	1	15	76
4	1	5	35
5	1	14	34
6	1	4	27
7	1	6	25
8	1	10	13
9	1	12	13
10	1	11	12
11	1	13	11
12	1	3	7
13	1	9	4
14	1	7	4
15	1	8	3

［no_of_customer］フィールドで、それぞれの［product_id］の商品を最も多額に購入した顧客数を取得できた

　なお、2つの商品について同額を購入しているため、［revenue_rank］が「1」となる［product_id］を2つ持つユーザーが2人います。そのため、ユーザー数の合計である497人に対して、［no_of_customers］の合計は499人になっています。

ROW_NUMBER関数によるゴールデン導線分析

Webサイトのログデータにおいて、「あるユーザーがページAにランディングし、次にページB→ページCの順に遷移したあと、コンバージョンした」といったデータを集計し、サイト全体でコンバージョンに至りやすい導線がないかを分析することを「ゴールデン導線分析」と呼びます。

ゴールデン導線分析は、Webサイト全体に対して実施しても、あまり知見は得られません。しかし、特定のランディングページからであれば、有用な気付きを得られることがあります。

この分析を行うときには、ヒットカウント、つまり「セッションの中で何番目に見たページなのか?」について番号を振る必要があります。以下の [8-2-5] のテーブルでいえば [ヒットカウント] フィールドです。

8-2-5 Webサイトのログデータのヒットカウント

ユーザーID	セッションカウント	タイムスタンプ	ページ	ヒットカウント
A	1	2024-01-01 18:05:45	/page_a.html	1
A	1	2024-01-01 18:06:02	/page_b.html	2
A	1	2024-01-01 18:06:12	/page_c.html	3
B	2	2024-01-01 22:15:55	/page_c.html	1
B	2	2024-01-01 22:15:59	/page_a.html	2

このヒットカウントの取得に利用できるのが**ROW_NUMBER関数**です。ROW_NUMBER関数は、パーティション内で順番に「1、2、3、…」と整数値を取得します。

RANK関数とは違い、値の大きさは問わず、とにかく順番通りに数値を振る処理をします。よって、同じ値があってもスキップせずに、抜けのない整数を割り当てます。構文は次ページの [8-2-6] となります。

8-2-6 ROW_NUMBER関数の構文

```
1  ROW_NUMBER() OVER (
2  PARTITION BY パーティションとして定義するフィールド名
3  ORDER BY パーティション内での並べ替えの基準とするフィールド名
4  )
```

関数名のあとの（）	何も記述しない
PARTITION BY句	オプション：省略時はテーブル全体が対象
ORDER BY句	オプション：省略時は適当な順番が振られる
WINDOWフレーム句	利用不可
戻り値のデータ型	整数型

　では、セッションごとのヒットカウントを取得するSQL文の全体像を見ていきましょう。具体的には次ページの［8-2-7］で、演習用の［web_log］テーブルを対象とし、［user_id］が「11779」のユーザーに絞り込んでいます。

　4行目にあるPARTITION BY句の後ろに、［user_pseudo_id］と［ga_session_number］の2つのフィールドが指定されていることに注目してください。［user_pseudo_id］と［ga_session_number］の両方を指定することで、「セッションにおける」ヒットカウントを取得できます。

　結果テーブルにある［ga_session_number］が「3」「4」は、1セッションで1ページしか閲覧されていないので、セッション中のヒットカウント（hit_count）は「1」だけが記録されています。一方、［ga_session_number］が「2」のセッションは、1セッションで3ページ閲覧されており、［event_timestamp］順にヒットカウントが「1」「2」「3」と記録されています。このセッションがコンバージョンしているとすれば、コンバージョンに至ったページの導線が明らかになりました。

(8-2-7) セッションごとのヒットカウントを取得する

```
SELECT user_pseudo_id, ga_session_number
, event_timestamp, page_location
, ROW_NUMBER() OVER (
PARTITION BY user_pseudo_id, ga_session_number
ORDER BY event_timestamp) AS hit_count
FROM impress_sweets.web_log
WHERE user_id = 11779
ORDER BY 3
```

結果テーブル

行	user_pseudo_id ▼	ga_session_number	event_timestamp ▼	page_location ▼	hit_count
1	1102851285-1545038910	1	1653478423216349	/prod/prod_id_12/	1
2	1102851285-1545038910	1	1653478507713360	/prod/prod_id_12/	2
3	1102851285-1545038910	2	1668488553094126	/	1
4	1102851285-1545038910	2	1668488555976706	/prod/prod_id_1/	2
5	1102851285-1545038910	2	1668488572293446	/special/diet/	3
6	1102851285-1545038910	3	1671435932941200	/prod/prod_id_2/	1
7	1102851285-1545038910	4	1678848870698416	/	1

[hit_count] フィールドでヒット
カウントを取得できた

この分析はすごいですね！Googleアナリティクスでも
できるのでしょうか？

探索レポートに「経路データ探索」という似た趣旨のレ
ポートがありますが、BIツールで詳しく分析しようとす
ると、やはりBigQueryのデータから本節で行ったよう
なデータ取得を行う必要があります。

● STEP UP ●

デシル分析とNTILE関数

CRM分析の1つに「デシル分析」があります。顧客を販売金額の大きい順に並べたうえで、同じ顧客数となるように10等分し、バケット（10分割された顧客グループ）ごとの販売金額合計や全体に占める割合を分析するものです。

RANK関数やROW_NUMBER関数より利用頻度は多少落ちるものの、デシル分析を行うときに最適な関数があるので紹介します。それは、**NTILE関数**です。関数名のあとのカッコ内には分割したいグループ数を記述するので、デシル分析では「NTILE(10)」と記述します。

以下のSQL文［8-2-8］では、[sales]テーブルを対象に、2023年に購入のあった顧客をデシルに分割しています。また、デシルに属する顧客ごとの購入金額の合計が、2023年の販売全体に対してどのような割合を占めているかを求めています。

17〜20行目がいちばん内側のクエリです。その中の18行目に「NTILE(10)」が利用されています。結果テーブルを見ると、購入金額トップ10%、つまり[rev_bucket]が「1」に属する顧客の購入金額の合計が、全体の販売金額の約28%を占めていることが分かります。

8-2-8) 2023年の販売金額を対象にデシル分析をする

```
1   WITH master AS (
2   SELECT user_id, SUM(revenue) AS sum_rev
3   FROM impress_sweets.sales
4   WHERE EXTRACT(YEAR FROM date_time) = 2023
5   GROUP BY user_id
6   )
7
```

```
8    SELECT *
9    , ROUND(sum_rev_by_bucket / sum_rev_total, 2)
10   AS rev_percentage
11   FROM (
12   SELECT rev_bucket
13   , SUM(sum_rev) AS sum_rev_by_bucket
14   , (SELECT SUM(sum_rev) FROM master)
15   AS sum_rev_total
16   FROM (
17   SELECT user_id, sum_rev
18   , NTILE(10) OVER (ORDER BY sum_rev DESC)
19   AS rev_bucket
20   FROM master
21   )
22   GROUP BY rev_bucket
23   )
24   ORDER BY rev_bucket
```

結果テーブル

行	rev_bucket ▼	sum_rev_by_bucket ▼	sum_rev_total ▼	rev_percentage ▼
1	1	336520	1207370	0.28
2	2	216280	1207370	0.18
3	3	167130	1207370	0.14
4	4	119460	1207370	0.1
5	5	96660	1207370	0.08
6	6	76280	1207370	0.06
7	7	59680	1207370	0.05
8	8	54000	1207370	0.04
9	9	48940	1207370	0.04
10	10	32420	1207370	0.03

[rev_percentage] フィールドで、デシルごとの販売金額に占める割合を取得できた

[rev_backet] が「3」までで販売全体の約 60% が発生していることが分かる

BIツールを使っても、ある程度は習熟していないとできないような分析が、SQLでできることになります。ウィンドウ関数がなぜ分析関数と呼ばれるのか、実感できるのではないでしょうか。

NTILE関数の構文は以下の［8-2-9］の通りです。

8-2-9 NTILE関数の構文

```
1   NTILE() OVER (
2   PARTITION BY パーティションとして定義するフィールド名
3   ORDER BY パーティション内での並べ替えの基準とするフィールド名
4   )
```

関数名のあとの（）	レコードを均等な数で分割したいグループの数を整数で指定
PARTITION BY句	オプション：省略時はテーブル全体が対象
ORDER BY句	必須
WINDOWフレーム句	利用不可
戻り値のデータ型	整数型

処理としては、ORDER BY句で指定した順番に並べたレコードが均等な数で分類されるように、「NTILE」の後ろのカッコ内に記述したグループ数に該当する整数を返します。例えば、100レコードあるテーブルに対して「NTILE(5)」とすると、最初の20レコードに「1」、次の20レコードに「2」と続き、最後の20レコードには「5」が戻り値として返されます。

8-3 最初の値・別レコードの値の取得

ウィンドウ関数の「ナビゲーション関数」を使った分析のテクニックを覚えましょう。

「ナビゲーション」と聞くと、導いてもらえそうな気がしますね。

特定の日からの経過日数や前月と今月の販売金額の差など、元のテーブルにある値を処理して、有用なデータを取得できます。CRM分析の仮説の検証などに役立ちます。

初回が最大額の注文である顧客を求める

　CRM分析をしていると、顧客をグループ化して分析する「コホート分析」において、独自で、さまざまなバリエーションのグループ（＝コホート）についての仮説を検証したくなります。

　例えば、「初回注文の購入金額が、その顧客にとっての複数回の注文の中で最大額だった顧客は、そうでない顧客に比べてLTVの増加ペースが早いのではないか？」といった仮説です。

　次ページの［8-3-1］のような購入実績がある2人の顧客について、具体的に考えてみましょう。［user_id］が「A」の顧客は、2,000円、3,500円、3,900円と徐々に購入金額（revenue）を高めています。一方、［use_id］が「B」の顧客は、初回購入時は4,200円、次に2,000円と、初回に最も高額の購入をしています。

　このとき、『2人の顧客のうち、「B」の顧客のほうがLTVの増加ペースが早いのではないか？』という仮説が浮かんだとしましょう。

8-3-1 顧客の購入実績例

user_id	date	revenue
A	2024-01-10	2000
A	2024-02-25	3500
A	2024-03-03	3900
B	2024-02-05	4200
B	2024-02-28	2000

　この仮説が正しいと証明できれば、「初回に最大額の購入をする顧客の特徴はどのようなものであり、それを再現できないだろうか？」と、分析から成果を導く思考につながります。

　そこで「複数回購入した顧客のうち、初回が最大額の注文である顧客」を抽出するには、ナビゲーション関数であるFIRST_VALUE関数を利用します。構文は以下の［8-3-2］の通りで、パーティション内を並べ替えたうち、最も上のレコードの値を取得します。

8-3-2 FIRST_VALUE関数の構文

```
1   FIRST_VALUE(フィールド名) OVER (
2   PARTITION BY パーティションとして定義するフィールド名
3   ORDER BY パーティション内での並べ替えの基準とするフィールド名
4   WINDOWフレーム
5   )
```

関数名のあとの（）	取得したい値を含むフィールド名を指定
PARTITION BY句	オプション：省略時はテーブル全体が対象
ORDER BY句	必須
WINDOWフレーム句	オプション
戻り値のデータ型	関数名のあとの()で指定したフィールドのデータ型

　FIRST_VALUE関数ではWINDOWフレーム句を指定できますが、省略も可能です。ORDER BY句で時系列での並べ替えをしておけば、求める戻り値はパーティションの最も上のレコードにあるので、WINDOWフレーム句を省略した場合に適用される「パーティションの上限から現在のレコードまで」をフレームとしてよいからです。

　今回のテーマである「複数回購入した顧客のうち、初回が最大額の注文である顧客」については、次の考え方で取得します。

1. 顧客ごとに初回の購入日を取得する
2. 顧客ごとに最大額の購入日を取得する
3. 1と2の日付が同一の顧客に絞り込む

　初回の購入日は、FIRST_VALUE関数を利用して取得します。[user_id] でパーティションを定義し、購入日である [date_time] が小さい順に並べて、FIRST_VALUE関数で最も上のレコードを取得することで、顧客別の初回購入の日付を取得できます。

　最大額の購入日は、FIRST_VALUE関数で指定するORDER BY句を工夫します。パーティションを [user_id] で作成し、購入金額である [revenue] を降順に並べ替えます。そのうえで、FIRST_VALUE関数で最も上のレコードを取得することで、顧客別の最大の購入額の日付を取得します。

　これらをFIRST_VALUE関数の構文に当てはめたのが、以下のSQL文 [8-3-3] と次ページの [8-3-4] です。

(8-3-3) 顧客ごとの初回の購入日を取得する

```
FIRST_VALUE(date_time) OVER (
PARTITION BY user_id
ORDER BY date_time
)
```

8-3-4 顧客ごとの最大額の購入日を取得する

```
1   FIRST_VALUE(date_time) OVER (
2   PARTITION BY user_id
3   ORDER BY revenue DESC
4   )
```

初回の購入日と最大額の購入日が取得できれば、あとはWHERE句で「初回の購入日＝最大額の購入日」での絞り込みが可能になります。「複数日にわたって購入した顧客のうち、初回購入日の注文額が最大額である顧客」を求めるSQL文は以下の［8-3-5］となります。

17〜21行目では［purchase_date］を2つ以上持っている顧客、つまり複数日にわたって注文した顧客に絞り込んでいます。1回しか注文していない顧客は全員、初回購入日＝最大額購入日になってしまうからです。

［sales］テーブルを対象に実行すると、94人の顧客が結果に表示されました。これらをコホートとして分析すれば、「初回注文の購入金額が複数回の注文の中で最大額だった顧客は、そうでない顧客に比べてLTVの増加ペースが早いのではないか？」という当初の仮説を検証できます。

8-3-5 初回が最大額の注文である顧客を求める

```
1   WITH master AS (
2   SELECT user_id, FORMAT_DATETIME("%F", date_time)
3   AS purchase_date, SUM(revenue) AS sum_rev
4   FROM impress_sweets.sales
5   GROUP BY user_id, date_time
6   )
7
```

```
SELECT user_id FROM (
SELECT user_id
, FIRST_VALUE(purchase_date) OVER (
PARTITION BY user_id ORDER BY purchase_date
) AS first_purchase_date
, FIRST_VALUE(purchase_date) OVER (
PARTITION BY user_id ORDER BY sum_rev DESC
) AS biggest_purchase_date
FROM  master
WHERE user_id IN (
SELECT user_id
FROM master
GROUP BY user_id
HAVING COUNT(DISTINCT purchase_date) >1
))
WHERE first_purchase_date = biggest_purchase_date
GROUP BY user_id
ORDER BY 1
```

結果テーブル（一部）

行	user_id ▼
1	15686
2	15704
3	15706
4	15732

複数日にわたって注文したうち、初回注文の金額が最大額である[user_id]のリストを取得できた

FIRST_VALUE関数でのNULLの取り扱い

FIRST_VALUE関数を使った次の例として、[customers]テーブルから都道府県別にはじめてユーザーが登録した日を取得します。SQL文は次ページの[8-3-6]となります。

8-3-6 FIRST_VALUE関数を利用して登録日を取得する

```
1  SELECT prefecture
2  , FIRST_VALUE(register_date)
3  OVER (PARTITION BY prefecture ORDER BY register_date)
4  AS first_register_date
5  FROM impress_sweets.customers
```

結果テーブル（一部）

行	prefecture ▼	first_register_date
1	三重	2022-12-28
2	京都	2021-07-14
3	京都	2021-07-14
4	京都	2021-07-14
5	京都	2021-07-14
6	京都	2021-07-14
7	京都	2021-07-14
8	京都	2021-07-14
9	京都	2021-07-14
10	佐賀	null
11	佐賀	null
12	佐賀	null
13	佐賀	null
14	佐賀	null

都道府県別に最初のユーザー登録日を取得している

「佐賀県」には「null」が記録されており取得できていない

　三重や京都には値が記録されています。京都については、複数のレコードにわたって同じ値の［register_date］が記録されていることも分かります。そのため、最終的に都道府県別の最初の［register_date］を47レコードの表にまとめるには、［prefecture］別に［first_register_date］を集計する必要があることが分かるでしょう。

　三重、京都には値が存在する一方、佐賀は「null」が記録されています。佐賀県には［register_date］に値を持った顧客はいないのでしょうか？

　次ページのSQL文［8-3-7］を実行して確認します。すると、5人の顧客のうち4人までが［register_date］を持っています。しかし1人が「null」だったために、FIRST_VALUE関数がその「null」を拾ってしまったのです。

8-3-7 テーブルに含まれる登録日を確認する

```
SELECT *
FROM impress_sweets.customers
WHERE prefecture = "佐賀"
ORDER BY register_date
```

結果テーブル

行	customer_id ▼	customer_name ▼	birthday ▼	gender ▼	prefecture ▼	register_date ▼	is_premium ▼
1	10462	宮川 愛	1996-05-17	2	佐賀	null	false
2	17236	北原 莉沙	1999-11-21	2	佐賀	2021-05-14	true
3	14044	太田 美由紀	1999-01-22	2	佐賀	2022-11-04	false
4	14118	野中 裕之	1994-05-08	1	佐賀	2023-01-01	false
5	12660	竹田 のどか	1993-01-16	2	佐賀	2023-09-07	false

佐賀県のユーザーについて登録日を確認した

5人中4人が [register_date] に値を持っている

　「null」ではない値が存在する場合は「null」を拾わない（上記の例では [register_date] として2レコード目の「2021-05-14」を拾う）ようにするには、FIRST_VALUE関数に「IGNORE NULLS」（「null」は無視する）オプションを付与して利用します。SQL文は以下の [8-3-8] となります。WITH句で使われているFIRST_VALUE関数の引数のうち、[register_date] のあとにIGNORE NULLSを記述していることが確認できます。

　また、本体のクエリで [prefecture] ごとに [first_regster_date] を集計しています。結果は次ページの通り、47レコードが戻りました。佐賀についても、最も古い [register_date] が取得できました。

8-3-8 IGNORE NULLSオプションを付与する

```
WITH master AS (
SELECT prefecture
```

```
3      , FIRST_VALUE(register_date IGNORE NULLS)
4      OVER (PARTITION BY prefecture ORDER BY register_date)
5      AS first_register_date
6      FROM impress_sweets.customers
7      )
8
9      SELECT prefecture
10     , MAX(first_register_date) AS first_register_date
11     FROM master
12     GROUP BY prefecture
```

結果テーブル

行	prefecture ▼	first_register_date ▾
1	三重	2022-12-28
2	京都	2021-07-14
3	佐賀	2021-05-14 ●
4	兵庫	2021-02-04
5	北海道	2021-01-16

ページあたりの表示件数:　50 ▼　1 – 47 /47

佐賀で「null」を拾わずに「2021-05-14」の値を取得できた

　IGNORE NULLSオプションは、本書で紹介するウィンドウ関数の範囲ではFIRST_VALUE関数、LAST_VALUE関数、NTH_VALUE関数、PERCENTILE_CONT関数で利用することができます。ただし、PERCENTILE_CONT関数はデフォルトで「null」を無視するので、「null」を無視したい場合にIGNORE NULLSオプションを必ず付与する必要はありません。

初回と2回目の購入日との差を求める

　ナビゲーション関数として続いて覚えたいのが、**NTH_VALUE関数**です。この関数ではパーティション内を並べ替えたうち、任意の順番の値を取得できます。利用シーンとしては、例えば「初回と2回目の購入日の日付の差、つまり初回の購入日から何日後に2回目の購入をしたのか？」といった分析に役立ちます。NTH_VALUE関数の構文は、次ページの［8-3-9］の通りです。

(8-3-9) NTH_VALUE関数の構文

```
NTH_VALUE(フィールド名, 値の順番) OVER (
PARTITION BY パーティションとして定義するフィールド名
ORDER BY パーティション内での並べ替えの基準とするフィールド名
WINDOWフレーム
)
```

関数名のあとの（）	取得したい値を含むフィールド名と、パーティション内の何番目の値を取得するかを整数で指定
PARTITION BY句	オプション：省略時はテーブル全体が対象
ORDER BY句	必須
WINDOWフレーム句	オプション
戻り値のデータ型	関数名のあとの()で指定したフィールドのデータ型

　WINDOWフレーム句を省略すると「パーティションの上端から現在のレコード」までとなり、その範囲内で「NTH_VALUE」のあとのカッコの［値の順番］で指定した値を返します。取得したい値があるレコードの順番に応じて、WINDOWフレーム句を指定してください。

　例として［sales］テーブルを対象に、［user_id］が「19940」の顧客について、初回と2回目の購入日の差を「日数」で取得してみましょう。完成形のSQL文は以下の［8-3-10］の通りです。

(8-3-10) 初回と2回目の購入日の差を求める

```
WITH master AS (
SELECT user_id, order_id, MIN(date_time)
AS order_datetime
```

```
4    FROM impress_sweets.sales
5    WHERE user_id = 19940
6    GROUP BY user_id, order_id
7    )
8    SELECT user_id
9    , MAX(FORMAT_DATETIME("%F", first_purchase_datetime))
10   AS first_purchase_date
11   , MAX(FORMAT_DATETIME("%F", second_purchase_datetime))
12   AS second_purchase_date
13   , DATETIME_DIFF(MAX(second_purchase_datetime)
14   , MAX(first_purchase_datetime), DAY) AS day_interval
15   FROM (
16   SELECT user_id
17   , NTH_VALUE(order_datetime, 1)
18   OVER (PARTITION BY user_id ORDER BY order_datetime)
19   AS first_purchase_datetime
20   , NTH_VALUE(order_datetime, 2)
21   OVER (PARTITION BY user_id ORDER BY order_datetime)
22   AS second_purchase_datetime
23   FROM master
24   )
25   GROUP BY user_id
```

結果テーブル

行	user_id ▼	first_purchase_date ▼	second_purchase_date ▼	day_interval ▼
1	19940	2021-04-07	2021-05-20	43

初回・2回目の購入日と、
その差の日数を取得できた

　1～7行目のWITH句では、[sales] テーブルに対して [user_id] を「19940」の顧客に絞り込み、[user_id] [order_id] [date_time] を一意の値に加工しています。元の [sales] テーブルは注文（order_id）と商品（product_id）でレコードが分かれているため、そのままでは初回の注文日と2回目の注文日を取り出せないためです。

　17行目の「NTH_VALUE(order_datetime, 1)」では、「OVER」に続くORDER BY句で [order_datetime] の小さい順に並べ替えたパーティション内の1レコード目の値、つまり、初回の購入日を取得しています。20行目の「NTH_VALUE(order_datetime, 2)」も同様に、パーティション内の2レコード目の値、つまり2回目の購入日を取得しています。NTH_VALUE関数では、IGNORE NULLSのオプションが利用可能ですが、今回の例では以下の状況を考慮して利用していません。また、仮に利用しても結果は変わりません。

1. どのようなユーザーでも初回購入日がない人はいないので、初回購入日を取得する際には「null」が存在しない前提でよい

2. 2回目購入日がないユーザーはいるが、その場合はIGNORE NULLSオプションを利用しても、2回目購入日は「null」として出力される。かつ、それが妥当

　なお、IGNORE NULLSオプションを利用する場合には、第2引数の後ろに以下のように記述します。

```
NTH_VALUE(フィールド名, 順番の指定 IGNORE NULLS)
```

　[8-3-10] のSQL文（1～7行目、16～23行目）だけを実行すると、次ページの [8-3-11] の結果テーブルが得られます。初回の購入日（first_purchase_datetime）と2回目の購入日（second_purchase_datetime）は取得できていますが、ウィンドウ関数はグループ化とともに利用する集計関数のようにレコードを1つにまとめないため、WITH句が生成した仮想テーブル（master）のレコード数がそのまま維持されています。

8-3-11　初回と2回目の購入日

行	user_id ▼	first_purchase_datetime ▼	second_purchase_datetime ▼
1	19940	2021-04-07T15:57:14	*null*
2	19940	2021-04-07T15:57:14	2021-05-20T20:06:13
3	19940	2021-04-07T15:57:14	2021-05-20T20:06:13
4	19940	2021-04-07T15:57:14	2021-05-20T20:06:13
5	19940	2021-04-07T15:57:14	2021-05-20T20:06:13
6	19940	2021-04-07T15:57:14	2021-05-20T20:06:13
7	19940	2021-04-07T15:57:14	2021-05-20T20:06:13
8	19940	2021-04-07T15:57:14	2021-05-20T20:06:13

> 16 〜 23 行目の SQL 文で初回・2回目の
> 購入日が取得できるが、未集計

　そこで、外側のクエリでグループ化と集計、および［second_purchase_datetime］から［first_purchase_datetime］を引いて「日」で表示することにより、2つの購入日の差を日数で取得します。当然、グループ化は［user_id］で行います。［user_id］は1種類しかないため、1行にまとめられます。

　［first_purchase_datetime］と［second_purchase_datetime］を1レコードにするにはMAX関数を利用し、購入日の引き算にはDATETIME_DIFF関数を利用しています。最終的な結果テーブルは［8-3-10］の通りです。

　ちなみに、SUM関数、AVG関数、MAX関数などの通常の集計関数で、ウィンドウ関数からの戻り値を集計することはできません。［8-3-10］のSQL文で、16行目から23行目までのウィンドウ関数を含むサブクエリに対して、外側のクエリで集計関数を利用しているのはそのためです。ウィンドウ関数の戻り値を集計したいケースは、実務で頻発します。その場合、サブクエリの利用と外側のクエリでの集計が必要ということは、しっかり覚えておきましょう。

　なお、WITH句の「WHERE user_id = 19940」を削除し、ユーザーの絞り込みをやめれば、次ページの［8-3-12］の通りの結果テーブル（一部）を取得できます。さらに［day_interval］カラムを対象に「null」を除外すれば、［user_id］が「10504」のような1回しか購入していない顧客を除外することができます。そして、複数回の購入実績があるすべての顧客について初回の購入日から何

日後に2回目の購入が多いかが分かれば、2回目の購入促進施策を立案するヒントになります。

8-3-12 複数回の購入実績のある顧客を確認する

行	user_id ▼	first_purchase_date ▼	second_purchase_date ▼	day_interval ▼
1	10504	2021-01-01	*null*	*null*
2	16870	2021-01-02	2023-03-11	798
3	17675	2021-01-04	2021-03-12	67
4	16668	2021-01-10	2023-05-09	849
5	18589	2021-01-16	2021-01-23	7
6	17232	2021-01-20	2021-02-05	16
7	19805	2021-01-21	2021-12-19	332
8	15008	2021-01-22	*null*	*null*

[user_id] = 19940 の絞り込みをやめた結果テーブル

[day_interval] が「null」のレコードを削除すれば、複数回購入した顧客全員について初回購入日と2回目購入日の間隔が分かる

注文ごとに記録されているテーブルを、顧客ごとに変換して分析することによって、CRMに利用できるように思いました。

その通りですね。特にNTH_VALUE関数で取り上げた「2回目購入」は、「F2転換」とよばれるCRM上の1つの重要なマイルストーンとなります。

最終購入日からの経過日数を求める

　CRM分析からのアクションとして、「最終購入日から○日経過した顧客」に対して、休眠防止のためのコミュニケーションをとりたいことがあります。そのようなケースで顧客の最終購入日を取得できるのが、ナビゲーション関数のLAST_VALUE関数です。パーティション内を並べ替えたうち、最終レコードの値を取得できます。

　最終購入日が取得できれば、CHAPTER 7で学んだDATE_DIFF関数やDATETIME_DIFF関数で、最終購入日から今日までの経過日数を取得できます経過日数が取得できれば、WHERE句で容易に絞り込みができます。

　LAST_VALUE関数の構文は以下の［8-3-13］となります。

8-3-13 LAST_VALUE関数の構文

```
1  LAST_VALUE(フィールド名) OVER (
2  PARTITION BY パーティションとして定義するフィールド名
3  ORDER BY パーティション内での並べ替えの基準とするフィールド名
4  ROWS BETWEEN UNBOUNDED PRECEDING AND UNBOUNDED FOLLOWING
5  )
```

関数名のあとの（）	取得したい値を含むフィールド名を指定
PARTITION BY句	オプション：省略時はテーブル全体が対象
ORDER BY句	必須
WINDOWフレーム句	オプション
戻り値のデータ型	関数名のあとの()で指定したフィールドのデータ型

　関数の構造としてはFIRST_VALUE関数と同じです。LAST_VALUE関数においてWINDOWフレーム句はオプションで、省略した場合は「パーティションの上端から現在のレコード」が対象となります。

しかし、ここで取得したいのは最終購入日、つまり、パーティション全体の下端の値なので、前ページの構文の4行目ではWINDOWフレーム句を「ROWS BETWEEN UNBOUNDED PRECEDING AND UNBOUNDED FOLLOWING」としました。これは「パーティションの上端から下端まで」を指示する文言となります。この記述は必須と考えてください。

　したがって、顧客ごとの最終購入日を取得するには、以下のSQL文［8-3-14］のように記述します。結果テーブルでは、1人の顧客が複数レコードにわたって同一の［last_purchase_date］の値を持ちます。

（ 8-3-14 ）**顧客ごとの最終購入日を取得する**

```
SELECT user_id
, LAST_VALUE(date_time) OVER (
PARTITION BY user_id
ORDER BY date_time
ROWS BETWEEN UNBOUNDED PRECEDING AND UNBOUNDED FOLLOWING
) AS last_purchase_date
FROM impress_sweets.sales
```

結果テーブル（一部）

行	user_id ▼	last_purchase_date ▼
1	10059	2023-09-24T10:05:45
2	10059	2023-09-24T10:05:45
3	10059	2023-09-24T10:05:45
4	10060	2022-09-05T04:04:55
5	10060	2022-09-05T04:04:55

［last_purchase_date］で顧客ごとの最終購入日を取得できたが、［user_id］での集計が必要

　ここでの目的は「最終購入日から○日経過した顧客」を明らかにすることなので、さらにSQL文を追加していきます。仮に今日が2023年12月31日として、［sales］テーブルを対象に最終購入日から90日以上経過した顧客を取得するSQL文は、次ページの［8-3-15］となります。

　冒頭のWITH句には、顧客ごとの最終購入日を取得する上記のSQL文を指定しています。複数のレコードで取得される同一の［user_id］と［last_ purchase_date] を顧客ごとにまとめるため、18行目のGROUP BY句で [user_id] をグループ化し、12行目でMAX関数を利用しています。

　結果テーブルは次ページの通りです。なお、最終購入日から今日（SQLを実行する日）までの経過日数が90日以上の顧客を取得するには、14行目を「DATETIME_DIFF(CURRENT_DATETIME("Asia/Tokyo")」にします。

8-3-15 最終購入日から90日以上経過した顧客を取得する

```
1    WITH master AS (
2    SELECT user_id
3    , LAST_VALUE(date_time) OVER (
4    PARTITION BY user_id
5    ORDER BY date_time
6    ROWS BETWEEN UNBOUNDED PRECEDING AND UNBOUNDED FOLLOWING
7    ) AS last_purchase_date
8    FROM impress_sweets.sales
9    )
10
11   SELECT user_id
12   , MAX(last_purchase_date)
13   AS last_purchase_date_by_customer
14   , DATETIME_DIFF(DATETIME "2023-12-31 23:59:59"
15   , MAX(last_purchase_date), DAY)
16   AS days_from_last_purchase
17   FROM master
18   GROUP BY user_id
19   HAVING days_from_last_purchase >= 90
20   ORDER BY 3
```

結果テーブル	行	user_id	last_purchase_date_by_customer	days_from_last_purchase
	1	18246	2023-10-01T12:29:00	91
	2	12172	2023-09-30T14:08:08	92
	3	11640	2023-09-29T23:51:56	93
	4	12397	2023-09-29T15:25:22	93
	5	17693	2023-09-27T14:34:40	95

最終購入日から90日以上経過した顧客と、その顧客の
最終購入日時、経過日数を取得できた

Webページの滞在時間を取得する

Webサイトの利用ログには、ページビューが発生した日付・時刻が記録され
ているだけで、ページの滞在時間が記録されていないことがよくあります。例
えば、以下の［8-3-16］のようなイメージです。

8-3-16 Webサイトの利用ログの例

ユーザーID	ページロケーション	タイムスタンプ（UNIX時）
A	/page_a.html	1717232745
A	/page_b.html	1717232762
A	/page_c.html	1717232772
B	/page_c.html	1717247755
B	/page_a.html	1717247759

　上記のテーブルで、現在のレコードの直後（1行後ろ）のタイムスタンプを
取得し、DATETIME_DIFF関数を利用して、直後のタイムスタンプから現在の
タイムスタンプを差し引けば、Webページの滞在時間を取得できます。イメー
ジとしては次ページの［8-3-17］の通りです。

(8-3-17) **直後のタイムスタンプを取得するイメージ**

ユーザーID	ページロケーション	タイムスタンプ（UNIX時）	直後のタイムスタンプ
A	/page_a.html	1717232745	1717232762
A	/page_b.html	1717232762	1717232772
A	/page_c.html	1717232772	null
B	/page_c.html	1717247755	1717247759
B	/page_a.html	1717247759	null

　この「現在のレコードの直後のレコードの値」を取得できるのが、ナビゲーション関数の**LEAD関数**です。LEAD関数の構文は以下の［8-3-18］の通りです

(8-3-18) **LEAD関数の構文**

```
1   LEAD(フィールド名) OVER (
2   PARTITION BY パーティションとして定義するフィールド名
3   ORDER BY パーティション内での並べ替えの基準とするフィールド名
4   )
```

関数名のあとの（ ）	取得したい値を含むフィールド名を指定
PARTITION BY句	オプション：省略時はテーブル全体が対象
ORDER BY句	必須
WINDOWフレーム句	オプション
戻り値のデータ型	関数名のあとの( )で指定したフィールドのデータ型

　LEAD関数を利用して、演習用の［web_log］テーブルから各ページの滞在時間を取得するSQL文は次ページの［8-3-19］となります。5行目のLEAD関数により、現在のレコードの直後のレコードの［event_timestamp］が取得され、[lead_timestamp] フィールドに格納されます。

その際、マイクロ秒で記述されている［event_timestamp］を1000000で割って切り捨てることによって、秒に変換しています。［event_name］には、"page_view"と"scroll"が記録されているので、WHERE句で対象のイベントを"page_view"だけに絞り込んでいます。

12行目からの本体のSQL文では、WITH句で取得したフィールドをきれいに並べるとともに、［lead_timestamp］から［event_timestamp］を引いてページごとの滞在秒数を取得しています。セッションの最後に閲覧されたページについては、「次の行」が存在しないため「null」になっていることも同時に確認できます。これは正しい挙動です。

(8-3-19) Webページごとの滞在時間を取得する

```
WITH master AS (
SELECT user_pseudo_id, ga_session_number, page_location
, FLOOR(event_timestamp / 1000000) AS event_timestamp
, FLOOR(
LEAD(event_timestamp)
OVER (PARTITION BY user_pseudo_id, ga_session_number
ORDER BY event_timestamp) / 1000000) AS lead_timestamp
FROM impress_sweets.web_log
WHERE event_name = "page_view"
)

SELECT
user_pseudo_id, ga_session_number, page_location
, event_timestamp, lead_timestamp
, lead_timestamp - event_timestamp AS time_on_page
FROM master
ORDER BY 1, 2, 4
```

結果テーブル（一部）

行	user_pseudo_id ▼	ga_session_number	page_location ▼	event_timestamp	lead_timestamp	time_on_page
1	1000001988-1500862980	20	/prod/prod_id_14/	1660639039.0	1660639054.0	15.0
2	1000001988-1500862980	20	/prod/prod_id_4/	1660639054.0	1660639060.0	6.0
3	1000001988-1500862980	20	/cart/	1660639060.0	1660639089.0	29.0
4	1000001988-1500862980	20	/thank_you/	1660639089.0	1660639110.0	21.0
5	1000001988-1500862980	20	/prod/prod_id_2/	1660639110.0	null	null
6	1000001988-1500862980	21	/prod/prod_id_1/	1661312727.0	null	null
7	1000001988-1500862980	22	/prod/prod_id_8/	1661328351.0	null	null
8	1000001988-1500862980	23	/prod/prod_id_12/?sys=abc123	1661760660.0	1661760846.0	186.0

[lead_timestamp] と [event_timestamp]
の差からページ滞在時間を取得できた

なお、前ページのSQL文に少し追記して以下の［8-3-20］とすると、各ページの平均滞在時間を取得できます。　演習用ファイルの［web_log］テーブルを対象としているので、みなさんのBigQuery環境でも試してみてください。

(8-3-20) Webページごとの平均滞在時間を取得する

```
1   WITH master AS (
2   SELECT user_pseudo_id, ga_session_number, page_location
3   , FLOOR(event_timestamp / 1000000) AS event_timestamp
4   , FLOOR(
5   LEAD(event_timestamp)
6   OVER (PARTITION BY user_pseudo_id, ga_session_number
7   ORDER BY event_timestamp) / 1000000) AS lead_timestamp
8   FROM impress_sweets.web_log
9   WHERE event_name = "page_view"
10  )
11
12  SELECT page_location
13  , ROUND(AVG(lead_timestamp - event_timestamp))
14  AS avg_time_on_page
15  FROM master
```

```
GROUP BY page_location
ORDER BY 2 DESC
```

結果テーブル（一部）

行	page_location ▼	avg_time_on_page
1	/prod/prod_id_15/?sys=abc123	191.0
2	/prod/prod_id_4/	189.0
3	/prod/prod_id_11/?sys=abc123	177.0
4	/prod/prod_id_8/?sys=abc123	170.0
5	/prod/prod_id_2/?sys=abc123	170.0
6	/prod/prod_id_13/?sys=abc123	169.0

[avg_time_on_page]
として各ページの平均
滞在時間を取得できた

当月と前月の販売個数の差を求める

『先月の販売個数が「100」で今月が「120」だから、差は「20」、成長率は「20%」』といった前月比での分析は、日常的によく行われます。そのような分析には**LAG関数**を使います。

LAG関数は、パーティション内のうち、現在のレコードの直前のレコード（1行前のレコード）の値を取得できます。構文は以下の [8-3-21] の通りで、構造としてはLEAD関数と同じです。

(8-3-21) **LAG関数の構文**

```
LAG(フィールド名) OVER (
PARTITION BY パーティションとして定義するフィールド名
ORDER BY パーティション内での並べ替えの基準とするフィールド名
)
```

関数名のあとの（）	取得したい値を含むフィールド名を指定
PARTITION BY句	オプション：省略時はテーブル全体が対象
ORDER BY句	必須

WINDOWフレーム句	オプション
戻り値のデータ型	関数名のあとの()で指定したフィールドのデータ型

　ここでは演習用の［sales］テーブルを対象に、2023年における各月の販売金額を、前月の販売金額と比較してみましょう。完成したSQL文である以下の［8-3-22］から読み解きます。

　冒頭では、WITH句で2023年の月別の販売金額（revenue）を合計しています11行目では、合計した販売金額（sum_rev）に対して、LAG関数で1行前の［sum_rev］を取得しています。

　すると、結果テーブルの通り、当月の販売金額（sum_rev）と前月の販売金額（previous_sum_rev）が同じレコードに記録されました。このテーブルから、差額や差の割合を計算するのはもう簡単ですね。

(8-3-22) 各月の販売金額を前月と比較する

```
1   WITH master AS (
2   SELECT FORMAT_DATETIME("%Y-%m", date_time)
3   AS year_month
4   , SUM(revenue) AS sum_rev
5   FROM impress_sweets.sales
6   WHERE FORMAT_DATETIME("%Y", date_time) = "2023"
7   GROUP BY year_month
8   )
9
10  SELECT year_month, sum_rev
11  , LAG(sum_rev) OVER (ORDER BY year_month)
12  AS previous_sum_rev
13  FROM master
14  ORDER BY 1
```

行	year_month	sum_rev	previous_sum_rev
1	2023-01	128720	null
2	2023-02	122460	128720
3	2023-03	86460	122460
4	2023-04	120240	86460
5	2023-05	90560	120240
6	2023-06	114550	90560

結果テーブル（一部）

当月と前月の販売金額を並べて取得できた

○行後、○行前の値を取得する

LEAD関数で直後のレコードの値、LAG関数で直前のレコードの値をそれぞれ取得できることを学びました。利用頻度は高くありませんが、両方の関数ともに、第2引数として整数を記述すると、任意の行数後（あるいは前）の値を取得できます。

例えば、[customers] テーブルから自分の次の次に登録したユーザーの名前を取得するLEAD関数は、以下のSQL文 [8-3-23] の通りとなります。

8-3-23 自分の2人あとに登録したユーザーの名前を取得する

```
LEAD(customer_name, 2) OVER (ORDER BY regsiter_date)
```

同一レコードの値同士を計算できることは学んでいましたが、本節で学んだ関数を使うと、別のレコードの値を自分のレコードに持ってこれるのですね！

はい、その柔軟性の高さがウィンドウ関数の魅力ですし、「なぜウインドウ関数を学ぶのか？」の答えにもなっていると思います。

─● STEP UP ●─

五数要約を実現するPERCENTILE_CONT関数

　Googleアナリティクスなどを利用すると、キャンペーンAのコンバージョン率（GA4のUI上での表記は［セッション キーイベントレート]）は「2.0%」、キャンペーンBは「1.5%」といった値を取得できます。

　しかし、キャンペーンを1カ月実施していれば、それぞれ「日別のコンバージョン率」が存在したはずです。30日間であれば、キャンペーンごとに30個のコンバージョン率があったことになります。日別の30個のコンバージョン率がすべて「2.0%」や「1.5%」だったとは考えにくく、日によってバラついているのが現実だと思います。

　そうした複数のサンプルのデータのバラつきを、それぞれの「最小値」「第一四分位数」「中央値」「第三四分位数」「最大値」をもって把握するのが「五数要約」です。

　さきほどのキャンペーンA、Bに対して五数要約を行うと、日別のバラつきはもちろん、「コンバージョン率が特定の日や曜日によって変動しているのではないか？」といった仮説も立てやすくなります。また、平均値の「2.0%」や「1.5%」を代表値としてみなすことの妥当性についても、おのずと考えに至るはずです。

　五数要約の指標は、PERCENTILE_CONT関数で取得できます。構文は以下の［8-3-24]の通りです。

8-3-24 PERCENTILE_CONT関数の構文

```
1    PERCENTILE_CONT(フィールド名, 分位数) OVER (
2    PARTITION BY パーティションとして定義するフィールド名
3    ORDER BY パーティション内での並べ替えの基準とするフィールド名
4    )
```

関数名のあとの（　）	対象フィールドと分位数（カンマ区切り）
PARTITION BY句	オプション：省略時はテーブル全体が対象
ORDER BY句	必須
WINDOWフレーム句	オプション
戻り値のデータ型	関数名のあとの()で指定したフィールドのデータ型

構文中の分位数には、「0」から「1」までの小数値を以下の表［8-3-25］に従って入力します。

(8-3-25) PERCENTILE_CONT関数で取得できる指標

指定する値	取得できる指標	意味
0	最小値	パーティション内の最も小さい値
0.25	第一四分位数	パーティション内を値の小さい順に並べたとき、1/4の位置にある値
0.5	中央値	パーティション内を値の小さい順に並べたとき、ちょうど半分の位置にある値
0.75	第三四分位数	パーティション内を値の小さい順に並べたとき、3/4の位置にある値
1	最大値	パーティション内の最も大きい値

8-4 累計・移動平均の取得

本節では、すでに集計関数として学習済みであるSUM
関数やAVG関数を、ウィンドウ関数として利用する方法
を学びます。ウィンドウ関数として利用する場合は「集
計分析関数」と呼ばれます。

集計関数として利用した場合とは、異なる戻り値を得る
ことができるということですね。

はい。累計や移動平均など、通常はBIツールを利用して
求めるような値を関数で導くことができます。

累計を取得する

　集計分析関数は外見上、CHAPTER 4で学んだ集計関数と同じ形をしていま
す。しかし、**OVER句を伴うことで、集計分析関数として「元のレコードの値
を維持したまま」集計**を行います。例えば、SUM関数では以下の［8-4-1］
の［acc_revenue］フィールドのような「累計」の取得が可能です。

（8-4-1）　販売金額の累計

user_id	date	revenue	acc_revenue
A	2024-01-10	2000	2000
A	2024-02-25	3500	5500
A	2024-03-03	3900	9400
B	2024-02-05	4200	4200
B	2024-02-28	2000	6200

　代表的な集計分析関数にはSUM関数のほかにも、AVG関数、MAX関数、MIN関数、COUNT関数が挙げられます。それぞれの構文は共通で、以下の[8-4-2]の通りです。パーティション内のうち、WINDOWフレーム句で指定した範囲のレコードに対して集計関数で計算した値を取得します。

8-4-2) 集計分析関数の構文

> **関数名(フィールド名)** OVER (
> PARTITION BY **パーティションとして定義するフィールド名**
> ORDER BY **パーティション内での並べ替えの基準とするフィールド名**
> WINDOW**フレーム**
>)

関数名のあとの（ ）	取得したい値を含むフィールド名を指定
PARTITION BY句	オプション：省略時はテーブル全体が対象
ORDER BY句	必須
WINDOWフレーム句	オプション
戻り値のデータ型	関数名のあとの( )で指定したフィールドのデータ型

　この構文にSUM関数を当てはめ、[8-4-1] の [acc_revenue] フィールドのような [user_id] ごとの累計の [revenue] を得るための集計分析関数は、次ページの [8-4-3] のようになります。

> CHAPTER 4で学習した集計関数ですが、直後にOVER句を付けると「集計分析関数」になります。単純な集計と「集計分析関数」をしっかり分けて理解してください。

(8-4-3) ユーザーごとの販売金額の累計を取得する

```
1  SUM(revenue) OVER (
2  PARTITION BY user_id
3  ORDER BY date
4  ROWS BETWEEN UNBOUNDED PRECEDING AND CURRENT ROW
5  )
```

すでに番号付け関数やナビゲーション関数を見てきたので、PARTITION BY 句とORDER BY句については、問題なく理解できると思います。

WINDOWフレーム句では、パーティション内のどのレコードを利用するかを指示します。累計とは何かを考えると、「現在のレコードと過去のすべてのレコードを足し上げる」ことにほかならないので、WINDOWフレーム句は「パーティションの上限から現在のレコードまで」となるべきで、それを「ROWS BETWEEN UNBOUNDED PRECEDING AND CURRENT ROW」で指定しています。

とはいえ、WINDOWフレーム句を省略すると、同じく「UNBOUNDED PRECEDING AND CURRENT ROW」が指定されたことになるので、[8-4-3]では省略しても結果は同じになります。

累計をより実践的に利用するため、演習用の [sales] テーブルに対して、四半期ごとの販売金額の累計を年別に取得するSQL文を記述すると、次ページの [8-4-4] となります。8～12行目で [revenue] を四半期ごとに集計した仮想テーブルを作成し、外側のクエリの3つ目のフィールドで四半期ごとに集計された販売金額の累計を求めています。

3行目にあるPARTITION BY句で指定しているパーティションが年となっているので、結果テーブルの販売金額累計は、年が切り替わるとリセットされていることが見てとれます。

8-4-4 四半期ごとの販売金額の累計を年別に取得する

```sql
SELECT year_quarter, sum_rev
, SUM(sum_rev) OVER (
PARTITION BY LEFT(year_quarter, 4)
ORDER BY year_quarter
ROWS BETWEEN UNBOUNDED PRECEDING AND CURRENT ROW)
AS accumulated_revenue
FROM (
SELECT
FORMAT_DATETIME("%Y-%m",
DATETIME_TRUNC(date_time, quarter)) AS year_quarter
, SUM(revenue) AS sum_rev
FROM impress_sweets.sales
GROUP BY year_quarter
)
ORDER BY 1
```

結果テーブル

行	year_quarter	sum_rev	accumulated_revenue
1	2021-01	177400	177400
2	2021-04	230180	407580
3	2021-07	211530	619110
4	2021-10	147450	766560
5	2022-01	284740	284740
6	2022-04	244070	528810
7	2022-07	259050	787860
8	2022-10	251430	1039290
9	2023-01	337640	337640
10	2023-04	325350	662990
11	2023-07	297260	960250
12	2023-10	247120	1207370

[accumulated_revenue]
で四半期ごとの販売金額の
累計を取得できた

移動平均を取得する

「元のレコードの値を保持したまま集計する」という**ウィンドウ関数の特徴をAVG関数で利用する**と、移動平均を取得できます。いわゆる平均では、存在するレコードの値をすべて合計し、レコード数で割ります。一方、移動平均では、対象のレコードを「ずらしながら」平均を求めます。

移動平均を計算するときの範囲は分析の目的によって異なりますが、ここでは「3項移動平均」でイメージをつかみます。3項移動平均とは、1レコード前、自分のレコード、1レコード後の3つのレコードの値の平均です。以下の［8-4-5］では、年月（year_month）ごとの販売金額（revenue）について、3項移動平均を［moving_avg］フィールドで求めています。

注意してほしいのは、どの行に対しても、そのルールで計算するということです。［moving_avg］の2行目の「7000」は（3000＋6000＋12000）÷3で計算されていますが、3行目の「9000」は1行下に移動して（6000＋12000＋9000）÷3で計算されています。

（ 8 - 4 - 5 ）**月ごとの販売金額と移動平均**

year_month	revenue	moving_avg
2024-01	3000	4500
2024-02	6000	7000
2024-03	12000	9000
2024-04	9000	10000
2024-05	9000	11000
2024-06	15000	12000

平均を取る範囲が移動していくため、移動平均と呼びます。英語では「Moving Average」と呼びます。

　移動平均は、月ごとの販売金額の推移などを折れ線グラフとして可視化するとき、ジグザグ感の強い急な増減を、もう少し緩やかなトレンドとして表現したいときによく利用されます。

　演習用の［sales］テーブルから、実際に移動平均を求めてみましょう。以下のSQL文［8-4-6］は、［product_id］が「1」の商品について、2023年の月ごとの販売金額の3項移動平均を求めるSQL文です。

　WITH句では、月（year_month）別、商品（product_id）別に販売金額（revenue）を合計し、年を2023年、［product_id］を「1」に絞り込みます。

　14〜16行目で集計分析関数のAVG関数を利用しています。16行目の「ROWS BETWEEN 1 PRECEDING AND 1 FOLLOWING」が、今回のお題である「現在のレコードの1つ前、現在のレコード、現在のレコードの1つ後ろ」の移動平均の範囲を示しています。

（8-4-6）特定商品の販売金額の移動平均を求める

```
WITH master AS (
SELECT
DATETIME_TRUNC(date_time, month) AS year_month
, SUM(revenue) AS sum_rev
FROM impress_sweets.sales
WHERE FORMAT_DATETIME("%Y", date_time) = "2023"
AND product_id = 1
GROUP BY year_month, product_id
)
SELECT
FORMAT_DATETIME("%Y-%m", year_month) AS year_month
, sum_rev
, FLOOR(AVG(sum_rev) OVER (
ORDER BY year_month
ROWS BETWEEN 1 PRECEDING AND 1 FOLLOWING
```

```
16    )) AS moving_avg_rev
17    FROM master
18    ORDER BY 1
```

結果テーブル（一部）

行	year_month ▼	sum_rev ▼	moving_avg_rev ▼
1	2023-01	33400	30600.0
2	2023-02	27800	28400.0
3	2023-03	24000	26533.0
4	2023-04	27800	24866.0
5	2023-05	22800	25466.0
6	2023-06	25800	23533.0
7	2023-07	22000	23800.0

商品ID「1」の商品について、月ごとの販売金額の移動平均を取得できた

　なお、移動平均を求めるときには、データがないときの処理に注意してください。例えば、結果テーブルの1行目（[year-month]が「2023-01」）には「現在のレコードの1つ前のレコード」が存在しません。

　その場合、足りないデータは考慮せずに平均する仕様なので、現在のレコードの[sum_rev]と1レコード後ろのレコードの[sum_rev]を足して「2」で割り、（33400＋27800）÷2＝30600として移動平均を求めます。移動平均では、パーティションの上限や下限の近くでデータが足りないことがあるのでどのような計算方法で結果が導かれるのかは認識しておいてください。

　もし、移動平均を取得するときにテーブルの最初や最後でデータが不足している際には、どうしても値を表示したくない場合、「移動平均を取得する対象の値が十分ある場合にだけ移動平均を表示する」というロジックを組み込むことができます。具体的には、次ページのSQL文［8-4-7］になります。

移動平均を求める際、どのレコードの範囲で「ずらしていく」のかをウィンドウフレーム句で指定することを理解できましたか？

8-4-7 対象の値が十分にあるときだけ移動平均を求める

```
WITH master AS (
SELECT
DATETIME_TRUNC(date_time, month) AS year_month
, SUM(revenue) AS sum_rev
FROM impress_sweets.sales
WHERE FORMAT_DATETIME("%Y", date_time) = "2023"
AND product_id = 1
GROUP BY year_month, product_id
)
SELECT
FORMAT_DATETIME("%Y-%m", year_month) AS year_month
, sum_rev
, CASE
WHEN COUNT(sum_rev) OVER (
ORDER BY year_month
ROWS BETWEEN 1 PRECEDING AND 1 FOLLOWING) = 3
THEN
FLOOR(AVG(sum_rev) OVER (
ORDER BY year_month
ROWS BETWEEN 1 PRECEDING AND 1 FOLLOWING))
END AS moving_avg_rev
FROM master
ORDER BY 1
```

結果テーブル

行	year_month ▼	sum_rev ▼	moving_avg_rev ▼
1	2023-01	33400	null
2	2023-02	27800	28400.0
3	2023-03	24000	26533.0
4	2023-04	27800	24866.0
5	2023-05	22800	25466.0
6	2023-06	25800	23533.0
7	2023-07	22000	23800.0
8	2023-08	23600	26733.0
9	2023-09	34600	27933.0
10	2023-10	25600	26066.0
11	2023-11	18000	22533.0
12	2023-12	24000	null

［sum_rev］の個数が「3」の場合に移動平均を取得した

　14〜22行のCASE文で、移動平均のフレームにある［sum_rev］の個数が「3」の場合に移動平均を取得するというロジックを組み込んでいます。テーブルの上端で「前の月」のデータがない場合、および、テーブルの下端で「翌月」のデータがない場合には、移動平均［moving_avg_rev］フィールドは「null」とすることができます。ここではCASE文を使っていますが、IF文を使っても同じ結果を取得可能です。

◢ STEP UP ◣

BIツールとSQL

　本書を手に取ったみなさんは、当然ながら「ビジネスデータの分析」に興味がある、もしくは、データ分析を仕事にされているのではないかと思います。よって、TableauやLooker StudioといったBIツールに、以前から触れている人も多いのではないでしょうか。

　筆者も日常的にBIツールを利用していますが、ここでBIツールとSQLの関係性を紹介しましょう。次ページの図［8-4-8］を見てください。

8-4-8 BIツールとSQLの関係

BIツール

グラフ

↑

グラフ描画用のデータの取得

SQL の発行　　　　↑　結果テーブル

SQL

結果テーブル

SQL の発行　　　　　　　　　↑

↓　　　　　　　結果テーブル

Excel、CSV、BigQueryなどのデータソース（テーブル）

　BIツールは「グラフなどで分かりやすくデータを可視化」してくれるものですが、内部的には、SQLのような命令をデータに対して発行し、戻り値の結果テーブルを利用してグラフを描画しています。つまり、BIツールの内部でSQLが動いているといえます。一方、SQLはグラフではなく、データが羅列されたテーブルのみを取得します。

　次ページのグラフ［8-4-9］は、先ほど［8-4-6］として示した移動平均の結果テーブルを元に、Looker Studioで可視化したものです。ドットのないラインがオリジナル、つまり商品ID「1」の月ごとの販売金額合計の推移で、ドットありのラインが移動平均となっています。

　移動平均では月ごとの変動幅が緩やかになり、大局的なトレンドが描かれていることが分かります。オリジナルとの違いは明らかであり、BIツールを利用すると、より直感的な理解が進むことは間違いありません。

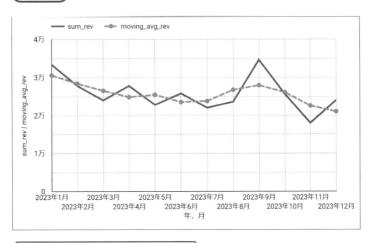

(8-4-9) **Looker Studioで可視化した移動平均**

ドットなしが月ごとの販売金額合計、
ドットありがその移動平均を表している

　BIツールとSQLには［8-4-8］で示した関係性があるため、SQLを記述できなくても、BIツールがあればデータ分析ができるのは事実です。そのため、筆者が登壇したセミナーでは「BIツールが使えれば、SQLは覚える必要はないのではないか？」という質問を受講者から受けることがあります。

　しかし、CHAPTER 1でも説明した通り、SQLが記述できて、さらにBIツールが使えることによって分析力・表現力が高まるので、**BIツールが使えてもなお、SQLを学ぶ意義は大きい**と筆者は考えています。

　SQLが記述できれば、BIツールがなくても分析ができますし、BIツールについても、勘違いの少ない効率的な利用ができます。また、データの整形や前処理はSQLで、可視化の部分はBIツールで、といった使い分けもできるようになり、データ分析者としての引き出しが大きく広がるはずです。

SECTION

8-5 確認ドリル

問題 026

[web_log] テーブルでページごとのスクロール率を調べてください。ただし、ページビューが100以上のページのみを対象とします。結果テーブルは [page_location]、ページビュー数（pageviews）、スクロール数（scrolls）、スクロール率（scroll_rate）の4カラムを含めてください。順序はスクロール率の高い順とします。スクロール率は小数の表現でよいです。

あるページでスクロールされたということを確実にするため、[event_timestamp] 順に並べたとき、あるページに対する [pageview] イベントが発生した直後に [scroll] イベントが発生している場合に、そのページでスクロールされたとみなすことにします。

問題 027

[products] テーブルから、商品カテゴリ（product_category）ごとにコストが高い商品名（product_name）のトップ3を取得してください。結果テーブルは、商品カテゴリ（product_category）、商品名（product_name）、コスト（cost）、コストのランキング（cost_rank）の4カラムとしてください。[cost_rank] には、高い順に並べたとき、最もコストの高い商品に「1」を格納します。

問題 028

[sales] テーブルで月別に商品ID（product_id）ごとの販売金額シェアを求めてください。例えば、ある月に30,000円の販売金額があり、商品ID「1」がそのうちの6,000円であれば、販売金額シェアは20%となります。

そのうえで、特定商品の販売金額シェアが40%を超えた月（year_month）

と商品ID（product_id）、月内の販売金額シェア（monthly_revenue_share）の3カラムを取得してください。結果テーブルは、販売金額シェアが高い順に並べ替えてください。

なお、結果テーブルで取得する月は「YYYY-MM形式」で整えます。販売金額シェアには「%」記号は不要で、小数での表示で構いません。

問題 029

どの顧客にも、はじめて購入した商品があります。[sales] テーブルから商品ごとに、その商品がその顧客にとってはじめて購入した商品であった顧客数（number_of_users）を取得してください。

初回の注文で2つ以上の商品を購入した場合は、商品ID（product_id）が小さいほうの商品をはじめて購入した商品とみなします。結果テーブルは初回購入商品（first_purchase_product）と、その商品を初回に購入した顧客数（number_of_users）の2カラムとし、[number_of_users] が多い順に並べ替えて、トップ5に絞り込んでください。

問題 030

セッションの最初に閲覧されたWebページを「ランディングページ」、最後に閲覧されたWebページを「離脱ページ」と呼びます。[web_log] テーブルからランディングページと離脱ページの組み合わせ（landing_and_exit）と、セッション数（session）のトップ5を取得してください。セッション中に [page_view] イベントが1回しか発生していないセッションは除きます。

なお、セッションは [user_pseudo_id] と [ga_session_number] の組み合わせで決まります。[landing_and_exit] は、それぞれのページの文字列を矢印を表す「->」で連結した文字列としてください。[event_name] には [page_view] と [scroll] がありますが、[page_view] イベントだけを対象としてください。また、ページは [page_location] で表現してください。

実データを
対象とした活用例

本章では、これまでの8つの章で学んだSQLの知識を利用して、より実務に近い実践的なデータの整形や、分析におけるコツとテクニックを紹介します。分かりやすさを優先した学習用のデータで身につけた「知識としてのSQL」から、実際のデータを使った「業務で使えるSQL」へと脱皮するイメージで学習してください。

SECTION

9-1 本章の学習方法と 対象とするデータ

これまでの8つの章で、SQLについてずいぶんたくさん 学んできた気がします。

そうですね、マーケターとしてSQLを利用するぶんには、 知識としてはもうこれ以上必要ないくらい網羅的に学ん できたと思います。本章では、実務に近いデータでより 実践的な学びをしましょう。

はい、楽しみです！

Web解析やSEO対策にSQLを活用

　本章では、より「実践的な学び」を得られるようにするため、データも実際 のもの、あるいは実際に近いものを利用します。具体的には以下の3種類の データです。

1. GA4がBigQueryにエクスポートしたデータ
2. Search ConsoleがBigQueryにエクスポートしたデータ
3. Googleフォームを利用したアンケート結果

　いずれも、みなさんが実際の仕事で触れる機会の多いツールだと思います。 これまではSQLでの分析はしていなかった人でも、これらのツールが提供する データを活用し、本章を学ぶことでSQLでの分析ができるようになることを目 標としています。まず本節では、各ツールからBigQueryにデータをエクスポ ートする方法を紹介します。

次節以降では、GA4、Search Console、Googleフォームのそれぞれについての実践的な分析テクニックを解説していきます。また、各節の冒頭では、みなさんが実際に手を動かして学べるよう、Googleが提供するサンプルデータセットや、本書が提供するCSVファイルについて案内しています。自社のデータが利用できない場合や、とりあえず学習用に試してみたい場合は、それらのデータをBigQueryに取り込んだうえでSQL文を実行してみてください。

GA4データをエクスポートする

GA4のデータは、デフォルトではBigQueryにエクスポートされないため、[管理] 画面から設定を行う必要があります。GA4にログイン後、画面左下にある [管理] (歯車のアイコン) をクリックして [管理] 画面を表示し、以下の [9-1-1] のように操作します。

9-1-1 GA4とBigQueryをリンクする

GA4 の [管理] 画面を表示しておく

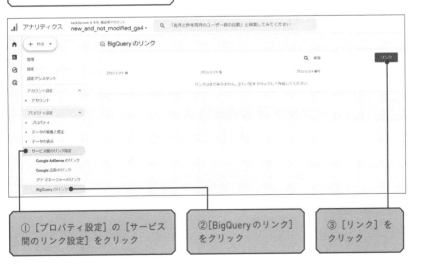

① [プロパティ設定] の [サービス間のリンク設定] をクリック

②[BigQuery のリンク] をクリック

③ [リンク] をクリック

すると、GA4がエクスポートするデータを格納するための、BigQuery のプロジェクトを選択する画面が表示されます。管理者がアクセス可能な BigQueryプロジェクトの一覧が表示されるので、その中からプロジェクトを 指定しましょう。以下の［9-1-2］では「Kidasample201410」が選択され ています。最後に、エクスポートの詳細を設定します。設定項目は次の3点です。

▶ **イベントデータのエクスポートタイプ**
● 毎日
　　⇒チェックを付けます。チェックを付けないとエクスポートされません。
● ストリーミング
　　⇒オプションです。チェックを付けると、ユーザーがWebサイトを訪問
　　　したり、ページを表示したり、スクロールを完了したりした数秒後には、
　　　関連するイベントが収集されます。リアルタイムに近い分析を行う必要
　　　がある場合はチェックを付けます。リアルタイムに近い分析ができるテ
　　　ーブルは、通常の日時テーブルとは別に作成されます。

▶ **ユーザーデータのエクスポートタイプ**
● 日別
　　⇒オプションです。チェックを付けると、ユーザーのステータスが変化し
　　　た場合、その変化を記録したテーブルが作成されます。テーブルは通常
　　　の日時テーブルとは別に作成されます。

9-1-2 リンクの詳細設定を行う

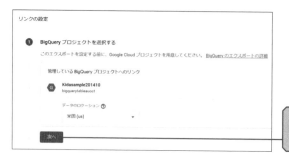

①プロジェクトを選択し、
［次へ］をクリック

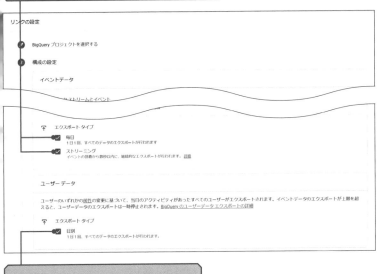

②イベントデータのエクスポートタイプの[毎日]
[ストリーミング] にチェックを付ける

③ユーザーデータのエクスポートタイプの
[日別] にチェックを付ける

　次ページの [9-1-3] は、上記で見た3つのチェックボックスすべてにチェックを付けた状態でBigQueryにエクスポートしているプロパティの例です。プロジェクト配下に「analytics_xxxxxxxxxx」というデータセットが作成され、その配下に以下の3種類のテーブルが作成されていることが確認できます。ちなみに、データセット名の「xxxxxxxxxx」には、エクスポートしているプロパティの「プロパティID」が入ります。

● [events_] テーブル群
　　⇒毎日エクスポートされる日次テーブル
● [events_intraday_] テーブル
　　⇒当日中のデータなど、リアルタイムに近いデータが格納されるテーブル
● [pseudonymous_users_] テーブル群
　　⇒ユーザーのステータス変更を記録したテーブル

テーブル名の右側に表示される「(641)」「(1)」「(299)」などの数値は、テーブルの数を表しています。例えば、2024年6月1日にエクスポートを開始すると、6月2日には「events_20240601」という名前のテーブルが生成されます 同様に、6月3日には6月2日分の日次テーブルとして [events_20240602] が生成されます。つまり、「events_(641)」とは過去641日分のテーブルが存在するということを示しています。複数に分かれている日次テーブルの処理については、次節で学びます。

9-1-3 BigQueryにエクスポートされたGA4データ

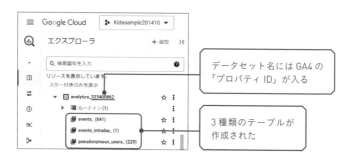

Search Consoleデータをエクスポートする

Search ConsoleデータのBigQueryへのエクスポート設定は、Search Console側とBigQuery側の両方で設定が必要です。まずは全体の手順をまとめ、次に各手順の詳細を説明します。

1. BigQueryでSearch Consoleデータを格納するプロジェクトを作成する（既存のプロジェクト配下にデータをインポートする場合には省略可能）

2. BigQueryでBigQuery APIと、BigQuery Storage APIの2つのAPIを有効にする

3. プロジェクトにデータを書き出す権限をSearch Consoleに付与する

4. Search Console側で ［一括データエクスポート］設定を行う

まず、Search ConsoleからエクスポートされるデータをBigQueryの新規プロジェクトに格納したい場合は、SECTION 2-2を参照してプロジェクトを作成してください。既存のプロジェクト配下にエクスポートしたい場合には、そのプロジェクトのIDを控えておきます。

次に、BigQueryで2つのAPIが有効になっていることを確認します。Search Consoleデータを格納するプロジェクトを選択した状態で、以下の［9-1-4］のように画面左上の［≡］をクリックしてGoogle Cloud Platformのナビゲーションメニューを開き、[有効なAPIとサービス]を表示しましょう。

すると、次ページのように［APIとサービス］画面が表示されるので、［BigQuery Storage API］と［BigQuery API］が有効になっていることを確認します。万が一、有効になっていない場合は、画面上部にある［APIとサービスを有効化］をクリックして有効にしてください。

(9-1-4) APIを有効にする

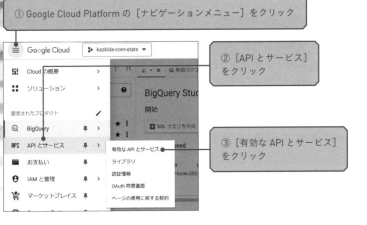

① Google Cloud Platform の［ナビゲーションメニュー］をクリック

② ［API とサービス］をクリック

③ ［有効な API とサービス］をクリック

上記の操作はBigQueryのナビゲーションメニューではなく、Google Cloud Platformのナビゲーションメニューから行うので注意してください。

④ [BigQuery API] と [BigQuery Storage API] が有効になっていることを確認

無効になっている場合は [API とサービスを有効化] から有効にできる

　続いて、Search ConsoleにBigQueryへのデータ書き込み権限を付与しましょう。ナビゲーションメニューを再度開いて、[IAMと管理] → [IAM] に進みます。以下の［9-1-5］の画面になるので［アクセス権を付与］をクリックすると、次ページのようにサブ画面が開きます。

　[新しいプリンシパル]には「search-console-data-export@system.gserviceaccount.com」と入力してください。また[ロールを選択]をクリックするとロールのリストが表示されるので、[BigQueryジョブユーザー][BigQueryデータ編集者]の2つのロールを付与します。似たような名前のロールがたくさんあるので、注意深く作業しましょう。最後に［保存］をクリックします。これでBigQuery側の設定は完了です。

(9-1-5) アクセス権を付与する

Google Cloud Platform のナビゲーションメニューから［IAMと管理］→［IAM］を表示しておく

① [アクセス権を付与] をクリック

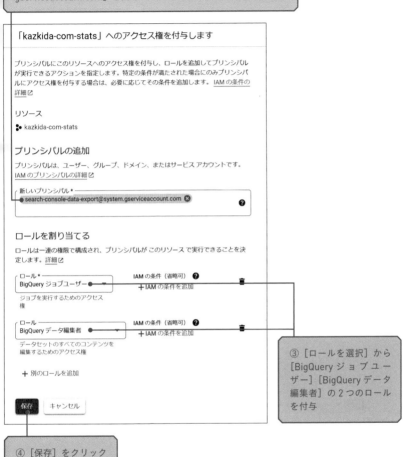

② [新しいプリンシパル] に「search-console-data-export@system. gserviceaccount.com」と入力

「kazkida-com-stats」へのアクセス権を付与します

プリンシパルにこのリソースへのアクセス権を付与し、ロールを追加してプリンシパルが実行できるアクションを指定します。特定の条件が満たされた場合にのみプリンシパルにアクセス権を付与する場合は、必要に応じてその条件を追加します。IAM の条件の詳細 ☑

リソース

🔹 kazkida-com-stats

プリンシパルの追加

プリンシパルは、ユーザー、グループ、ドメイン、またはサービス アカウントです。
IAM のプリンシパルの詳細 ☑

┌─ 新しいプリンシパル * ───────────────────────
● search-console-data-export@system.gserviceaccount.com ✕   ❷

ロールを割り当てる

ロールは一連の権限で構成され、プリンシパルが このリソース で実行できることを決定します。詳細 ☑

┌─ ロール * ─────────────   IAM の条件（省略可）❷
 BigQuery ジョブユーザー●   ＋IAM の条件を追加
ジョブを実行するためのアクセス
権

┌─ ロール ─────────────   IAM の条件（省略可）❷
 BigQuery データ編集者●   ＋IAM の条件を追加
データセットのすべてのコンテンツを
編集するためのアクセス権

＋ 別のロールを追加

[保存] キャンセル

③ [ロールを選択] から [BigQuery ジョブユーザー] [BigQuery データ編集者] の 2 つのロールを付与

④ [保存] をクリック

最後に、Search Console側からのデータ一括エクスポート設定を行います。次ページの［9-1-6］のように、Search Consoleへのログイン後に［設定］から［一括データエクスポート］画面に進みます。エクスポート先となるプロジェクト名の入力を促されるので、Search Consoleデータをエクスポートしたいプロジェクト名を入力して設定を完了します。

(9-1-6) 一括データエクスポートを設定する

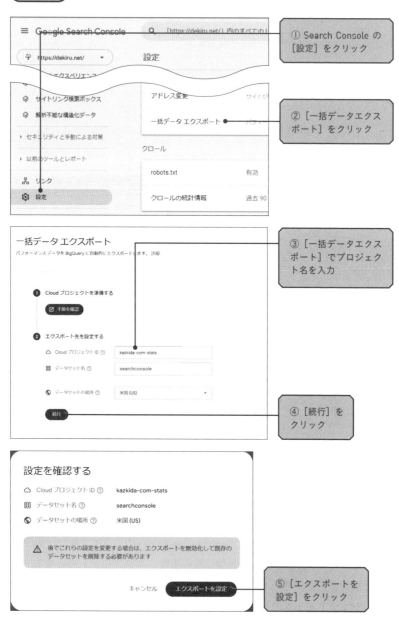

① Search Console の [設定] をクリック

② [一括データエクスポート] をクリック

③ [一括データエクスポート] でプロジェクト名を入力

④ [続行] をクリック

⑤ [エクスポートを設定] をクリック

✓ 設定は正常に完了しました

一括自動エクスポートは48時間以内に開始されます。詳細

完了

Search Console データのエクス
ポートの設定が完了した

Googleフォームデータをインポートする

**GoogleフォームデータのBigQueryへのインポートは、直接行うことがで
きません。**そのため、まずGoogleスプレッドシートにエクスポートしてから、
そのシートをBigQueryにインポートします。自身がGoogleフォームの管理者
である場合、Googleスプレッドシートに結果をエクスポートできます。以下
の［9-1-7］は、アンケートが5件回収された状態です。［回答］タブを表示
して、［スプレッドシートにリンク］をクリックします。

リンク先として、新しいスプレッドシートを作成してデータをエクスポート
するか、既存のスプレッドシートにデータを追加するかを選択できます。ここ
では［新しいスプレッドシートを作成］を選択しています。

9-1-7 Googleスプレッドシートにエクスポートする

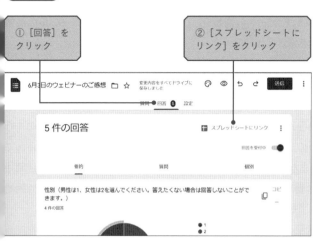

① ［回答］を
クリック

② ［スプレッドシートに
リンク］をクリック

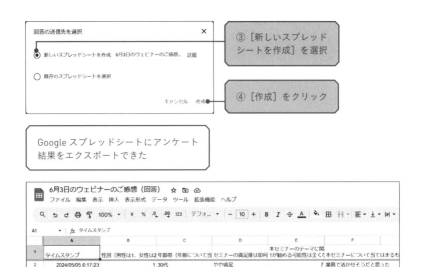

続いて、GoogleスプレッドシートのデータをBigQueryへインポートしていきましょう。上記のGoogleスプレッドシートを元に、SECTION 2-5で解説した手順と同様にBigQueryにテーブルを作成します。[2-5-4]の通り、データセット名を右クリックして[テーブルの作成]を選択してください。

次ページの[9-1-8]で示した[テーブルを作成]画面では、[ソース]配下でGoogleスプレッドシートの情報を、[送信先]で作成するテーブルの情報をそれぞれ指定します。

[ソース]配下で注意が必要なのは[シート範囲]の設定です。SECTION 2-5で説明した通り、BigQueryにテーブルを作成するにあたり、カラム名に日本語は使えません。

一方、上記の画面から確認できるように、Googleスプレッドシートの1行目には、設問がそのまま日本語で記録されています。そのため、BigQueryには1行目を取り込まないようにしましょう。[シート範囲]は「シート名!開始セル番地:終了セル番地」の形式で指定するので、[9-1-8]の操作④では開始セルを「A2」、終了セルを「F200」としています。

9-1-8 Googleスプレッドシートをインポートする

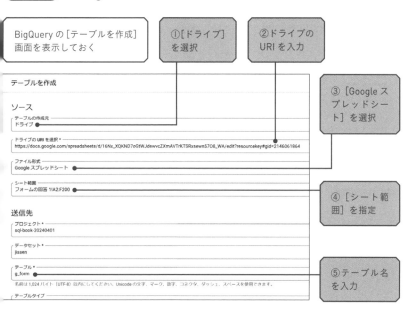

| BigQueryの［テーブルを作成］画面を表示しておく | ①［ドライブ］を選択 | ②ドライブのURIを入力 |

③［Googleスプレッドシート］を選択

④［シート範囲］を指定

⑤テーブル名を入力

［送信先］配下では、［プロジェクト］と［データセット］はすでに入力されているので、テーブル名を半角英数、ハイフン、アンダースコアを利用して指定します。［テーブルタイプ］は［外部テーブル］のままで構いません。

次にスキーマを指定します。GoogleフォームがGooleスプレッドシートにエクスポートしたデータの1列目には、フィールド名を「タイムスタンプ」とする回答時刻が必ず記録されます。BigQueryにテーブルとしてインポートする際には、データ型をDATETIME型に指定したいところですが、スキーマをDATETIME型に指定するとエラーになります。これはBigQueryが認識するDATETIME型のデータが「YYYY-MM-DD HH:MM:SS」であるのに対し、Googleシートのタイムスタンプは「YYYY/MM/DD HH:MM:SS」となっていることが原因です。

したがって、データ型を指定する［タイプ］について、1列目はSTRING型を指定してください。テーブルを作成したあと、SECTION 7-4で紹介したPARSE_DATETIME関数でDATETIME型に変換できます。

　全体としては、以下の[9-1-9]の通りに指定しています。[テーブルを作成]ボタンをクリックすると、BigQueryのテーブルとしてインポートでき、SQLでの整形や分析が可能になります。

9-1-9 スキーマを設定する

Google スプレッドシートのデータに基づいてスキーマを設定する

Google フォームのデータからテーブルを作成できた

$^{9-}2$ GA4データの整形と分析

本節では、これまでに学習したSQLのテクニックを活用して、GA4がBigQueryにエクスポートしたテーブルの整形や分析をすることを学びます。

GA4がBigQueryにデータをエクスポートできることは知っていました。SQLで分析できたらいいな、勉強しないと……と思っていたところでした。

GA4はBigQueryと簡単に連携できるため、今後マーケターもSQLを駆使してBigQuery上のデータを分析することが求められるようになると思います。

GA4データのサンプルデータセット

ここからは、前節で説明した通りの手順で、BigQuery上にGA4がエクスポートした日別のテーブル［events_yyyymmdd］が作成されている前提で学習を進めます。もし何らかの事情で、自社のGA4のデータをBigQueryにエクスポートできない場合は、BigQueryの「一般公開データセット」として公開されている「サンプルデータセット」のテーブルを利用して学習することもできます。これらの利用方法については、以下の公式ヘルプを参照してください。

Google Cloudコンソールを使用して
一般公開データセットに対してクエリを実行

https://cloud.google.com/bigquery/docs/quickstarts/
query-public-dataset-console?hl=ja

**Googleアナリティクス4 eコマースウェブ実装向けの
BigQueryサンプルデータセット**

https://developers.google.com/analytics/bigquery/
web-ecommerce-demo-dataset?hl=ja

変数を利用して一定期間のテーブルを指定する

　GA4のテーブルは日別に生成されるため、「ある月」や「ある年」などの一定期間を対象に整形や分析を行うには、複数のテーブルをまとめて指定する必要があります。そこで役立つのが「_TABLE_SUFFIX」という変数です。

　以下のSQL文［9-2-1］では、GA4のデータから2024年4月1日～7日の日別のユニークユーザー数を取得しようとしています。2行目にある［user_pseudo_id］がユーザーを匿名のまま識別するIDなので、固有の［user_pseudo_id］数がユニークユーザー数になります。

9-2-1　_TABLE_SUFFIXの記述例①

```
1  SELECT event_date,
2  COUNT(DISTINCT user_pseudo_id) AS users
3  FROM `analytics_323400862.events_*`
4  WHERE _TABLE_SUFFIX BETWEEN "20240401" AND "20240407"
5  GROUP BY event_date
6  ORDER BY event_date
```

結果テーブル

行	event_date ▼	users ▼
1	20240401	149
2	20240402	79
3	20240403	103
4	20240404	59
5	20240405	37
6	20240406	15
7	20240407	6

2024年4月1日～7日のユニークユーザー数を取得できた

　そして、前ページのSQL文の4行目にあるのが、ここで学んでほしい_TABLE_SUFFIX変数です。「_TABLE_SUFFIX」は「テーブルの接尾辞」という意味で、FROM句にあるテーブルの指定と組み合わせて「どのテーブルをSQL文の対象とするか？」を指定します。適切に機能させるには、以下の2つの前提を満たす必要があります。

1. テーブル名の末尾が数字であること（GA4がエクスポートするテーブルは「events_yyyymmdd」という名前で、末尾が年月日を示す8桁の数字となっているため、この前提を満たす）
2. テーブル名を「`」（バッククォート）で囲んで指定すること

　これら2つを満たすと、FROM句で指定したテーブル名の「*」（アスタリスク）部分が、BETWEEN句で指定した通りの変数で読み替えられます。[9-2-1]ではテーブル名が「`analytics_323400862.events_*`」であり、_TABLE_SUFIX変数がBETWEEN句で「20240401」から「20240407」までを指していることから、以下の合計7個のテーブルをまとめて指定していることになり、結果テーブルの通りとなります。

```
`analytics_323400862.events_20240401`
`analytics_323400862.events_20240402`
⋮
`analytics_323400862.events_20240407`
```

　FROM句を「`analytics_323400862.events_*`」と記述して、WHERE句で「_TABLE_SUFFIX」を指定しないと、すべてのテーブルが対象となるので注意が必要です。

　なお、_TABLE_SUFFIX変数は必ずしも、BETWEEN句とともに使う必要はありません。例えば、「WHERE _TABLE_SUFFIX >= "20240501"」と記述すると、2024年5月1日以降のテーブルがSQL文の対象となります。次ページのように記述すると、2023年5月1日と2024年5月1日だけがSQL文の対象となります。

```
1    WHERE _TABLE_SUFFIX IN ("20230501", "20240501")
```

また、「*」がすべてのテーブルを指すという性質を利用すると、以下のSQL文のようにFROM句を記述することで、_TABLE_SUFFIX変数を使わなくても「特定月の全部の日」を指定できます。

```
1    FROM `analytics_323400862.events_202404*`
```

_TABLE_SUFFIX変数はWHERE句に記述するため、ほかに絞り込む条件がある場合は「AND」でつないで記述します。例えば、2024年4月1日〜7日の日別のユニークユーザー数を［geo.region］が"Chiba"に一致するという条件で絞り込むには、以下のSQL文［9-2-2］のように記述します。5行目のANDが「WHERE _TABLE_SUFFIX BETWEEN "20240401" AND "20240407"」と「geo.region = "Chiba"」をつないでいることを理解してください。

9-2-2 _TABLE_SUFFIXの記述例②

```
1    SELECT event_date,
2    COUNT(DISTINCT user_pseudo_id) AS users
3    FROM `analytics_323400862.events_*`
4    WHERE _TABLE_SUFFIX BETWEEN "20240401" AND "20240407"
5    AND geo.region = "Chiba"
6    GROUP BY event_date
7    ORDER BY event_date
```

GA4テーブルの構造

　複数テーブルを分析の対象とできるようになったので、次は個別のテーブル
の構造を学んでいきましょう。**GA4がBigQueryにエクスポートしたテーブル
は、1レコードが1ヒット**となっています。

　ヒットとは、GA4がユーザー行動を取得する際の最小単位のことです。そ
してユーザー行動は、種類に応じて「イベント」として取得されています。そ
の結果、GA4がBigQueryにエクスポートしたテーブルの1レコードは1ヒッ
トであり、それは同時に1イベントである、という構造になっています。

すべてのWebサイトで収集されるユーザー行動

　続いて、GA4の主要なイベントについて見ていきましょう。GA4は基本的に、
以下の表［9-2-3］に示した多様なユーザー行動を導入済みのすべてのWeb
サイトで取得しています。これらは「自動収集イベント」と呼びます。

　また、ユーザー側で設定を追加することで、イベントとして取得するユーザ
ー行動の種類を増やすことも可能です。したがって、下表で挙げたのはGA4
が収集し得るイベントの一部であると認識してください。

(9-2-3) GA4の自動収集イベントと対象となるユーザー行動

ユーザー行動の種類	収集されるイベント
初回のサイト訪問	first_visit
セッションの開始	session_start
ページの表示	page_view
ページの90%スクロール	scroll
サイト外へのジャンプ	click
ファイルのダウンロード	file_download
動画の再生開始・完了	start_video、video_complete

　前ページの表で提示した「収集されるイベント」は、［event_name］カラムに格納されます。そして、イベントと同時に取得される主要なデータと、そのデータが格納されるカラム名をまとめると、以下の表［9-2-4］のようになります。

　SQLでは、下表にあるようなデータとイベントを組み合わせて分析することになります。例えば、ユーザー数やページビュー数を「国別」に集計したいなら、「イベントを発生させた場所-国」というデータが［geo.country］カラムに格納されていることを知っておかなければなりません。

　よって、下表の「イベントと同時に記録されるデータ」と「BigQueryテーブルのカラム名」の紐づけを理解することが重要だといえるでしょう。また、この表の内容を理解することで、「デバイスカテゴリ別のページビュー数」や「ユーザーが初回訪問に利用したメディア別のユーザー数」なども、SQLで取得できることが分かると思います。

9-2-4　全サイトでイベントと同時に記録される主要なデータ

イベントと同時に記録されるデータ	BigQueryテーブルのカラム名
イベントが発生した日	event_date
イベントが発生したUNIX時（マイクロ秒）	event_timestamp
イベントの詳細	event_params
匿名のユーザー識別子	user_pseudo_id
ユーザーが初回訪問したUNIX時（マイクロ秒）	user_first_touch_timestamp
イベントを発生させたデバイスのカテゴリ	device.category
イベントを発生させたデバイスのOS	device.oprating_system
イベントを発生させたブラウザー	device.browser
イベントを発生させたブラウザーの言語設定	device.language
イベントを発生させた場所-国	geo.country
イベントを発生させた場所-都道府県	geo.region

イベントを発生させた場所-市区町村	geo.city
ユーザーが初回訪問に利用した キャンペーン名	traffic_source.name
ユーザーが初回訪問に利用した参照元	traffic_source.source
ユーザーが初回訪問に利用したメディア	traffic_source.medium
ユーザーが発生させたイベントと同時に 記録されたキャンペーン名	collected_traffic_source.manual_ campaign_name
ユーザーが発生させたイベントと同時に 記録された参照元	collected_traffic_source.manual_ source
ユーザーが発生させたイベントと同時に 記録されたメディア	collected_traffic_source.manual_ medium

イベントの詳細を記録している ［event_params］ カラム

　上記の表を注意深く見ると、「ページのURL」「ページタイトル」「何回目の訪問だったのかを示す整数」といった重要な情報が入っていないことに気付いた人もいるでしょう。それらの情報はすべて、表の3行目にある「イベントの詳細」に相当する ［event_params］ カラムに格納されています。

　［event_params］ カラムは、ほかのカラムとは異なる特殊なカラムです。例えば、国に相当する ［geo.country］ カラムには「United States」や「Japan」といった単一の値しか格納されませんが、［event_params］ カラムには以下の表 ［9-2-5］ の通り、複数かつ多様な情報が格納されています。ただし、これらのすべてのイベントに対して必ず紐づくわけではありません。

9-2-5 ［event_params］ カラムが格納するデータの例

データの内容	BigQueryテーブルのカラム名
ページのURL	page_location
ページのタイトル	page_title
ページのリファラー	page_referrer

ページがランディングページとして表示されたかどうかのフラグ	entrance
エンゲージメント時間	engagement_time_msec
セッション識別子	ga_session_id
セッション番号	ga_session_number
セッションがエンゲージしたかどうかのフラグ	session_engaged

※ 2023年5月頃までは、イベントが発生したときの参照元、メディア、キャンペーンの情報は〔event_params〕にしか格納されていませんでした。2023年6月以降は〔collected_traffic_source.manual_campaing_name〕〔collected_traffic_source.manual_campaing_source〕などの〔event_params〕ではないカラムに格納されているため、そこから取得するほうが簡単です。

実際のテーブルで〔event_params〕カラムを確認する

　ここで実際のGA4テーブルを確認し、〔event_params〕カラムがどのような構造になっているのかを、さらに踏み込んで学んでいきましょう。とはいえ、テーブル全体はカラム数が多く、全体像を把握するには不向きです。

　そこで、〔event_params〕カラムを理解する目的として最低限の内容を持つ、以下のSQL文〔9-2-6〕を実行してみましょう。本書をここまで学んだみなさんなら、どのような趣旨のSQL文かは簡単に理解できるはずです。

9-2-6 〔event_params〕カラムの構造を確認する

```
1    SELECT event_params
2    FROM analytics_323400862.events_20240501
3    WHERE event_name = "page_view"
4    ORDER BY event_timestamp
5    LIMIT 1
```

結果テーブル

#	event_params.key ▼	event_params.value.string_value ▼	event_params.value.int_value ▼	event_params.value.float_value ▼	event_params.value.double_value ▼
1	request_url	/about-kazkida/	null	null	null
	engaged_session_event	null	1	null	null
	batch_ordering_id	null	1	null	null
	ignore_referrer	true	null	null	null
	entrances	null	1	null	null
	page_title	自己紹介 - kazkida.com	null	null	null
	page_location	https://kazkida.com/about-kazkida/	null	null	null
	ga_session_id	null	1714518001	null	null
	page_referrer	https://kazkida.com/author/kazuhiro-kidaprinciple-c-com/	null	null	null
	ga_session_number	null	37	null	null
	date_published	null	null	null	null
	session_engaged	0	null	null	null
	batch_page_id	null	1714518000862	null	null

> [event_params] カラムのデータを
> 取り出せた

　上記の結果テーブルから分かることは以下の3つです。[event_params] は
特殊なカラムだという意味が理解できると思います。

1. SQL文に「LIMIT 1」があることから分かるように、上記の結果テーブル
は1ヒットです。つまり、1ヒットの中に、あたかも1つのテーブルのよう
にデータが格納されています。こうした状態を入れ子になっているとい
う意味で「ネストされている」と呼びます。

2. [event_params] カラムは、実は1カラムではなく、以下の5カラムで構
成されています。ただし、最後の2カラムはすべて「null」であり、値が
1つも入っていないので実質的には3カラムです。

   event_params.key
   event_params.value.string_value
   event_params.value.int_value
   event_parms.value.float_value
   event_params.value.double_value

3. 発生した [page_view] イベントが、どのようなページタイトルやURL
に対して発生したかなど、イベントの詳細が「key = 値」という形で格納
されています（例えば「page_title = 自己紹介 - kazkida.com」という形式）。

参考までに、[event_params] のうち、値の入っている3カラムだけ取得した結果テーブルも以下の [9-2-7] に掲載します。

9-2-7 [event_params] の一部のカラム

行	key ▼	string_value ▼	int_value ▼
1	request_uri	/about-kazkida/	null
2	engaged_session_event	null	1
3	batch_ordering_id	null	1
4	ignore_referrer	true	null
5	entrances	null	1
6	page_title	自己紹介 – kazkida.com	null
7	page_location	https://kazkida.com/about-kazkida/	null
8	ga_session_id	null	1714518001
9	page_referrer	https://kazkida.com/author/kazuhiro-kidaprinciple-c-com/	null
10	ga_session_number	null	37
11	date_published	null	null
12	session_engaged	0	null
13	batch_page_id	null	1714518000862

[event_params.key] [event_params.value.string_value] [event_params.value.int_value] の3カラムを取り出している

[event_params] カラムから値を取得する

実際のGA4テーブルで [event_params] カラムを確認したところで、そこから値を取り出す方法について解説しましょう。[9-2-6] の結果テーブルをもう一度見てください。SELECT句で [event_params] という1カラムだけを取得していますが、結果は行と列から構成されている「テーブル」です。つまり、[event_params] はテーブルだと考えることができます。

であれば、そこから特定の値、例えば [page_title] の値を取得するのは簡単です。[9-2-6] の結果テーブルが [event_params] という名前のテーブルとして存在すると仮定すると、[page_title] を取得するSQL文は次ページの [9-2-8] のようになります。

9-2-8 [event_params] から [page_title] を取得する

```
SELECT string_value FROM event_params
WHERE key = "page_title"
```

　上記の結果としては「自己紹介 – kazkida.com」が取得できます。つまり、[event_params] カラムがテーブルなのであれば、私たちは自由にその値を取得できます。

　しかし、実際には [event_params] はテーブルではないので、[event_params] をテーブルのように扱うための関数が必要です。その関数を利用して実際のGA4テーブルから [page_title] を取得し、[event_params] の外側の [event_date][event_name] とあわせて出力するSQL文が以下の [9-2-9] です。

9-2-9 実際のGA4テーブルから値を取得する

```
SELECT event_date, event_name,
(SELECT value.string_value FROM UNNEST(event_params)
WHERE key = "page_title") AS page_title
FROM analytics_323400862.events_20240501
WHERE event_name = "page_view"
ORDER BY event_timestamp
LIMIT 1
```

結果テーブル

行	event_date ▼	event_name ▼	page_title ▼
1	20240501	page_view	自己紹介 – kazkida.com

> [event_params] カラム内の [page_title] の値と、外側の
> [event_date][event_name] を同時に取得できた

これまで［event_params］という「レコードの中のテーブル」に入っていた［page_title］の値を取り出すことができました。鍵は2行目のサブクエリの中のFROM句で使われている「UNNEST(event_params)」です。この命令で、**［event_params］カラムを通常のテーブルのように取り扱うことができ、サブクエリのSELECT句とWHERE句で目的の値を取得**することができています。

このように、レコードの中でテーブル状の構造をしている（つまり、ネストされている）データを取り扱えるようにすることを「フラット化する」といいます。［9-2-9］のSQL文の2行目で行っていることを表現すると、「UNNEST関数で［event_params］をフラット化し、そこから［page_title］を取得した」といえます。

ECサイトで収集されるユーザー行動

［9-2-3］［9-2-4］で紹介した「収集されるユーザー行動とイベント」と「イベントと同時に収集されるデータ」は、あらゆるWebサイトに共通のものです。一方、ECサイトにおいては、さらに以下の表［9-2-10］と次ページの表［9-2-11］ようなデータが収集されることが一般的です。

9-2-10　ECサイトで収集されるユーザー行動とイベント

ユーザー行動の種類	収集されるイベント
商品の表示	view_item
商品のカート追加	add_to_cart
支払いの開始	begin_checkout
購入の完了	purchase

> ECサイトのデータは、GTMでのデータ取得実装状態次第で大きく変わる場合があります。BigQueryでの分析の前に、まずはデータ自体を確認しましょう。

9-2-11　ECサイトでイベントと同時に記録される主要なデータ

イベントと同時に記録されるデータ	BigQueryテーブルのカラム名
ユーザーのLTV収益	user_ltv.revenue
（表示やカート追加、購入が発生した）アイテムの詳細	items
アイテムの数量	ecommerce.total_item_quantity
米ドル表記のトランザクション収益	ecommerce.purcase_revenue_in_usd
現地通貨表記のトランザクション収益	ecommerce.purchase_revenue
固有のアイテム数	ecommerce.unique_item
トランザクションID	ecommerce.transaction_id

ECサイトで商品の詳細を記録する［items］カラム

上記の表で、「アイテムの詳細」は［items］カラムに格納されるとあります。この［items］カラムも、前述した［event_params］と同様に複数のカラムから構成される特殊なカラムです。その配下には、以下の表［9-2-12］のような情報が格納されます。

ただし、ECサイトでのGA4の実装状況はサイトごとにばらつきがあるのが現実です。そのため、すべての項目に値が入っていることはまれだと思います。

9-2-12　［item］カラムが格納するデータの例

データの内容	BigQueryテーブルのカラム名
アイテムのID	items.item_id
アイテムの名前	items.item_name
アイテムのブランド	items.item_brand
アイテムのバリエーション	items.item_variant
アイテムのカテゴリ	items.item_category

アイテムのカテゴリ2〜5	items.item_category2〜5
米ドル表記のアイテムの単価	items.price_in_usd
現地通貨表記のアイテムの単価	items.price
米ドル表記のアイテムの収益	items.item_revenue_in_usd
現地通貨表記のアイテムの収益	items.item_revenue_in_usd

実際のテーブルで［items］カラムを確認する

　［event_params］のときと同様に、［items］カラムの内容を確認してみましょう。GA4にECサイトのデータがない人もいると思いますので、ここではP.440で紹介したデモアカウント（eコマースウェブ実装向けのBigQueryサンプルデータセット）にあるテーブルを対象とします。

　以下のSQL文［9-2-13］を見てください。2行目のFROM句にあるのがデモアカウントのテーブルで、末尾に「20210104」とある通り、2021年1月4日のデータとなっています。この日に発生した最初の［purchase］イベントと、そのイベントに紐づく［items］カラムを取得したのが、次ページにある結果テーブルです。

(9-2-13) ［purchase］イベントを表示する

```
1  SELECT items
2  FROM `bigquery-public-data.ga4_obfuscated_sample_
                          ecommerce.events_20210104`
3  WHERE event_name = "purchase"
4  ORDER BY event_timestamp
5  LIMIT 1
```

行	items.item_id ▼	items.item_name ▼	items.item_brand ▼	items.item_variant ▼	items.item_category ▼
1	9194259	Google Campus Bike	Google	Single Option Only	Accessories
	9196870	Google Sustainable Pencil Pouch	Google	Single Option Only	Clearance
	9197373	Google Infant Hero Tee Olive	Google	18/24 MONTHS	Apparel
	9188315	Google Magnet	Google	Single Option Only	Accessories
	9196862	Google Black Cork Journal	Google	Single Option Only	New
	9199082	Google Land & Sea Tote Bag	Google	Single Option Only	Bags
	9196860	Google Recycled Pen Green	Google	Single Option Only	New
	9199084	Google Land & Sea Journal Set	Google	Single Option Only	Google
	9184831	Google Light Pen Green	Google	Single Option Only	Writing Instruments

結果テーブル

> ［purchase］イベント発生時の
> ［items］カラムを取り出せた

［items］カラムから値を取得する

　続いて、実際の［items］カラムから値を取得してみましょう。［items］カラムも複数の行と列からなるテーブル状の構造をしていますが、［event_params］とは異なる点があります。それは、通常の分析においては［items］カラムから「1つの値」だけを取得したいというニーズはない、という点です。

　［items］カラムからは、表示されたり、カートに追加されたり、購入されたりした商品すべてについて、必要に応じて商品IDや商品名を取得したいというのが一般的なニーズとなります。そのため、［event_params］とは異なる方法でフラット化を実行する必要があります。それが**UNNEST関数でフラット化した［items］配下のカラムを、CROSS JOINで元のレコードと結合する**という方法です。

　次ページのSQL文［9-2-14］を見てください。3行目では［items］をUNNEST関数でフラット化したテーブルに別名「it」を付与し、本体のテーブルとCROSS JOINしているのが分かります。

　1行目のSELECT句では「it.item_name」として、［items］をフラット化したテーブルから［item_name］カラムを取得しています。そのため、結果テーブルでは購入された商品名のリストが表示されています。「it.item_name」の部分を「it.item_category」とすれば商品のカテゴリが、「it.item_brand」とすれば商品のブランドが取得できます。

9-2-14 [items] から購入された商品名を取得する

```
1   SELECT event_date, event_name, it.item_name
2   FROM `bigquery-public-data.ga4_obfuscated_sample_
                          ecommerce.events_20210104`
3   CROSS JOIN UNNEST(items) AS it
4   WHERE event_name = "purchase"
5   ORDER BY event_timestamp
```

結果テーブル（一部）

行	event_date ▼	event_name ▼	item_name ▼
1	20210104	purchase	Google Campus Bike
2	20210104	purchase	Google Sustainable Pencil Pou...
3	20210104	purchase	Google Infant Hero Tee Olive
4	20210104	purchase	Google Magnet
5	20210104	purchase	Google Black Cork Journal
6	20210104	purchase	Google Land & Sea Tote Bag
7	20210104	purchase	Google Recycled Pen Green
8	20210104	purchase	Google Land & Sea Journal Set
9	20210104	purchase	Google Light Pen Green
10	20210104	purchase	Noogler Android Figure

[items] カラム内にネストされていた
商品名のリストを取得できた

購入までのユーザー別平均セッション数を分析する

　本節ではここまでに、複数テーブルをまたがった指定や、ネストされたカラムのフラット化について学びました。これでGA4がBigQueryにエクスポートしたテーブルを、普通のテーブルのように分析できるようになったといえます。

　以降では、さらに実践的な活用例として、BigQueryのデモアカウント（eコマースウェブ実装向けのBigQueryサンプルデータセット）をベースに、「初回訪問ランディングページ別の、ユーザーごとの購入までの平均セッション数」を分析する方法を紹介します。

　ちなみに、「初回訪問ランディングページ」というディメンションも、「購

入までの平均セッション数」という指標も、GA4には存在しません。まさに
BigQueryとSQLを使うからこそできる独自分析ということになります。

取得したいアウトプットのイメージは、以下の表［9-2-15］の通りです。
左端の列にあるユーザーの初回訪問ランディングページ（LP）は、ユーザー
がサイト訪問時に持っていた情報ニーズと密接に関係しています。

例えば、初回訪問LPがトップページであれば、ユーザーはそのサイトを運
用する企業そのものを知りたかった可能性が高いでしょう。商品詳細ページで
あれば、企業ではなく商品自体に興味があった可能性が高いといえます。

また、初回訪問をしたユーザーの中には「初回訪問したそのセッションで購
入するユーザー」もいれば、「初回訪問でも2回目の訪問でも購入しなかったが、
3回目の訪問で購入するユーザー」や「まったく購入しないユーザー」などが
混在しているはずです。ECサイトを運営する企業であれば、何回も訪問を繰
り返してから購入するのではなく、できるだけ訪問歴の浅い回で初回購入をし
てくれたほうが、ありがたいユーザーということになります。

したがって、下表のようなアウトプットを得ることができれば、「カテゴリ
ページにランディングし、そのカテゴリに属する複数の商品について確認する
機会のあったユーザーが、より短期間で購入してくれる」ということが分かり
ます。これはつまり、「どのようなマーケティング活動を行えば、より浅い訪
問歴で購入してくれるありがたいユーザーを増やせるか？」を検討するときの
指針となるでしょう。記述するSQL文は次ページの［9-2-16］となります。

9-2-15 初回訪問LPと初回購入までの平均セッション数の例

| 初回訪問LP | ユーザー数 | 購入した
ユーザー数 | ユーザー
CVR | 初回訪問から初回購入
までの平均セッション数 |
| --- | --- | --- | --- | --- |
| トップページ | 300 | 15 | 0.5% | 3.2 |
| カテゴリページ | 500 | 30 | 0.6% | 1.8 |
| 商品詳細ページ | 200 | 10 | 0.5% | 5.5 |

9-2-16 初回訪問LP別に購入までの平均セッション数を取得する

```
1   WITH first_visit AS (
2   SELECT DISTINCT user_pseudo_id,
3   (SELECT value.string_value FROM UNNEST(event_params)
4   WHERE key = "page_location") AS first_lp
5   FROM `bigquery-public-data.ga4_obfuscated_sample_
                                 ecommerce.events_*`
6   WHERE event_name = "first_visit"
7   ), purchase AS (
8   SELECT user_pseudo_id,
9   (SELECT value.int_value FROM UNNEST(event_params)
10  WHERE key = "ga_session_number") AS ga_session_number
11  FROM `bigquery-public-data.ga4_obfuscated_sample_
                                 ecommerce.events_*`
12  WHERE event_name = "purchase"
13  ), first_purchase AS (
14  SELECT user_pseudo_id, MIN(ga_session_number)
15  AS first_purchase_ga_session_number
16  FROM purchase
17  GROUP BY user_pseudo_id
18  )
19
20  SELECT first_lp, COUNT(DISTINCT user_pseudo_id) AS users,
21  COUNT(first_purchase_ga_session_number)
22  AS purchase_users,
23  ROUND(COUNT(first_purchase_ga_session_number) /
24  COUNT(DISTINCT user_pseudo_id), 3) AS user_cvr,
25  ROUND(AVG(first_purchase_ga_session_number), 2)
26  AS avg_session_needed_to_first_purchase
```

```
FROM (
SELECT user_pseudo_id, first_lp
, first_purchase_ga_session_number
FROM first_visit
LEFT JOIN first_purchase
USING (user_pseudo_id)
)
GROUP BY first_lp
ORDER BY users DESC
```

結果テーブル（一部）

行	first_lp	users	purchase_users	user_cvr	avg_session_needed_to_first_purchase
1	https://shop.googlemerchandisestore.com/	63810	2178	0.034	2.36
2	https://shop.googlemerchandisestore.com/Google+Redesign/Apparel	36301	133	0.004	1.94
3	https://googlemerchandisestore.com/	29804	215	0.007	2.07
4	https://shop.googlemerchandisestore.com/Google+Redesign/Shop+by+Brand/YouTube	21825	63	0.003	1.71
5	https://www.googlemerchandisestore.com/	21410	170	0.008	2.08
6	https://shop.googlemerchandisestore.com/Google+Redesign/Apparel/Google+Dino+Game+Tee	17786	1	0.0	1.0
7	https://shop.googlemerchandisestore.com/store.html	12139	35	0.003	1.57
8	https://shop.googlemerchandisestore.com/Google+Redesign/Apparel/Mens/Mens+T+Shirts	6122	54	0.009	1.52

初回訪問ランディングページ別の購入までの
平均セッション数を取得できた

　上記のSQL文では、1行目にある最初のWITH句で初回訪問したユーザー
と、そのユーザーが利用した初回訪問LPを取得しています。7行目にある2
番目のWITH句では、[purchase] イベントを発生させたユーザーについて、
[user_pseudo_id] と [purchase] イベント発生時点でのセッション数（ga_
session_number）を取得しています。

　そして、13行目にある3番目のWITH句では、2番目のWITH句を対象に最初
の購入時のセッション数に絞り込んでいます。なぜなら、ユーザーによっては
複数回購入することがあり得るからです。

　本体のクエリでは、内側で最初と3番目のWITH句で作成した仮想テーブル
を左外部結合しています。それにより、結果テーブルには期間中に初回訪問
をしたユーザーが全員含まれます。外側のクエリでは [user_pseudo_id] の

固有の個数をカウントしてユーザー数を取得するとともに、[first_purchase_ga_session_number] に値が残っているユーザーを購入者として取得し、割り算でユーザー単位のコンバージョン率を求めています。[first_purchase_ga_session_number] は平均で集計し、初回購入までに平均何セッションを要したかを表示しています。

◢ STEP UP ◢

テーブル状のデータ構造を理解する

本節により、GA4がエクスポートするテーブルの1レコードに含まれている [event_params] が、テーブル状のデータ構造を持っていることが分かりました。このデータ構造を再現することによって、さらに理解を深めてみましょう。新しく学ぶ概念として、**「STRUCT」（構造体）**と**「ARRAY」（配列）**があります。

STRUCTとは、複数のカラムをグループ化したものです。GA4テーブルも、よく見ると [event_date] のようにカラム名にドットが含まれていないものと、[geo.country] のようにドットが含まれているものがあります。そして、ドットが含まれているものは「geo.country」「geo.region」「geo.city」のように、複数のカラムが「geo.」で始まっています。つまり、「geo」というグループに含まれる3つの項目ということが分かります。

STRUCT（構造体）を作成する書式は次ページのSQL文 [9-2-17] の通りで、実行するとその下の結果テーブルが得られます。つまり、列を作るにはSTRUCTを使えばよい、ということが分かります。

9-2-17 STRUCTの値を取り出す

```
1  SELECT STRUCT("Japan" AS country, "Chiba" AS region
2  , "Matsudo" AS city) AS geo
```

結果テーブル

行	geo.country ▼	geo.region ▼	geo.city ▼
1	Japan	Chiba	Matsudo

STRUCT では列方向に値が格納される

　一方、行方向にデータを格納するにはARRAYを用います。以下の
SQL文［9-2-18］の通り、ARRAY（配列）を作成するには[ ]（半角角
カッコ）の中に値をカンマで区切って入力します。
　結果テーブルを見ると、1つのレコードの中に縦方向に値が格納され
ていることが分かります。つまり、行を作るにはARRAYを使えばよい、
ということが分かります。

9-2-18 ARRAYの値を取り出す

```
1  SELECT [2, 3, 5, 7, 11] AS sosuu
```

結果テーブル

行	sosuu ▼
1	2
	3
	5
	7
	11

ARRAY では行方向に
値が格納される

STRUCTを使うと列を作成でき、ARRAYを使うと行を作成できることが分かりました。この2つを組み合わせると、テーブルを作成することができます。試しに、以下のSQL文 [9-2-19] を実行してみてください。ミニチュアではありますが、GA4と同じ構造を持つレコードを作成できました。

なお、ARRAYについては、SECTION 9-4で解説するGoogleフォームデータの整形と分析でも登場します。

9-2-19 GA4と同じ構造を持つテーブルを作成する

```
1   SELECT "20240207" AS event_date, "page_view"
2   AS event_name,
3   [STRUCT("page_title" AS key
4   , "トップページ" AS string_value
5   , NULL AS int_value),
6   STRUCT("page_location", "https://kazkida.com/"
7   , NULL),
8   STRUCT("ga_session_number", NULL, 1)
9   ] AS event_params,
10  STRUCT("Japan" AS country, "Chiba" AS region)
11  AS geo
```

結果テーブル

行	event_date ▼	event_name ▼	event_params.key ▼	event_params.string_value ▼	ev... int_value ▼	geo.country ▼	geo.region ▼
1	20240207	page_view	page_title	トップページ	null	Japan	Chiba
			page_location	https://kazkida.com/	null		
			ga_session_number	null	1		

STRUCT と ARRAY を組み合わせることで、テーブルを作成できた

9-3 Search Consoleデータの整形と分析

> 今度はSearch ConsoleとBigQueryの連携ですね。SEO対策に役立つと聞きました。

> Search Consoleの画面上で行うよりも、格段に高度な可視化と分析が可能になります。

エクスポートされる2つのテーブル

本節ではSECTION 9-1で説明した通りの手順で、BigQuery上にSearch Consoleがエクスポートしたテーブルが作成されている前提で学習を進めます。Search Consoleデータのエクスポートが成功すると、紐づけたプロジェクト配下に［searchconsole］というデータセットが自動的に作成され、その配下に以下の2つのテーブルが作成されます。次ページの［9-3-1］は筆者の環境です。

searchdata_site_impression

searchdata_url_impression

自身のWebサイトのデータが入手できない場合は、本書のサポートページ（P.010を参照）から、筆者のサイトのSearch Consoleデータを元にした2つのCSVファイルをダウンロードできます。BigQueryにテーブルを作成して利用してください。このCSVファイルは、章末の確認ドリルでも使用します。

（9-3-1）Search Consoleデータ出力時のBigQueryの画面

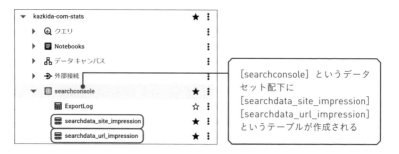

[searchconsole] というデータセット配下に [searchdata_site_impression] [searchdata_url_impression] というテーブルが作成される

[searchdata_site_impression] は名前の通り、サイト単位のデータが格納されています。**サイト単位なので「どのページが検索結果に表示されたか？」ということは記録されていません。**10カラム構成とシンプルなので、ページ単位の分析をしなくてよいという場合には、こちらのテーブルを利用するとよいでしょう。

[searchdata_url_impression] は、ページ単位でのデータが格納されています。また [is_job_listing] や [is_job_details] など、検索のタイプを示すブール型のカラムが多数用意されていて、カラム数は40以上あります。より詳細な分析をしたい場合には、こちらのテーブルを利用してください。なお、どちらのテーブルも3日前までのデータが格納されています（現在が5月7日だとすると、5月4日のデータまで）。

主要な指標である表示回数（impressions）とクリック（clicks）について、ここでおさらいしておきましょう。まず表示回数はGoogle検索、Google Discover、またはGoogleニュースで、ユーザーがサイトへのリンクを閲覧した可能性がある回数です。検索結果ページにおいては、あるページに表示されていれば、ユーザーがスクロールしないと見えない位置であってもカウントされます。検索結果ページの2ページ目など、[もっと見る] をクリックしないといけない場合にはカウントされません。

次にクリックはGoogle検索、Google Discover、またはGoogleニュースなどのGoogleプラットフォームから、それ以外のページに移動するクリックがすべてカウントされます。ただし、クリックしてGoogleプラットフォーム外に

ジャンプしたあと、元のページに戻ってもう一度クリックした場合にカウントされるのは1回のみです。詳しい情報は以下の公式ヘルプを参照してください。

表示回数、掲載順位、クリック数とは
https://support.google.com/webmasters/answer/
7042828?hl=ja

検索パフォーマンスの基本的な分析を行う

それでは手始めに、[searchdata_site_impression] テーブルを対象とした基本的な分析をしてみましょう。表示回数の合計（sum_imp）、クリックの合計（sum_clk）、クリック率（ctr）、平均掲載順位（avg_pos）、個別のクエリ数（unique_query_count）を週別（week）に取得します。つまり、合計で6つのフィールドを取り出すことになります。

個別のクエリ数の<u>**「クエリ」とは、ユーザーがGoogle検索に実際に入力したキーワード**</u>のことです。その個別の個数をカウントすることにより、どれだけ多様な種類のクエリでの検索に対して、クリックを得るチャンスがあったのかが分かります。Webサイトにコンテンツを追加し、Googleがそれを認識すれば、基本的には増えていく指標だといえます。

しかし、上記をただ取り出すだけでは、Search Consoleの検索パフォーマンスレポートとほぼ同じ情報になってしまいます。せっかくBigQueryとSQLを使うのですから、6つのカラムの結果を「関心のある2つのキーワードを含む」という条件で絞り込んでみましょう。今回は「bigquery」と「sql」というキーワードを含むことを条件としました。

SQL文と結果テーブルは次ページの[9-3-2]となります。1行目から見慣れない命令がありますが、以降で解説していきます。14行目のFROM句の指定は、みなさんの環境にあわせて書き換えてください。

9-3-2　週別の検索パフォーマンスを取得する

```
1   CREATE TEMP FUNCTION
2   TARGET_QUERY(q STRING, x STRING, y STRING)
3   RETURNS BOOL AS (
4   REGEXP_CONTAINS(q, r".*(x|y).*")
5   );
6
7   SELECT DATE_TRUNC(data_date, WEEK) AS week,
8   SUM(impressions) AS sum_imp,
9   SUM(clicks) AS sum_clk,
10  ROUND(SUM(clicks) / SUM(impressions) * 100, 2) AS ctr,
11  ROUND(SUM(sum_top_position) / SUM(impressions) + 1, 1)
12  AS avg_pos,
13  COUNT(DISTINCT query) AS unique_query_count
14  FROM `kazkida-com-stats.searchconsole.searchdata_site_
                                             impression`
15  WHERE data_date
16  BETWEEN "2024-01-01" AND "2024-05-06"
17  AND TARGET_QUERY(query, "bigquery", "sql")
18  GROUP BY week
19  ORDER BY 1
```

キーワードを2つ
指定している

結果テーブル（一部）

行	week	sum_imp	sum_clk	ctr	avg_pos	unique_query_count
1	2023-12-31	176	1	0.57	41.2	71
2	2024-01-07	222	1	0.45	37.0	76
3	2024-01-14	202	1	0.5	35.6	72
4	2024-01-21	241	1	0.41	38.0	95
5	2024-01-28	261	3	1.15	36.2	94
6	2024-02-04	213	4	1.88	32.9	79

週ごとの検索パフォーマンスを取り出せた

　ここでも新しいことを1つ学びましょう。前ページのSQL文の1〜5行目に記述しているのは、「ユーザー定義関数」（User Defined Function｜UDF）と呼ばれるものです。UDFは文字通りユーザーが定義する関数で、構文と意味は以下の表［9-3-3］の通りとなります。

(9-3-3) ユーザー定義関数の構文

CREATE TEMP FUNCTION	ユーザー定義関数を作成するコマンドです。「TEMP」とあるのは、この関数がほかのクエリからは利用できない一時的なものだということを示しています。
TARGET_QUERY	ユーザー定義関数の名前です。本文のクエリ内に関数の名前を記述することで、関数を呼び出して利用できます。
(q STRING, x STRING, y STRING)	関数の引数の指定です。引数とは、関数に引き渡す値のことです。［9-3-2］では［q］［x］［y］という3つのSTRING型の値を渡すことを宣言しています。整数を渡すのであれば「INT64」と記述します。
RETURNS BOOL	関数からの戻り値のデータ型を指定します。［9-3-2］ではブール型の戻り値を指定しています。整数を返す場合には「INT64」、文字列を返す場合には「STRING」と記述します。
「AS (」と「);」の間	関数の内容を指定します。［9-3-2］ではREGEXP_CONTAINS関数を利用して、引数[q]が[x]または[y]を含めば「TRUE」を、どちらも含まなければ「FALSE」を返す式を記述しています。UDFの記述を終了する「)」の後ろには、半角セミコロン（;）が必要になります。

　［9-3-2］に戻ると、7行目以降が本体のクエリとなっています。上記の表で定義したUDFを呼び出しているのは、17行目にある「TARGET_QUERY(query, "bigquery", "sql")」の部分です。第1引数としてSTRING型の[query]を、第2引数・第3引数として関心のあるキーワードを2つ指定しています。

　また、11行目では平均掲載順位（avg_pos）の計算をしていますが、最上位の掲載順位の合計（sum_top_position）を表示回数（impressions）の合計で割ったものに「1」を足しています。この「1を足す」理由については補足

が必要でしょう。

以下の［9-3-4］は、Search Consoleの公式ヘルプから［sum_top_position］（最上位の掲載順位の合計）の説明を引用した画面です。最上位の掲載順位の合計（掲載順位の最小値）は「0」だと説明されています。しかし、一般的な認識としては、最上位の掲載順位は「1」だと考えられているため、1を足す処理をしているわけです。掲載順位が「1」未満の場合、最小値が本当に「0」であるかどうかは、以下のSQL文［9-3-5］で検証できます。

9-3-4 　最上位の掲載順位の合計の説明

> ・ **sum_top_position**: そのテーブルの行の各インプレッションに対する、検索結果におけるサイトの最上位の掲載順位の合計（0 は結果における最上位の掲載順位です）。平均掲載順位（1 ベース）求めるには、SUM(sum_top_position)/SUM(impressions) + 1 を計算します。

テーブルのガイドラインとリファレンス

https://support.google.com/webmasters/answer/
12917991?hl=ja

9-3-5 　［sum_top_position］の最小値を検証する

```
1   SELECT DISTINCT query, impressions, sum_top_position
2   FROM `kazkida-com-stats.searchconsole.searchdata_site_
                                            impression`
3   WHERE data_date BETWEEN "2024-04-01" AND "2024-04-30"
4   ORDER BY 3
```

結果テーブル（一部）

行	query ▼	impressions ▼	sum_top_position ▼
1	oracle datalake	1	0
2	looker studio ページ遷移	4	0
3	sql文とは	1	0
4	ppdacとは	1	0

［sum_top_position］の最小値が「0」であることが分かった

直近1週間に新しく登場したクエリのリストを取得する

　ここからは、より実践的な分析に入っていきます。Search Consoleデータの分析の1つとして、テーブルに新しく登場した検索クエリ（キーワード）を取得し、それらのパフォーマンスを確認する例を提示します。

　多くのWebサイトでは、ページの内容をリライトして更新したり、新しいサービスのページを作成したり、ブログ記事を追加したりといった変化があるはずです。すると、それにつれて「自社のWebサイトがユーザーに表示されるときの検索クエリも変化しているのではないか？」という仮説に至ります。

　それらの**検索クエリと、どのページが検索クエリに対応して表示されたのかが分かれば、「ページを更新したり作成・追加したりする努力」の成果として認識できる**ようになります。また、そのデータをWebサイトの運用者にフィードバックすることで、今後どのような方針でコンテンツを作成するべきかというヒントを得られたり、ブログ記事の著者にフィードバックすることで、執筆のモチベーションが高まったりする効果が期待できるでしょう。

　今回は期間を直近1週間に絞って、新しく登場した検索クエリと対応するページ（URL）、表示回数やクリック数、平均掲載順位を取得することにします。記述するSQL文は以下の［9-3-6］の通りです。

9-3-6 直近1週間に登場したクエリと対応ページを取得する

```
WITH gsc AS(
SELECT query, data_date, FIRST_VALUE(data_date)
OVER (PARTITION BY query ORDER BY data_date)
AS first_day_in_gsc,
url, impressions, clicks, sum_position
FROM
`kazkida-com-stats.searchconsole.searchdata_url_
                                    impression`
```

```
 8   WHERE data_date <=
 9   DATE_ADD(CURRENT_DATE("+9"), INTERVAL -3 DAY)
10   AND search_type = "WEB"
11   AND query IS NOT NULL
12   )
13
14   SELECT first_day_in_gsc, query, url,
15   SUM(impressions) AS imp,
16   SUM(clicks) AS click,
17   ((SUM(sum_position) / SUM(impressions)) + 1.0)
18   AS avg_position
19   FROM gsc
20   WHERE first_day_in_gsc
21   BETWEEN DATE_ADD(CURRENT_DATE("+9"), INTERVAL -9 DAY)
22   AND DATE_ADD(CURRENT_DATE("+9"), INTERVAL -3 DAY)
23   GROUP BY first_day_in_gsc, query, url
24   ORDER BY 1, 2, 3
```

結果テーブル（一部）

行	first_day_in_gsc	query	url	imp	click	avg_position
1	2024-06-12	google looker studio 料金	https://kazkida.com/be_causious_on_looker-studio_bigquery_connector_for_visualizing_ga4/	1	0	1.0
2	2024-06-12	google アナリティクス 日別 エクスポート	https://kazkida.com/bigquery_data_from_ga4_is_not_100percent_raw/	2	0	94.0
3	2024-06-12	lookersutdio	https://kazkida.com/filtering_xdays_from_first_touch/	1	0	79.0
4	2024-06-12	順位グラフ	https://kazkida.com/get_list_of_queries_of_big_position_change_based_on_gsc_data_on_bigquery/	1	0	2.0
5	2024-06-13	ルッカースタジオ サーチコンソール	https://kazkida.com/config_of_bigquery_to_realize_gsc_bulk_export/	2	0	80.0

直近1週間で新しく登場した検索クエリと、それに対応する
Webページの URL ごとに基本指標を取り出せた

　前ページのSQL文では、WITH句で［data_date］［query］［url］などのディメンションや［impressions］などの指標とともに、CHAPTER 8で学んだFIRST_VALUE関数を利用して、［query］ごとの初出日を［first_day_in_gsc］として取得しています。

　メインのクエリでは、仮想テーブルを対象に「［first_day_in_gsc］が直近の1週間に該当する」という絞り込みを行ったうえで、グループ化によって「初出日」「クエリ」「URL」ごとに主要指標を集計しています。WHERE句では、CHAPTER 7で学んだ日付関数が使われていることも確認できます。

　ウィンドウ関数や日付関数が、実務に近いシーンで非常に有効に機能している例として参考にしてください。

　なお、「直近1週間に新しく登場したクエリのリストを取得する」という目的に限ったことではありませんが、**1つの目的に対して正答となるSQL文が1種類しかない、ということはめったにありません**。例えば、本目的についても「これまでに登場したすべてのクエリ」の集合（A）と、「現在から1週間前までに登場したクエリの集合」（B）を仮想テーブルとして作成し、テーブルの集合演算で（A）から（B）を引けば、直近1週間に新しく登場したクエリのリストを取得することができます。

　よって、SQLを記述する際には「この解法しかない」と思い込まず、「もっとよいやり方があるかもしれない」という態度でいることが望ましいと思います。SQL文を記述するスキルの上達も、そのほうが早いでしょう。

「直近の1週間に初登場した」クエリに絞り込むことで、コンテンツ追加の価値を感じられるようになりました。

そうですね。これまで学んだSQLの知識を使えば、本節での例のほかにも「直近で掲載順位が急変動したクエリのリスト」など、実務上の大きな知見につながる分析もできます。

Search ConsoleとGA4テーブルをJOINして分析する

本節の最後に、BigQueryにエクスポートしたSearch ConsoleとGA4のデータを組み合わせた分析例を紹介します。

Search Consoleデータを格納している［searchdata_url_impression］テーブルには、ユーザーのクリックを獲得したURLが記録されています。一方、前節で学んだように、GA4がエクスポートしたテーブルには［page_location］パラメータが記録されており、セッションの最初に表示された［page_location］を利用してランディングページを取得することが可能です。

それら2つのカラムを利用してJOINを行い、**特定のページ（LP）に紐づく検索クエリ別のパフォーマンス**を取り出してみましょう。SQL文は以下の［9-3-7］の通りになります。

(9-3-7) 特定ページの検索クエリ別のパフォーマンスを取得する

```
1   WITH ga4 AS(
2   SELECT landing_page_location,
3   COUNT(DISTINCT unique_session_id) AS session,
4   COUNT(DISTINCT
5   IF (event_name = "purchase", unique_session_id, NULL))
6   AS conversion
7   FROM (
8   SELECT event_name,
9   CONCAT(user_pseudo_id, "-", ga_session_id)
10  AS unique_session_id,
11  FIRST_VALUE(page_location IGNORE NULLS)
12  OVER (PARTITION BY user_pseudo_id, ga_session_id
13  ORDER BY event_timestamp ASC) AS landing_page_location
14  FROM (
15  SELECT user_pseudo_id,
```

```
REGEXP_EXTRACT(LOWER((SELECT value.string_value
FROM UNNEST(event_params)
WHERE key = "page_location")), r"^([^\?]+)")
AS page_location,
(SELECT value.int_value FROM UNNEST(event_params)
WHERE key = 'ga_session_id') AS ga_session_id,
event_name, event_timestamp
FROM `bigquerytableauoct.analytics_323400862.events_*`
WHERE _TABLE_SUFFIX
BETWEEN "20240401" AND "20240430"
AND collected_traffic_source.manual_source = "google"
AND collected_traffic_source.manual_medium = "organic")
)
GROUP BY landing_page_location
), gsc AS (
SELECT
REGEXP_EXTRACT(LOWER(url), r"^([^\?]+)")
AS landing_page_location, query,
SUM(impressions) AS imp,
SUM(clicks) AS click,
((SUM(sum_position) / SUM(impressions)) + 1.0)
AS avg_position
FROM
`kazkida-com-stats.searchconsole.searchdata_url_
                                        impression`
WHERE data_date
BETWEEN "2024-04-01" AND "2024-04-30"
AND search_type = "WEB"
AND query IS NOT NULL
GROUP BY landing_page_location, query
```

```
45    )
46
47    SELECT ga4.landing_page_location, gsc.query, gsc.imp,
48    gsc.click,
49    ROUND(gsc.avg_position, 1) AS avg_position,
50    ga4.session, ga4.conversion
51    FROM ga4
52    LEFT JOIN gsc
53    USING (landing_page_location)
54    ORDER BY landing_page_location, click DESC
```

結果テーブル（一部）

行	landing_page_location	query	imp	click	avg_position	session	conversion
1	https://kazkida.com/about-kazkida/	ga4 トレーニング	17	0	36.4	4	1
2	https://kazkida.com/about-kazkida/	木田 和廣	8	0	14.6	4	1
3	https://kazkida.com/about-kazkida/	ga4 資格 勉強方法	1	0	93.0	4	1
4	https://kazkida.com/about-kazkida/	google 資格 データサイエンティスト	1	0	85.0	4	1
5	https://kazkida.com/about-kazkida/	ga4 練習問題	1	0	39.0	4	1
6	https://kazkida.com/about-kazkida/	ga4 逆引き	1	0	37.0	4	1
7	https://kazkida.com/about-kazkida/	sql 逆引き	1	0	43.0	4	1
8	https://kazkida.com/about-kazkida/	ga4 検定	1	0	44.0	4	1
9	https://kazkida.com/about-kazkida/	ga4 認定資格 問題	1	0	84.0	4	1
10	https://kazkida.com/about-kazkida/	google アナリティクス認定資格 ga4	1	0	94.0	4	1
11	https://kazkida.com/about-kazkida/	木田和廣	11	0	9.9	4	1
12	https://kazkida.com/about-kazkida/	ga4トレーニング	8	0	31.4	4	1
13	https://kazkida.com/about-kazkida/	gaiq ga4	6	0	94.3	4	1
14	https://kazkida.com/about-kazkida/	ga4 udemy	1	0	36.0	4	1

> ユーザーのクリックを獲得したURLと［page_location］パラメータを
> JOINすることで、検索クエリ別のパフォーマンスを取得できた

　上記のSQL文では、WITH句で2つの仮想テーブルを作成しています。まず
1つ目の［ga4］という名前を付けた仮想テーブル（1〜29行目）で、GA4
がエクスポートしたテーブルの2024年4月を対象に、メディアを［organic］
参照元を［google］に絞り込んだうえで、ランディングページ別のセッショ
ンとコンバージョンを取得しています。

　工夫点としては2つあり、16〜19行目に記述しているREGEXP_EXTRACT
関数で［page_location］からクエリパラメータを除外し、念のため、すべて
小文字に統一している点が挙げられます。また、11行目のFIRST_VALUE関数で

セッションの最初に表示されたページを［landing_page_location］として取得している点にも注目してください。

　2つ目の［gsc］という名前を付けた仮想テーブル（30〜45行目）では、Search Consoleがエクスポートしたテーブルの2024年4月を対象に、こちらも念のため［url］の表記を小文字に統一したうえで［landing_page_location］という名前で取得し、［query］とあわせてグループ化しています（44行目）。

　47行目以降の本体のSQL文では、［ga4］を左側、［gsc］を右側として左外部結合しています（52〜53行目）。結合キーは［landing_page_location］です。あえて2つの仮想テーブルで同じ名前のカラムにしてあるので、構文としては「USING(landing_page_location)」を使っています。

　なお、注意すべき点として、仮想テーブル［ga4］は［landing_page_location］でグループ化されている（29行目）のに対して、仮想テーブル［gsc］は［landing_page_location］と［query］の2カラムでグループ化されている（44行目）ことが挙げられます。それらを［landing_page_location］を結合キーとしてJOINしているため、［ga4］テーブルのレコードが重複します。

　結果テーブルを確認すると、掲載している14レコードのすべてで［session］フィールドの値が「4」、［conversion］フィールドの値が「1」になっています。しかし、それは［session］が14×4＝56件、［conversion］が14×1＝14件発生したことを意味するのではなく、**「https://kazkida.com/about-kazkida/」をランディングページとしたセッションが「4」、コンバージョンが「1」発生した**と解釈しなくてはいけません。［query］フィールドには14のクエリが記録されていますが、どのクエリからコンバージョン1件が発生したのかは分かりません。この点には注意が必要です。

長いSQL文なので、少し混乱しています……。

 まずはWITH句を1つずつ解読し、次にサブクエリが使われている場合は「内側から」解読するのがコツです。

9-4 Googleフォームデータの整形と分析

Googleフォームで役立つSQLのテクニックを紹介しましょう。典型例として、ウェビナーのアンケート結果を用いて「内部者のテスト投稿の除外」「NPSの処理」「シングルアンサーやマルチアンサーの処理」などを理解してください。

内部者のテスト投稿を除外する

本節は、BigQuery上にGoogleフォームのデータを元にした［g_form］テーブルが作成されている前提で学習を進めます。本書のサポートページ（P.010を参照）でもCSVファイルを提供しているので、手元にGoogleフォームデータがない場合は利用してください。架空のウェビナーの感想をアンケート形式で収集した内容になっており、章末の確認ドリルでも使用します。

最初に紹介するのは、内部者（アンケートの担当者や社内関係者）によるテスト投稿の除外です。アンケートを取得する場合、まずは内部者が自ら回答してみて、正常に動いていることを確認するでしょう。当然、それらのデータも記録されますが、分析上はノイズになるので、除外しなければいけません。

今回のアンケートが自社開催のウェビナー参加者向けのもので、そのウェビナーは2024年5月5日の午前10時から開催されたと仮定しましょう。テスト投稿はウェビナーの開催日時より前に行われるのが普通なので、タイムスタンプが開催日時より前の回答を除外すればよい、ということになります。

そこで、次ページのSQL文［9-4-1］で、最初の5レコードの回答を［timestamp］の昇順で取り出しました。結果テーブルを見ると、最も早い回答は2024年5月5日の午前10時台から記録され始めていることが分かります。

9-4-1　回答日時が古い順に5件取り出す

```
SELECT *
FROM jissen.g_form
ORDER BY timestamp
LIMIT 5
```

結果テーブル

行	timestamp ▼	gender ▼	age ▼	manzoku ▼	nps ▼	hyouka ▼
1	2024/05/05 10:02:36	2	40代	やや不満足	6	講師は知識が豊富だと思った…
2	2024/05/05 10:15:47	1	30代	やや不満足	7	業務で活かせそうだと思った…
3	2024/05/05 10:23:44	null	50代	やや満足	7	業務で活かせそうだと思った…
4	2024/05/05 10:34:17	1	20代	非常に満足	9	業務で活かせそうだと思った…
5	2024/05/05 10:35:20	1	30代	やや満足	7	上記のどれにも当てはまらない

[timestamp] の昇順で5件取り出したところ、
最も早い回答は 10:02 だった

　これではウェビナーの開催後からしか回答がないことになってしまい、テスト投稿は行われなかったのではないかという疑問が生じます。しかし、担当者に直接確認すると「ウェビナー当日の朝、6時過ぎにテスト投稿を行った」とのことでした。この齟齬はどこから生まれているのでしょうか？

　実は、元のGoogleフォームデータには、ウェビナー当日の午前6時台の回答が記録されていました。しかし、BigQueryにインポートしたテーブルでは [timestamp] がSTRING型で記録されているため、時刻の「1」が最も小さいと判断され、午前10時台が最も小さい [timestamp] の値と判断されてしまったのです。

　この事象を解決するには、BigQueryにインポートしたテーブルの [timestamp] カラムをDATETIME型に変換する必要があります。その変換を行うためのSQL文は、次ページの [9-4-2] となります。

9-4-2 [timestamp] をDATETIME型に変換する

```
1   WITH master AS (
2   SELECT * EXCEPT (timestamp)
3   , PARSE_DATETIME("%Y/%m/%d %H:%M:%S", timestamp)
4   AS datetime
5   FROM jissen.g_form
6   )
7
8   SELECT datetime, gender, age, manzoku, nps, hyouka
9   FROM master
10  ORDER BY datetime
11  LIMIT 10
```

　上記のSQL文のうち、WITH句の3行目で利用しているPARSE_DATETIME関数に注目してください。SECTION 7-4で学んだ通り、この関数は日付時刻に換算したいSTRING型の値（文字列）を、DATETIME型に変換する関数です。

　SECTION 9-1の［9-1-8］で、GoogleフォームからエクスポートしたGoogleスプレッドシートをBigQueryにインポートしてテーブルを作成した際に、回答日時である「タイムスタンプ」列はSTRING型で読み込まざるを得ないと説明しました。

　PARSE_DATETIME関数を利用することにより、そのテーブルの［timestamp］フィールドから年月日時分秒を抜き出し、日付時刻型のフィールドに変換できます。フォーマット文字列として利用されている「%Y」や「%m」については、SECTION 7-4の［7-4-32］を参照してください。

　最終的には次ページのSQL文［9-4-3］のように、WITH句で2024年5月5日午前10時以前の回答を除外する形になります。分析にはこのWITH句を利用するか、あるいはWITH句を実施した結果をビューとして保存しておくとよいでしょう（SECTION 5-6を参照）。

9-4-3 開催前の回答を除外したビューを取得する

```
WITH master AS (
SELECT * FROM (
SELECT * EXCEPT (timestamp)
, PARSE_DATETIME("%Y/%m/%d %H:%M:%S", timestamp)
AS datetime
FROM jissen.g_form
)
WHERE datetime >= DATETIME("2024-05-05 10:00:00")
)
```

コードで記述された回答の可読性を高める

今回のアンケート回答結果から、性別ごとにNPS（Net Promoter Score）
の平均値を求めるケースを考えてみましょう。性別は［gender］フィールド
に格納されており、「1」が男性、「2」が女性と、コードで識別する形になっ
ています。

SQL文と結果テーブルは以下の［9-4-4］の通りとなります。FROM句と
して上記で示したSQL文を、ビューとして［jissen］データセット配下に格納
した［V_g_form］を指定しています。

9-4-4 男女別のNPSの平均値を求める

```
SELECT gender, AVG(nps) AS avg_nps
FROM jissen.V_g_form
GROUP BY gender
```

結果テーブル

行	gender	avg_nps
1	1	6.833333333333...
2	2	6.788732394366...
3	null	6.111111111111...

男女別の NPS の平均値を取得できたが、
男性（1）と女性（2）の区別がしにくい

しかし、上記の結果テーブルを見ると、1つ問題があることに気付きます。
［gender］フィールドの値が「1」「2」「null」となっており、男性なのか女性
なのか、あるいは無回答なのかが直感的に理解しにくいのです。

そこで、SQL文を以下の［9-4-5］の通りに変えてみましょう。このSQL
文では［9-4-3］のWITH句を元にビューを作成し、「V_g_form」という名前
で［jissen］データセット配下に格納しています。結果テーブルを見ると、直
感的に理解しやすくなったことを実感できるでしょう。

本格的なアンケートになればなるほど、回答がコードで記録されていること
が多いものです。そのような場合には、このテクニックを使って可読性を高め
ることを検討してください。

9-4-5 ［gender］の値を「男性」「女性」と表示する

```
1    SELECT
2    CASE gender
3    WHEN 1 THEN "男性"
4    WHEN 2 THEN "女性"
5    ELSE "回答なし"
6    END AS gender, AVG(nps) AS avg_nps
7    FROM jissen.V_g_form
8    GROUP BY gender
```

結果テーブル

行	gender	avg_nps
1	男性	6.83333333333333...
2	女性	6.788732394366197
3	回答なし	6.11111111111111...

［gender］フィールドの値を変更した
ことで、直感的に理解しやすくなった

NPSを定義に従って処理する

　今度は、アンケートで回答を得たNPSを、その定義に従ってSQLで計算する例を紹介します。[nps] フィールドには「このウェビナーをどれだけ推奨するか？」についての整数値が格納されており、まったく推奨しない場合には「1」、必ず推奨する場合には「10」となります。

　NPSは顧客ロイヤルティや顧客満足度を測定するための指標で、本来は「0」から「10」の11段階の値から計算される指標です。ただし、Googleフォームの仕様で、実際に記録されている値は「1」から「10」になっています。1から6までの回答を「批判者」、7〜8の回答を「中立者」、9〜10の回答を「推奨者」として定義したうえで、以下の計算式によって求めます。

推奨者の割合（%）　−　批判者の割合（%）　＝　NPS

　例えば、100人のアンケートで批判者が10人、中立者が70人、推奨者が20人であれば、「20%」（0.2×100）−「10%」（0.1×100）でNPSは「10」となります。計算の定義上、マイナスの値となることも十分ありえます。

　計算したNPSを自社の別のウェビナーと比較することで、どのウェビナーの評価が高かったのかを分析できます。本ウェビナーのNPSを計算するSQL文は以下の ［9-4-6］ の通りです。

9-4-6　ウェビナーのNPSを求める

```
WITH master AS (
SELECT
IF (nps <= 6, 1, null) AS hihan
, IF(nps >= 9, 1, null) AS suisho
, 1 AS zensuu
FROM jissen.V_g_form
)
```

```
8
9    SELECT ROUND((suisho_rate * 100 - hihan_rate * 100), 2)
10   AS nps
11   FROM (
12   SELECT
13   SUM(hihan) / SUM(zensuu) AS hihan_rate
14   , SUM(suisho) / SUM(zensuu) AS suisho_rate
15   FROM master
16   )
```

結果テーブル

行	nps ▼
1	-17.09

ウェビナーの NPS が「-17.09」
であることが分かった

シングルアンサーを処理する

続いて、ウェビナーの満足度を集計する例を見ていきます。Googleフォームデータの[manzoku]フィールドには、「非常に満足」「やや満足」「やや不満足」「非常に不満足」のいずれかの回答が格納されています。このような複数の選択肢の中から、1つだけ回答を選ぶ設問をシングルアンサーと呼びます。

SQL文でのシングルアンサーの処理そのものは、非常に簡単です。以下の[9-4-7]は、テーブル全体の [manzoku] の度数（記録されている回数）を可視化するためのSQL文です。

(9-4-7) 満足度の回答数を取得する

```
1    SELECT
2    manzoku, COUNT(*) AS dosuu
3    FROM jissen.V_g_form
```

```
GROUP BY manzoku
```

結果テーブル

行	manzoku ▼	dosuu ▼
1	やや不満足	48
2	やや満足	57
3	非常に満足	35
4	非常に不満足	18

満足度ごとの回答数を
取得できた

　しかし、上記の結果テーブルを見ると、回答の順序が理解しにくい状態であることが分かります。満足度が高い順に並べるのが原則なので、修正したいところです。とはいえ、[manzoku] フィールドの値を元に並べ替えをしても、満足度が高い順にすることはできません。

　そこで、以下のSQL文［9-4-8］を利用します。ORDER BY句にサブクエリを記述し、[manzoku] フィールドの値のそれぞれに満足度が高い順に整数を割り振り、その順序を適用しています。結果テーブルを参照すると、このウェビナーが参加者にどのような満足度をもたらしたのかが、すっと頭に入ってきます。

9-4-8　満足度が高い順に並べ替える

```
SELECT manzoku, COUNT(*) AS dosuu
FROM jissen.V_g_form
GROUP BY manzoku
ORDER BY
(SELECT
CASE manzoku
WHEN "非常に満足" THEN 1
WHEN "やや満足" THEN 2
WHEN "やや不満足" THEN 3
WHEN "非常に不満足" THEN 4
```

```
11        END)
```

結果テーブル

行	manzoku ▼	dosuu ▼
1	非常に満足	35
2	やや満足	57
3	やや不満足	48
4	非常に不満足	18

満足度が高い順に番号を振ることで、[manzoku]フィールドの順序を並べ替えられた

マルチアンサーを処理する

GoogleフォームデータをBigQueryで分析する最後の例として、マルチアンサーの処理を紹介しましょう。アンケートの分析において最も難しいのが、このマルチアンサーの処理といえます。

マルチアンサーとは、回答者が該当する選択肢を複数選択できるタイプの設問です。今回のウェビナーアンケートでは[hyouka]フィールドが該当し以下の[9-4-9]にある設問の回答を格納しています。BigQueryのテーブル上のカラムとしては、次ページの[9-4-10]の形で格納されています。

(9-4-9) マルチアンサーの設問の例

本セミナーについて当てはまるものをすべて選択してください。
- [ ] 業務で活かせそうだと思った
- [ ] 講師は知識が豊富だと思った
- [ ] スライドのまとめ方が工夫されていると思った
- [ ] 時間配分が絶妙だと思った
- [ ] 上記のどれにも当てはまらない

「業務で活かせそうだと思った」「講師は知識が豊富だと思った」などの回答を複数選択できる

9-4-10 [hyouka] カラムに格納されている値

行	hyouka ▼
1	業務で活かせそうだと思った,講師は知識が豊富だと思った,スライドのまとめ方が工夫されていると思った,時間配分が絶妙だと思った
2	講師は知識が豊富だと思った,スライドのまとめ方が工夫されていると思った,時間配分が絶妙だと思った
3	業務で活かせそうだと思った,講師は知識が豊富だと思った,時間配分が絶妙だと思った
4	業務で活かせそうだと思った,スライドのまとめ方が工夫されていると思った
5	スライドのまとめ方が工夫されていると思った,時間配分が絶妙だと思った
6	業務で活かせそうだと思った,講師は知識が豊富だと思った
7	講師は知識が豊富だと思った,時間配分が絶妙だと思った
8	業務で活かせそうだと思った,時間配分が絶妙だと思った
9	スライドのまとめ方が工夫されていると思った
10	上記のどれにも当てはまらない
11	業務で活かせそうだと思った
12	講師は知識が豊富だと思った
13	時間配分が絶妙だと思った

複数の回答（値）がカンマ区切りで格納されている

　この非常に分析しづらい状態から、SQLを利用して何人のユーザーが「業務で活かせそうだと思った」を選択したのか、それは「講師は知識が豊富だと思った」より多いのか、少ないのかを分析できるようにします。まずは次ページの［9-4-11］のSQL文と結果テーブルを見てください。

　2行目では［hyouka］カラムを除く全カラムを取得していることが分かりますが、問題は3行目です。見慣れない「SPLIT」という関数が使われていることが見て取れます。また、結果テーブルではSPLIT関数の出力として、［hyouka］フィールドのカンマで区切られた値それぞれが「縦方向に分割」され、［array_hyouka］フィールドに格納されていることが確認できます。

　SPLIT関数は、1つのセルに含まれている値を特定の区切り文字（デリミタと呼びます）で区切って「配列」に入れる関数です。配列とは、1レコードに複数の値を格納できる箱だと思ってください。通常のテーブルと、配列カラムを持つテーブルを比較すると、その下の図［9-4-12］のように表せます。

9-4-11 SPLIT関数でマルチアンサーの回答を分割する

```
1  SELECT
2  * EXCEPT (hyouka)
3  , SPLIT(hyouka) AS array_hyouka
4  FROM jissen.V_g_form
```

結果テーブル

行	datetime ▼	gender ▼	age ▼	manzoku ▼	nps ▼	array_hyouka ▼
1	2024-05-05T10:15:47	1	30代	やや不満足	7	業務で活かせそうだと思った
						スライドのまとめ方が工夫されていると思った
2	2024-05-06T12:42:00	1	30代	やや不満足	7	業務で活かせそうだと思った
						スライドのまとめ方が工夫されていると思った
3	2024-05-05T10:02:36	2	40代	やや不満足	6	講師は知識が豊富だと思った
						時間配分が絶妙だと思った
4	2024-05-05T10:23:44	null	50代	やや満足	7	業務で活かせそうだと思った
						講師は知識が豊富だと思った
5	2024-05-05T10:34:17	1	20代	非常に満足	9	業務で活かせそうだと思った
						講師は知識が豊富だと思った
						時間配分が絶妙だと思った

1つのセルにまとまっていたマルチアンサーの回答を、SPLIT関数で「縦方向に分割」できた

9-4-12 通常のテーブルと配列カラムを持つテーブルの比較

通常のテーブル

gender	age	manzoku	nps	hyouka
1	30代	非常に満足	9	aです, bです, cです

配列カラムを持つテーブル

gender	age	manzoku	nps	hyouka
1	30代	非常に満足	9	aです
				bです
				cです

　SECTION 9-2でGA4のデータを取り扱ったときに、UNNESTする必要が
あった［event_params］カラムが配列でできていたことを思い出す人もいる
でしょう。本節でのアンケート結果（マルチアンサー）の処理では、あえて
［hyouka］カラムを配列にして、1つのセルにカンマ区切りで格納されていた
複数の選択肢を分離しました。

　次に、以下のSQL文［9-4-13］と結果テーブルを見てください。［9-4-
11］をWITH句とし、本体のSQLでは［array_hyouka］カラムをUNNESTし
てフラット化した1列n行のテーブルと、WITH句で作成した仮想テーブル
［master］から［array_hyouka］カラムを除外したテーブルをCROSS JOIN
しています。

9-4-13　UNNEST関数を使ったマルチアンサーの処理の例

```
WITH master AS (
SELECT
* EXCEPT (hyouka)
, SPLIT(hyouka) AS array_hyouka
FROM jissen.V_g_form
)

SELECT * EXCEPT (array_hyouka)
FROM master
CROSS JOIN UNNEST(array_hyouka) AS row_hyouka
ORDER BY 1
```

結果テーブル（一部）

行	datetime ▼	gender ▼	age ▼	manzoku ▼	nps ▼	row_hyouka ▼
1	2024-05-05T10:02:36	2	40代	やや不満足	6	講師は知識が豊富だと思った
2	2024-05-05T10:02:36	2	40代	やや不満足	6	時間配分が絶妙だと思った
3	2024-05-05T10:15:47	1	30代	やや不満足	7	業務で活かせそうだと思った
4	2024-05-05T10:15:47	1	30代	やや不満足	7	スライドのまとめ方が工夫されていると思った
5	2024-05-05T10:23:44	null	50代	やや満足	7	講師で活かせそうだと思った
6	2024-05-05T10:23:44	null	50代	やや満足	7	講師は知識が豊富だと思った
7	2024-05-05T10:34:17	1	20代	非常に満足	9	業務で活かせそうだと思った
8	2024-05-05T10:34:17	1	20代	非常に満足	9	講師は知識が豊富だと思った
9	2024-05-05T10:34:17	1	20代	非常に満足	9	時間配分が絶妙だと思った
10	2024-05-05T10:35:20	1	30代	やや満足	7	上記のどれにも当てはまらない

> マルチアンサーの解答がフラット化された
> 状態で各レコードに格納された

　結果テーブルでは、もともと［hyouka］カラムに格納され、その後［array_
hyouka］で分割されていたマルチアンサーの回答についての値が、フラット
化された状態で各レコードに格納されているのが分かります。この状態であれ
ば［hyouka］について、度数分布を取得することができます。

　ただし、この場合の度数は重複ありなので、**1人の回答者が2つの選択肢に
チェックを付けていれば2名と数えられる**というルールに従います。SQL文と
結果テーブルは以下の［9-4-14］の通りです。

9-4-14 度数分布を取得する

```
1   WITH master AS (
2   SELECT
3   * EXCEPT (hyouka)
4   , SPLIT(hyouka) AS array_hyouka
5   FROM jissen.V_g_form
6   )
7
8   SELECT row_hyouka, COUNT(*) AS respondent_count
9   FROM (
10  SELECT * EXCEPT (array_hyouka)
```

```
FROM master
CROSS JOIN UNNEST(array_hyouka) AS row_hyouka
)
GROUP BY row_hyouka
ORDER BY 2 DESC
```

結果テーブル

行	row_hyouka ▼	respondent_count ▼
1	業務で活かせそうだと思った	78
2	時間配分が絶妙だと思った	66
3	上記のどれにも当てはまらない	49
4	スライドのまとめ方が工夫されていると思った	38
5	講師は知識が豊富だと思った	32

> マルチアンサーの
> 回答の度数分布を
> 取得できた

いかがでしたか？ 本節では、Googleフォームで取得したアンケートについて、BigQueryとSQLで分析を行うときに必要となる次のテクニックについて紹介しました。

1. STRING型のタイムスタンプをDATETIME型に変更し、ウェビナー開始前に投稿された内部者のテストを除外する

2. コードで記述された回答を、CASE文で可読性の高い形に出力する

3. 1から10の値をNPSに変換する

4. シングルアンサーについて、直感的な理解を助けるためにその順序を制御する

5. マルチアンサーについて、配列を利用して分割したうえでUNNESTすることで、度数分布を作成する

> 本書の学習もこれで終了です。みなさんが本書を通じて
> SQLを習得し、業務で活用することで活躍されることを
> お祈りしています。お疲れさまでした！

SECTION

9-5 確認ドリル

問題 031

Googleが提供する「eコマースウェブ実装向けのBigQueryサンプルデータセット」（SECTION 9-2を参照）のうち、2020年11月1日を対象としてください。「特定のページをじっくり閲覧すること」というユーザー行動が「ユーザーコンバージョン率」を高めるのではないか？ という仮説があったとします特定ページとして「新着商品のページ」を対象に、その仮説を検証できるよう以下の結果テーブルを求めてください。

1. 新着商品のページは、[page_title] が "New | Google Merchandise Store"に完全一致するページとします。
2. 「じっくりみた」は、"scroll"イベントを発生させたことと定義します。
3. ユーザーコンバージョン率は、「コンバージョンしたユーザー数÷全ユーザー数」で求めることとします。
4. コンバージョン対象イベントは"purchase"とします。

上記の指示を確認し、結果テーブルを以下の通りに取得してください。並べ替えは1列目の昇順とします。

- 1カラム目 ⇒新着商品ページを「じっくり見た」ユーザーかどうかの
　　　　　　　フラグ（ブール型）
- 2カラム目 ⇒対象となったユーザー数
- 3カラム目 ⇒コンバージョンしたユーザー数
- 4カラム目 ⇒ユーザーコンバージョン率（小数点以下第三位までの小数）

問題 032

　Googleが提供する「eコマースウェブ実装向けのBigQueryサンプルデータセット」のうち、2020年11月1日を対象としてください。セッション番号ごとにセッションのコンバージョン率がどのくらい異なるかを、デバイスカテゴリが"mobile"に一致するという条件下で確認したいとします。セッション番号は「5」以下に絞り込んでください。

1. セッションは［user_pseudo_id］と［event_params］に格納されている、［ga_session_id］のユニークな組み合わせで特定されます。
2. セッション番号とは、［event_params］に格納されている［ga_session_number］です。
3. セッションのコンバージョン率は、「コンバージョンしたセッション数÷全セッション数」で求めることとします。
4. コンバージョン対象イベントは"purchase"とします。

　上記の指示を確認し、結果テーブルを以下の通りに取得してください。

● 1カラム目 ⇒セッション番号
● 2カラム目 ⇒セッション
● 3カラム目 ⇒コンバージョンしたセッション
● 4カラム目 ⇒セッションのコンバージョン率（小数点以下第五位までの小数）

問題 033

　本書が提供するSearh ConsoleデータのCSVファイル（SECTION 9-3を参照）を［searchdata_site_impression］テーブルとして作成したうえで回答してください。クリック数について、4月にはトップ10に入っていたが、5月にはトップ10に入らなくなってしまったクエリ（query）について、5月の表示回数、クリック数、クリック率、平均掲載順位を求めてください。結果テーブルはクリック数の降順で表示してください。

問題 034

本書が提供するSearh ConsoleデータのCSVファイルを［searchdata_url_impression］テーブルとして作成したうえで回答してください。「urlに"sql"が含まれていないのに、"sql"を含むクエリで表示された」［url］について、月別に表示回数合計を求めてください。結果テーブルは月、［url］、表示回数合計の3カラムとなります。ただし、各月とも表示回数合計のトップ3までを月の昇順、合計表示回数の降順で表示してください。

問題 035

本書が提供するGoogleフォームデータのCSVファイル（SECTION 9-4を参照）を［g_form］テーブルとして作成したうえで回答してください。ユーザーが［hyouka］として回答した内容が、［nps］にどのように関連しているのかを確認したいとします。［hyouka］の内容別に［nps］の平均値を求めてください。ただし、午前10時前に回収したアンケート結果は含めません。結果テーブルは以下の3カラムになります。［nps］の平均値の降順で表示してください。

● 1カラム目　⇒［hyouka］の内容
● 2カラム目　⇒ユーザー数
● 3カラム目　⇒［nps］の平均値

おわりに

　これまでSQLは、もっぱらエンジニアが持つべき素養と思われていました。しかし、状況は急速に変わり、今やデータ分析に関わるすべてのビジネスパーソンが持つべき素養になってきています。その変化を引き起こしたのは「データ分析の民主化」です。

　TableauやLooker StudioといったセルフサービスBIと呼ばれるBIツールが、多くのビジネスパーソンの関心を集めているのも同じ流れです。そして、それらのBIツールを効率よく利用するために、大規模なデータの取得・整形が意のままに行える技術として、SQLの素養が求められています。BIツールだけを使える人材と比較して、BIツールとSQLの両方を使える人材のほうが、よりすばやく、より柔軟に、より高度な分析ができるのです。

　また、SQLには国際標準化機構（ISO）が定めた「標準SQL」と呼ばれるスタンダードが存在することから、費用や学習コストがかかることが多いBIツールに依存しない、学ぶ価値の高い汎用的な分析の技術だといえます。

　特にマーケティング職のビジネスパーソンにとっては、GA4が無料版であってもBigQueryにデータをエクスポートできること、Search Consoleが未集計の詳細データをBigQueryに出力できる機能を備えたこと、Googleフォームで実施したアンケートなどの結果をSQLでより柔軟に効率よく分析できることから、SQLを身につける必要性が高まっています。

　そこで、本書ではSQLのさまざまな構文や関数を身につけていただくため、多数のテーブルを用意して「手を動かしながら学ぶ環境」を用意しました。ここまでお読みいただいた方々には実感してもらえると思いますが、自ら実際に手を動かすことで、SQLは確実に身につけることができます。

　本書でマスターしたSQLの知識とスキルが、読者のみなさんの業務上でのパフォーマンスアップ、ひいてはキャリアアップにつながれば、著者として大変うれしく思います。

　なお、本書の執筆にあたり、編集者としてインプレスの水野純花さん、小渕隆和さんに伴走していただきました。本当にありがとうございました。

2024年6月　木田和廣

INDEX

本書のご感想をぜひお寄せください

https://book.impress.co.jp/books/1124101017

STAFF LIST

カバー・本文デザイン	松本 歩（細山田デザイン事務所）
カバー・本文イラスト	山内庸資
編集・DTP	今井 孝
校正	株式会社トップスタジオ
デザイン制作室	今津幸弘（imazu@impress.co.jp）
	鈴木 薫（suzu-kao@impress.co.jp）
編集	水野純花（mizuno-a@impress.co.jp）
編集長	小渕隆和（obuchi@impress.co.jp）

■商品に関する問い合わせ先

このたびは弊社商品をご購入いただきありがとうございます。本書の内容
などに関するお問い合わせは、下記のURLまたは二次元バーコードにある
問い合わせフォームからお送りください。

https://book.impress.co.jp/info/

上記フォームがご利用いただけない場合のメールでの問い合わせ先

info@impress.co.jp

- ●お問い合わせの際は、書名、ISBN、お名前、お電話番号、メールアドレス に加えて、「該当するページ」と「具体的なご質問内容」「お使いの動作環境」を必ずご明記ください。なお、本書の範囲を超えるご質問にはお答えできないのでご了承ください。
- ●電話やFAX でのご質問には対応しておりません。また、封書でのお問い合わせは回答までに日数をいただく場合があります。あらかじめご了承ください。

- ●インプレスブックスの本書情報ページ https://book.impress.co.jp/books/1124101017 では、本書のサポート情報や正誤表・訂正情報などを提供しています。あわせてご確認ください。
- ●本書の奥付に記載されている初版発行日から3年が経過した場合、もしくは本書で紹介している製品やサービスについて提供会社によるサポートが終了した場合はご質問にお答えできない場合があります。

■落丁・乱丁本などのお問い合わせ先

FAX：03-6837-5023
service@impress.co.jp
●古書店で購入されたものについてはお取り替えできません。

BigQueryではじめるSQLデータ分析
GA4 & Search Console & Googleフォーム対応

2024年7月21日　初版発行

著　者　　木田和廣
発行人　　高橋隆志
編集人　　藤井貴志
発行所　　株式会社インプレス
　　　　　〒101-0051　東京都千代田区神田神保町一丁目105番地
　　　　　ホームページ　https://book.impress.co.jp/
印刷所　　株式会社暁印刷